高职高专"十三五"规划教材

高等职业教育计算机类新型一体化规划教材

CentOS 系统配置与管理

杨海艳　冯理明　王月梅　**主　编**

古君彬　张文库　邓　晖　**副主编**

　　　　林　婉　陈伟彬　**参　编**

　　　　　　　　彭锦强　**主　审**

U0333945

电子工业出版社.

Publishing House of Electronics Industry

北京·BEIJING

内容简介

近几年 CentOS 操作系统受到越来越多的关注，为了更好地应用和学习 CentOS，特此编写本书。本书将工作过程系统化地贯穿每个单元，以 CentOS 6.5 网络操作系统为载体，精选该操作系统的常用网络服务的经典工程案例并进行了详细的讲述。

通过学习，读者将熟悉 CentOS 系统、了解与掌握 CentOS 操作系统的基础和应用，为进一步学习 Linux 的内部原理和深入编程奠定基础。全书共有 11 个单元，从一个新手的角度出发，讲解实际的工程案例，包括了 CentOS 6.5 网络操作系统的基础管理命令、远程连接服务、DHCP 服务、Samba 服务、NFS 服务、DNS 服务、Web 服务、磁盘配额、FTP 服务、邮件服务和 MySQL 数据库。

本书以应用性、实用性为宗旨，每个重点命令和操作步骤都附有图解，方便学生学习。本书可作为高职高专学校计算机网络技术、云计算技术与应用、大数据技术与应用等专业的教材，也可以作为网络工程、系统测试与运维等相关技术人员的参考用书。

图书在版编目（CIP）数据

CentOS 系统配置与管理 / 杨海艳，冯理明，王月梅主编. —北京：电子工业出版社，2017.12
ISBN 978-7-121-33067-4

Ⅰ. ①C… Ⅱ. ①杨… ②冯… ③王… Ⅲ. ①Linux 操作系统 Ⅳ. ①TP316.85

中国版本图书馆 CIP 数据核字（2017）第 286732 号

策划编辑：李　静
责任编辑：朱怀永
文字编辑：李　静
印　　刷：北京京华虎彩印刷有限公司
装　　订：北京京华虎彩印刷有限公司
出版发行：电子工业出版社
　　　　　北京市海淀区万寿路 173 信箱　邮编 100036
开　　本：787×1092　1/16　印张：16.25　字数：405.6 千字
版　　次：2017 年 12 月第 1 版
印　　次：2018 年 4 月第 2 次印刷
定　　价：48.00 元

凡所购买电子工业出版社图书有缺损问题，请向购买书店调换。若书店售缺，请与本社发行部联系，联系及邮购电话：（010）88254888。

质量投诉请发邮件至 zlts@phei.com.cn，盗版侵权举报请发邮件至 dbqq@phei.com.cn。

本书咨询联系方式：（010）88254604，lijing@phei.com.cn

前　言

　　Linux 是一个全球领先的网络操作系统，世界上运算最快的 10 台超级计算机运行的都是 Linux 操作系统。而 CentOS 操作系统来源于众多 Linux 商业发行版中最优秀的 Red Hat 公司，其稳定、安全、高效等特点吸引了一大批经验丰富的 IT 管理人员加入，从近几年的使用情况来看，其发展非常迅速。许多 IT 企业都在使用 CentOS，其中不乏像淘宝、网易这样的 IT 巨头。对于很多 CentOS 操作系统初学者而言，包括当年的笔者在内，Linux 操作系统好像是一种"高大上"而不容易掌握的技术。Linux 操作系统"高大上"不假，难也没错，但当你一步步掌握后，你会发现，所谓 Linux 操作系统，实际上和其他操作系统一样，没什么特别。万事开头难，只要真正迈开了第一步，并且持之以恒，后边很多的事情自然水到渠成，学习 Linux 操作系统也是如此。

　　本书编写的宗旨是让读者拥有一本学习和开发 CentOS 操作系统的好书，单元内容不是很多，但所罗列的每个单元任务涵盖了企业项目工作的全部知识点，并做了细化和延伸，知识点讲解到位，读者可以轻松读懂并掌握；另外，在每个单元的最后还为读者安排了与本单元知识点配套的练习题，能更好地帮助读者理解、掌握知识点，提高实践操作能力。

　　对于 Linux 操作系统的初学者而言，本书作为一本入门级教材，内容既充实又全面，所有任务都可以在实践中应用，并辅以大量的视频教程，读者可通过扫描二维码或登录学习网站（https://chuanke.baidu.com/s8981453.html）两种方式观看视频进行学习，使读者轻松掌握所学知识点，另外，本书也适合有一定基础的 Linux 运维与管理人员，以及大中专院校的师生阅读与参考。

　　本书由杨海艳、冯理明、王月梅主编，古君彬、张文库、邓晖任副主编，在编写本书的过程中，惠州城市职业学院的诸多同志们给出了非常宝贵的建议，在此一并表示感谢。由于时间仓促，疏漏与不妥之处在所难免，恳请广大读者批评指正。

编　者

2017 年 9 月

目　录

单元 1　CentOS 的基础管理

单元说明

本单元将系统地介绍 CentOS 和 Linux 系统的特性、Linux 系统的目录结构、权限及常用命令。在此，选用 CentOS 6.5（RHEL 的社区克隆版本，免费）作为工作学习的载体。其中，CentOS 系统的基本管理知识包括 CentOS 系统的安装、文件系统、基本命令、网络配置、文件权限、用户和组的管理、软件包的管理，以及 yum 源的配置等内容。

一、认识 CentOS 与 Linux

（一）CentOS 简介

认识 CentOS
与 Linux

CentOS（Community Enterprise Operating System，社区企业操作系统）最初是由一个社区主导的操作系统，其来源于 RHEL。由于 CentOS 并不向用户收取任何费用，因此得到了大量运维人员的青睐而发展壮大。

RHEL 的发行公司通常被称为红帽子公司，RHEL 与 Windows 这类开源操作系统的发行模式截然不同。由于 RHEL 采用了 GNU 计划中的大部分软件，因此红帽子公司在发行 RHEL 时，通常须要使用两种形式发行同一个版本。第一种称为二进制版，用户可以直接利用这个版本安装并使用；另一种形式则为遵循 GNU 计划规定的源码形式。获得和安装 RHEL 都无须付费，但升级和技术支持需要付费，因此一些经费紧张的小企业无法使用这种昂贵的操作系统，CentOS 应运而生。

CentOS 根据 RHEL 的源代码进行二次编译，并去掉 RHEL 相关的图标等具有商业版权的信息后形成与 RHEL 版本相对应的 CentOS 发行版。虽然 CentOS 是根据 RHEL 源代码编译而成的，但 CentOS 与 RHEL 仍有许多不同之处：

① RHEL 中包含了红帽子自行开发的闭源软件（如红帽集群套件等），这些软件并未开放源代码，因此也就未包含在 CentOS 发行版中。

② CentOS 发行版通常会修改 RHEL 中存在的一些 bug，并提供了一个 yum 源以便用户

可以随时更新操作系统。

与 RHEL 提供商业技术支持不同，CentOS 并不提供任何形式的技术支持，用户遇到的问题需要自行解决，因此 CentOS 对技术人员的要求更高。

RHEL 与 CentOS 还有许多不同之处，此处不一一列举，感兴趣的读者可以参考相关资料了解。值得注意的是 2014 年初，CentOS 与 Red Hat 同时宣布，CentOS 将加入 Red Hat，共同打造 CentOS，业界普遍希望此举能让 CentOS 操作系统更加强大。

虽然 CentOS 的技术门槛更高，但其稳定、安全、高效等特点吸引了一大批经验丰富的 IT 管理人员加入，从近些年来的使用情况来看，其发展非常迅猛。许多 IT 企业都在使用 CentOS，其中不乏像淘宝、网易等 IT 巨头。

（二）Linux 系统的特点

1. Linux 与 UNIX

通过在百度及 google 等搜索引擎中搜索"UNIX""Linux""Linux 操作系统"等关键词。阅读 Linux 相关的文字材料，不难发现：

① UNIX 是大型机用的，主要特点是支持多用户同时操作系统和共享系统资源。UNIX 是一般人接触不到的，一般大型公司才使用。

② Linux 是一套免费使用和自由传播的类 UNIX 操作系统。主要区别是 UNIX 是有版权的，与微软的 Windows 一样是需要收费的。

③ Linux 继承了 UNIX 以网络为核心的设计思想，是一个性能稳定的多用户网络操作系统。

④ Linux 可安装在各种计算机硬件设备中，如手机、平板电脑、路由器、视频游戏控制台、台式计算机、大型机和超级计算机。

⑤ 严格来讲，Linux 这个词本身只表示 Linux 内核，但实际上人们已经习惯了用 Linux 来形容基于 Linux 内核，并且使用 GNU 工程各种工具和数据库的操作系统。

2. Linux 系统的特点

Linux 系统在短短的几年之内就得到了非常迅猛的发展，这与 Linux 系统的良好特性是分不开的。Linux 系统包含了 UNIX 系统的全部功能和特性，简单地说，Linux 系统的特点包含以下几点。

① Linux 系统的稳定性。Linux 操作系统的架构完全沿袭了 UNIX 的系统架构，所以先天就具有成熟稳定的特点，在这方面不是 Windows 系列操作系统可以比拟的。

② Linux 系统的安全性。一个操作系统的架构就已经预先决定了它的安全性。Linux 系统在设计的时候就针对多用户环境，所以对系统文件，用户文件都做了明确的区分，每个文件都有不同的用户属性。作为一个普通用户通常只能读写自己的文件，而对一般的系统文件只能读取而不能改动，一些敏感的系统文件甚至连读取都是被禁止的。这种设计在根本上保证了系统的安全，即使一个用户文件出现了问题，也不会殃及整个系统。

③ Linux 软件安装的便利性。对于计算机初级用户来说，软件安装是个很大的问题。在 Windows 平台下，只要一直单击"下一步"就可以完成安装。在 Linux 平台下，软件安装的

便利性方面曾一度落后于 Windows，但是 APT 和 yum 的出现使得这种局面得到了彻底的改观，用户只要告诉安装程序自己现在需要安装什么软件，安装程序就会自动下载，然后安装，最后等待用户运行。从这个意义上看，Linux 已经超越了 Windows 软件的安装方式，进一步降低了用户的参与程度，方便了用户。

④ Linux 系统的资源消耗。由于内核小，所以它可以支持多种电子产品，如 Android 手机、PDA 等，资源消耗很少。

（三）Linux 系统的优势

1. Linux 系统所有组件的源代码都是自由的

首先需要澄清的就是自由的含义。自由软件所指的自由不是免费使用，而是指程序的源代码是开放的，任何人都可以读，可以修改，唯一的限制就是，修改后的程序必须连同源代码也一起发布。对于普通用户而言这一点也许没什么用处，但是对于开发人员来说，可以通过读取大量经典程序的源代码，迅速提高自己的编码水平，在需要的时候可以修改源代码来适应自己的需要。当主持一个项目的开发时，可以通过吸收别人改进过的代码来不断提高项目的质量，当程序中存在 bug 的时候，会被读取代码的人迅速发现并提供补丁程序，使你的程序越来越安全。而所有这些在 Linux 平台上都是再正常不过的事，但对于 Windows 用户来说都是不可能的，源代码就是 Windows 的生命，任何未经授权的人想读到它都是不可能的。

2. Linux 系统能有效保护学习成果

前面我们讲到 Linux 的系统架构源于 UNIX，这个架构从 1969 年诞生一直沿用至今，在可以预见的未来它仍然会使用下去。同时主要开发语言一直是 C 语言，编辑器仍然是历史悠久的 vi。虽然现在可以使用任何一种语言来为 Linux 系统贡献代码，但是它们的作用都是辅助性的，C 语言作为这个系统的核心语言的地位没有发生变化。而 Windows 平台则远远没有这么乐观。编程语言从古老的 BASIC 到后来的 VB，C++，C#，几年就一换，开发工具更是令人眼花缭乱，让人无从选择，无论你选择了哪种语言哪种开发工具，两三年后都不得不学习新的工具、新的平台，以跟上微软变幻莫测的脚步。

3. Linux 系统的就业前景

目前做 Windows 平台开发的程序员多如牛毛，高学历和过硬的编程能力成为这个行业的门槛。而反观 Linux 平台开发，目前国内这方面的开发人员还很少，而 Linux 应用已经在我国开始升温，广东省已经率先建立了 Linux 的研发中心，在 Linux 应用方面走在了全国前面。学生现在投身于 Linux 平台的学习和开发，必定会为毕业后的求职增加一个有力的筹码。

（四）Linux 系统的发行版本

由于众多发行版本百花齐放，Linux 的阵营日益壮大，每一款发行版都拥有一大批用户，开发者自愿为相关项目投入精力。Linux 发行版本可谓是多种多样，它们旨在满足每一种想得到的需求。

Linux 的发行版本大体可以分为两类，一类是商业公司维护的发行版本，另一类是社区组

3

织维护的发行版本，前者以著名的 Red Hat（RHEL）为代表，后者以 Debian 为代表。

1. Red Hat 系列

Red Hat，应该称为 Red Hat 系列，包括 RHEL（Red Hat Enterprise Linux，即 Red Hat Advance Server，收费）、Fedora Core（由原来的 Red Hat 桌面版本发展而来，免费）。CentOS（RHEL 的社区克隆版本，免费）。Red Hat 应该说是在国内使用人群最多的 Linux 版本，甚至有人将 Red Hat 等同于 Linux。所以这个版本的特点就是使用人群数量大、资料多，言下之意就是如果有不明白的地方，很容易找到人来问，而且网上的 Linux 教程都是以 Red Hat 为例来讲解的。Red Hat 系列的包管理方式采用基于 RPM 包的 yum 包管理方式，包分发方式是编译好的二进制文件。稳定性方面 RHEL 和 CentOS 的稳定性非常好，适合于服务器使用，但是 Fedora Core 的稳定性较差，最好只用于桌面应用。

2. Debian 系列

Debian，或者称 Debian 系列，包括 Debian 和 Ubuntu 等。Debian 是社区类 Linux 的典范，是迄今为止最遵循 GNU 规范的 Linux 系统。Debian 最早由 Ian Murdock 于 1993 年创建，分为三个版本：stable，testing 和 unstable。其中，unstable 为最新的测试版本，包括最新的软件包，但是也有较多的 bug，适合桌面用户；testing 的版本都经过 unstable 中的测试，相对较为稳定，也支持了不少新技术（如 SMP 等）；而 stable 一般只用于服务器，上面的软件包大部分都比较过时，但是稳定和安全性非常高。Debian 最具特色的是 apt-get /dpkg 包管理方式，其实 Red Hat 的 yum 也是在模仿 Debian 的 APT 方式，但在二进制文件发行方式中，APT 是最好的。Debian 的资料也很丰富，有很多支持的社区。

Ubuntu 严格来说不能算一个独立的发行版本，Ubuntu 是基于 Debian 的 Unstable 版本加强而来，可以这么说，Ubuntu 就是一个拥有 Debian 所有的优点，以及自己所加强的优点的近乎完美的 Linux 桌面系统。根据选择的桌面系统不同，Ubuntu 有三个版本可供选择，基于 Gnome 的 Ubuntu，基于 KDE 的 Kubuntu 及基于 Xfc 的 Xubuntu。它们都各具特点，界面都非常友好，容易上手，对硬件的支持非常全面，是最适合作为桌面系统的 Linux 发行版本。

Gentoo，伟大的 Gentoo 是 Linux 世界最年轻的发行版本，正因为年轻，所以能吸取在它之前的所有发行版本的优点，这也是 Gentoo 被称为最完美的 Linux 发行版本的原因之一。Gentoo 最初由 Daniel Robbins（FreeBSD 的开发者之一）创建，首个稳定版本发布于 2002 年。由于开发者对 FreeBSD 的熟识，所以 Gentoo 拥有媲美 FreeBSD 的广受美誉的 ports 系统——Portage 包管理系统。不同于 APT 和 yum 等二进制文件分发的包管理系统，Portage 是基于源代码分发的，必须编译后才能运行，对于大型软件而言比较慢，不过正因为所有软件都是在本地机器编译的，在经过各种定制的编译参数优化后，能将机器的硬件性能发挥到极致。Gentoo 是所有 Linux 发行版本里安装最复杂的，但是又是安装完成后最便于管理的版本，也是在相同硬件环境下运行最快的版本。

需要强调的是：FreeBSD 并不是一个 Linux 系统！但 FreeBSD 与 Linux 的用户群有相当一部分是相同的，二者支持的硬件环境也一致，所采用的软件也类似，所以可以将 FreeBSD 视为一个 Linux 版本。FreeBSD 拥有两个分支：stable 和 current。顾名思义，stable 是稳定版，而 current 则是添加了新技术的测试版。FreeBSD 采用 Ports 包管理系统，与 Gentoo 类似，基于源代码分发，必须在本地机器编后才能运行，但是 Ports 系统没有 Portage 系统使用简便，使用起来稍微复杂一些。FreeBSD 的最大特点就是稳定和高效，是作为服务器操作系统的最佳选择，但对硬件的支持没有 Linux 完备，所以并不适合作为桌面系统。下面给为选择一个 Linux 发行版本犯愁的朋友一些建议：

如果你只是需要一个桌面系统，而且既不想使用盗版，又不想花大量的钱购买商业软件，那么你就需要一款适合桌面使用的 Linux 发行版本，如果你不想自己定制任何东西，不想在系统上浪费太多时间，那么很简单，你就根据自己的爱好在 ubuntu、kubuntu 及 xubuntu 中选一款，三者的区别仅仅是桌面程序不一样。

如果你需要一个桌面系统，而且想非常灵活地定制自己的 Linux 系统，想让自己的机器跑得更快，不介意在 Linux 系统安装方面浪费一点时间，那么你的唯一选择就是 Gentoo，尽情享受 Gentoo 带来的自由快感吧！

如果你需要一个服务器系统，而且你已经非常厌烦各种 Linux 的配置，只是想要一个比较稳定的服务器系统而已，那么你最好的选择就是 CentOS，安装完成后，经过简单的配置就能提供非常稳定的服务。本书后面所有的操作都采用 CentOS 6.5 版本。

如果你需要一个坚如磐石的非常稳定的服务器系统，那么你的唯一选择就是 FreeBSD。

如果你需要一个稳定的服务器系统，而且想深入摸索一下 Linux 的各个方面的知识，想自己定制许多内容，那么推荐你使用 Gentoo。

几个比较经典的 Linux 发行版本的下载地址：

① Debian ISO 镜像文件地址：http://www.debian.org/distrib/

② Gentoo 镜像文件地址：http://www.gentoo.org/main/en/where.xml

③ Ubuntu ISO 镜像文件地址：http://www.ubuntu.com/download

④ Damn Vulnerable Linux，DVL_1.5_Infectious_Disease ISO 镜像文件地址：http://osdn.jp/projects/sfnet_virtualhacking/downloads/os/dvl/DVL_1.5_Infectious_Disease.iso/

⑤ 红帽企业级 Linux 测试版 DVD ISO 镜像文件地址：https://idp.RedHat.com/idp/

⑥ CentOS 6.4 DVD ISO 镜像文件地址：http://wiki.centos.org/Download

⑦ Fedora 18（Spherical Cow）DVD ISO 镜像文件地址：http://fedoraproject.org/en/get-fedora

⑧ OpenSuse 12.3 DVD ISO 镜像文件地址：http://software.opensuse.org/123/en

⑨ Arch Linux ISO 镜像文件地址：https://www.archlinux.org/download/

（五）Linux 的内核版本

Linux 内核由 C 语言编写，符合 POS1X 标准。但是 Linux 内核并不能称为操作系统，内核只提供基本的设备驱动、文件管理、资源管理等功能，是 Linux 操作系统的核心组件。Linux 内核可以被广泛移植，而且还对多种硬件都适用。

Linux 内核有稳定版和开发版两种版本。Linux 内核版本号一般由 3 组数字组成，如 2.6.18 内核版本：

① 第 1 组数字 2 表示目前发布的内核主版本。

② 第 2 组数字 6 表示稳定版本，如为奇数则表示开发中版本。

③ 第 3 组数字 18 表示修改的次数。

前两组数字用于描述内核系列，用户可以通过 Linux 提供的系统命令查看当前使用的内核版本。

二、CentOS 系统的安装

Linux 的运维学习，首先从系统安装学起，系统的安装也是一种技术，在安装过程中可以学习 Linux 系统的一些基本常识。本任务的最终目标是安装配置 CentOS 6.5 操作系统，搭建学习环境。

（一）了解 CentOS 的安装知识

CentOS 系统的安装

安装 Linux 系统是每一个初学者的第一个门槛。在这个过程中，最大的困惑莫过于给硬盘进行分区。虽然现在各种发行版本的 Linux 已经提供了友好的图形交互界面，但是很多人还是感觉无从下手。这其中的原因主要是不清楚 Linux 的分区规定。

对于个人学习用户而言，推荐读者使用一个比较合理的手动分区方案。一方面手动分区方案不太复杂，另一方面手动进行分区（而不是由安装程序自行分区）可以认识 Linux 系统中各目录的作用。

在 Windows 系统中，分区类型是一个已经被淡化的概念，但在 Linux 系统分区时，这些概念依然存在。因此首先介绍一下分区类型：

① 主分区：主分区可以直接用来存放数据，但在一个硬盘上主分区最多只能有 4 个，因此如果想在一个硬盘上创建 4 个以上分区，仅主分区是不够的。

② 扩展分区：扩展分区也是一种主分区，但扩展分区不能用来存放数据，但可以在扩展分区之上再划分可以存放数据的逻辑分区。

③ 逻辑分区：逻辑分区是在扩展分区的基础上建立的，可以用来存放数据。

从上面的介绍中可以看出，如果须要划分 4 个以上分区，就必须使用扩展分区，然后在扩展分区的基础上划分多个逻辑分区。

明白了分区类型的概念之后，安装 CentOS 时还需要制定一个分区方案。在制定分区方案之前首先需要明确一个概念，在 Windows 系统中，不同的分区由 C、D、E 等盘符替代，只要进入这些盘符就进入了相应的分区。但在 Linux 系统中没有盘符的概念，不同的分区被挂在不同的目录下面，这个过程称为挂载，目录称为挂载点。只要进入挂载点目录就进入了相应的分区，这样做的好处是用户可以按自己的需要为某个目录单独扩展空间。

制定分区方案首先须要了解自己的需求，生产环境中的系统与以学习为目的的分区方案肯定不同。对于以学习为目的的初学者而言，一个最简单的分区方案应该包括以下内容：

① /boot 分区：创建一个约 100～500MB 的分区挂载到/boot 下面，这个分区主要用来存放系统引导时使用的文件，通常称为引导分区。

② swap 分区：这个分区没有挂载点，大小通常为内存的 2 倍。系统运行时，当物理内存不足时，系统会将内存中不常用的数据存放到 swap 中，即 swap 此时被当作虚拟内存。

③ 根分区"/"：根分区的挂载点是"/"，这个目录是系统的起点，可以将剩余的空间都分到这个分区中。此时该分区中包含了用户目录、配置文件、数据文件等内容，初学者系统

6

中的这些数据都不会太多，因此推荐将它们都放在一起。

以上就是一个最简单的分区方案，初学者也可以尝试再多几个分区，将其他目录也挂载到分区中，如分一个 500MB 的分区挂载到用户目录/home 下面。如果是工作环境就须要根据具体业务来决定分区方案，工作环境分区方案一般奉行系统、软件与数据分开的原则。即操作系统和应用软件放在本地硬盘上，数据单独存放于存储或单独的分区中，这种方案一方面分类清晰，读写速度相对更快；另一方面即使存放系统和软件的硬盘损坏，数据也不会有所损失。

对于文件系统的属性来说，Windows 文件系统类型一般是 NTFS、FAT32 等，而 Linux 文件系统类型则为 ext2、ext3、ext4 等。（文件系统是操作系统用于明确磁盘或分区上的文件的方法和数据结构，文件系统由三部分组成：与文件管理有关软件、被管理文件及实施文件管理所需数据结构。）

（二）创建 CentOS 虚拟机

当前流行的虚拟机软件有 VMware（VMWare ACE）、Virtual Box 和 Virtual PC，它们都能在 Windows 系统上虚拟出多个计算机。

① VMware 工作站（VMware Workstation）是 VMware 公司销售的商业软件产品之一。该工作站软件包含一个用于英特尔 x86 相容电脑的虚拟机套装，其允许用户同时创建和运行多个 x86 虚拟机。每个虚拟机可以运行其自己的客户端操作系统，如（但不限于）Windows、Linux、BSD 等操作系统。VMware 工作站允许一台真实的电脑在一个操作系统中同时开启并运行数个操作系统。VMware Workstation 是需要付费的闭源软件。

② Oracle Virtual Box 是由德国 InnoTek 软件公司出品的虚拟机软件，现在则由甲骨文公司进行开发，是甲骨文公司 xVM 虚拟化平台的一部分。它提供用户在 32 位或 64 位的 Windows、Solaris 及 Linux 操作系统上虚拟其他 x86 的操作系统。用户可以在 Virtual Box 上安装并且运行 Solaris、Windows、DOS、Linux、OS/2 Warp、OpenBSD 及 FreeBSD 等系统作为客户端操作系统。

相对来说，VMware Workstation 产品功能丰富，稳定性较佳，适合稳定性要求高的用户使用；而 Virtual Box 在用户体验方便稍有不足，VMware Workstation 使用向导界面即可完成克隆、压缩等操作，Virtual Box 需要调用命令行完成。毕竟 VMware Workstation 是需要付费的闭源软件，而 Virtual Box 是免费的开源软件。

虚拟机（Virtual Machine）是指通过软件模拟的具有完整硬件系统功能的、运行在一个完全隔离环境中的完整计算机系统。

虚拟系统通过生成现有操作系统的全新虚拟镜像，它具有与真实 Windows 系统完全一样的功能，进入虚拟系统后，所有操作都是在这个全新的独立的虚拟系统中进行的，可以独立安装运行软件、保存数据，拥有自己的独立桌面，不会对真正的系统产生任何影响，而且能够在现有系统与虚拟镜像之间灵活切换。

下面将在 VMware Workstation 12.0 中创建用于运行 CentOS 的虚拟机。

1. 使用新建虚拟机向导创建虚拟机

在 VMware Workstation 12.0 中创建新的虚拟机，选择【自定义】配置，如图 1-1 所示。

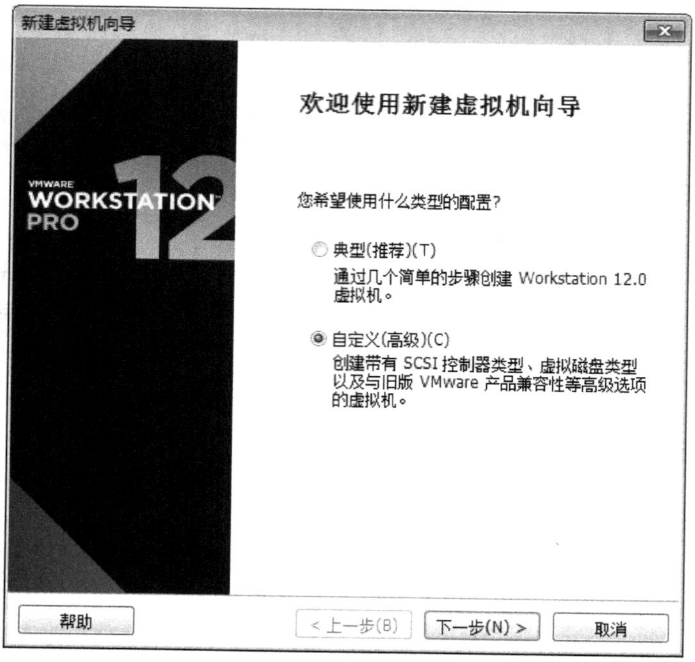

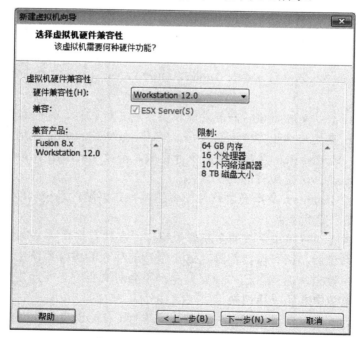

图 1-1　新建虚拟机

2. 选择虚拟机硬件兼容性

选择虚拟机硬件兼容性，使用默认的最高版本，如图 1-2 所示。

图 1-2　选择虚拟机硬件兼容性

3. 选择客户端操作系统安装来源

选择【稍后安装操作系统】选项，如图 1-3 所示。

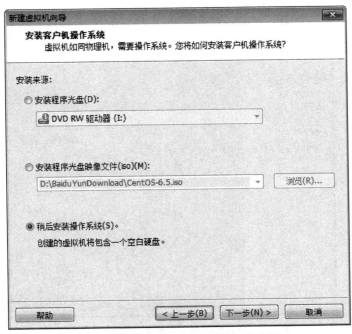

图 1-3 选择客户端操作系统安装来源

选择客户端操作系统，选择 Linux 下的 CentOS 64 位版本，如图 1-4 所示。

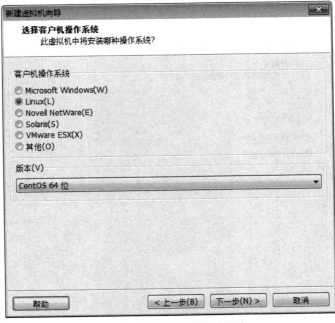

图 1-4 选择客户端操作系统

4. 命名虚拟机并配置虚拟机的保存位置

如图 1-5 所示，给新建的虚拟机命名，并选择虚拟机的存放位置。

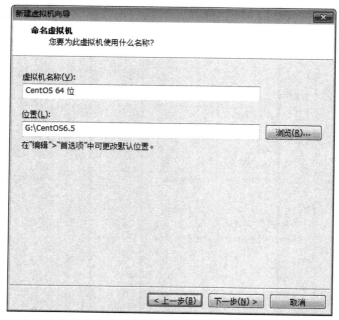

图 1-5　命名虚拟机并配置虚拟机的保存位置

5. 为虚拟机配置虚拟处理器

CentOS 对硬件环境要求不高，这里处理器数量配置为 2 个，每个处理器的核心数量为 1 个，如图 1-6 所示。

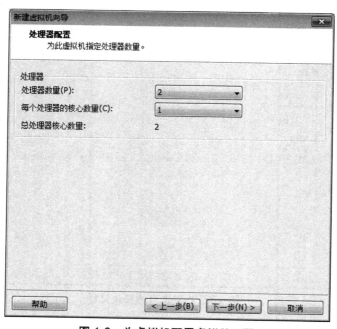

图 1-6　为虚拟机配置虚拟处理器

6. 配置虚拟机的内存

CentOS 6.5 至少需要 1GB 内存，为了表现出良好的用户体验，这里配置为 4GB，如图 1-7 所示。

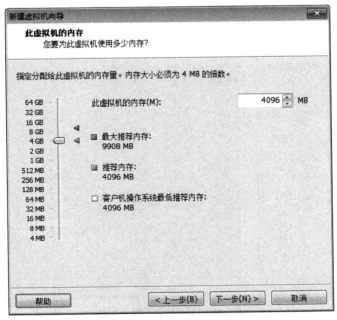

图 1-7　配置虚拟机内存

7. 配置虚拟机网络类型

这里选择【使用网络地址转换（NAT）】，如图 1-8 所示。

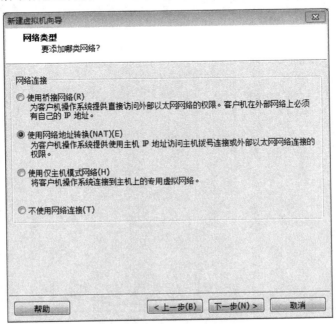

图 1-8　配置虚拟机网络类型

8. 选择 I/O 控制器类型

这里使用推荐的 LSI Logic，如图 1-9 所示。

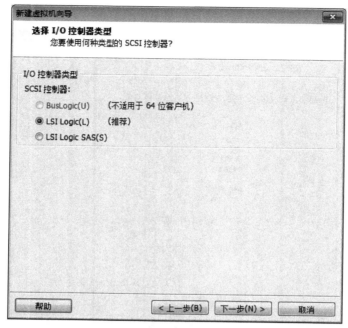

图 1-9 选择 I/O 控制器类型

9. 选择虚拟磁盘类型

这里使用推荐的 SCSI，如图 1-10 所示。

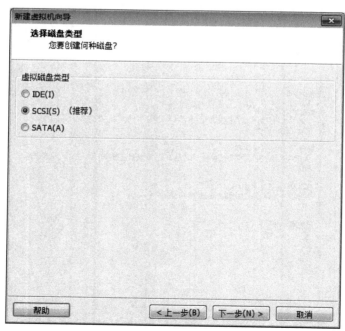

图 1-10 选择虚拟磁盘类型

10. 选择磁盘

这里选择【创建新虚拟磁盘】，如图 1-11 所示。

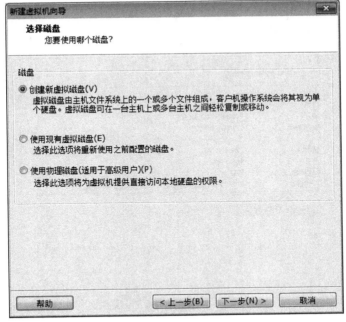

图 1-11 选择磁盘

11. 指定磁盘容量

这里将虚拟机的磁盘大小设置为 120GB，并把虚拟磁盘拆分成多个文件，如图 1-12 所示。

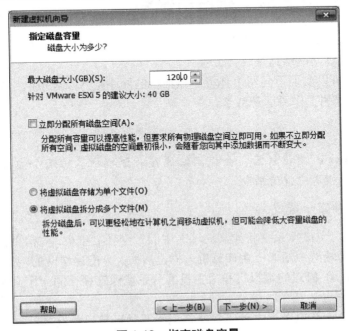

图 1-12 指定磁盘容量

12. 完成虚拟机的创建

完成创建 CentOS 6.5 虚拟机，如图 1-13 所示。

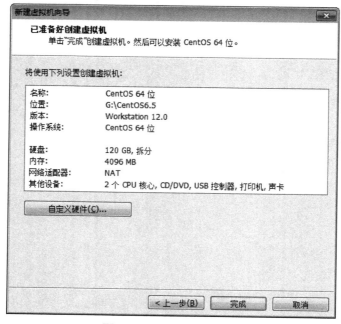

图 1-13 完成创建虚拟机

至此，创建 CentOS 虚拟机完成。

（三）VMware 的 3 种网络模式

VMware Workstation 提供了 3 种网络工作模式，分别是 Bridged（桥接）模式、Host-Only（仅主机）模式和 NAT（网络地址转换）模式。

利用 VMware 可以实现不同网络环境中虚拟机的网络接入及虚拟网络的搭建等工作。下面介绍 3 种网络模式的工作原理及特点。

 注意：

在安装了 VMware 虚拟机后，会在网络连接对话框中多出两个虚拟网卡。它们将在 VMware 的不同工作模式中被使用到。

1. Bridged（桥接）模式

在 Bridged 模式下，虚拟系统就如同局域网中的一台独立主机，与宿主计算机平等存在于局域网络。就如在局域网中新增一台计算机一样，例如，分配局域网的网络地址、子网掩码、网关等。使用 Bridged 模式的虚拟机和宿主机的关系就像连接在同一个交换机上的两台计算机，原理如图 1-14 所示。

虚拟系统与宿主计算机及宿主计算机所在网络其他计算机相互之间均可相互访问。如果你想在局域网中新建一台虚拟服务器，为局域网用户提供网络服务，就应该选择桥接模式。

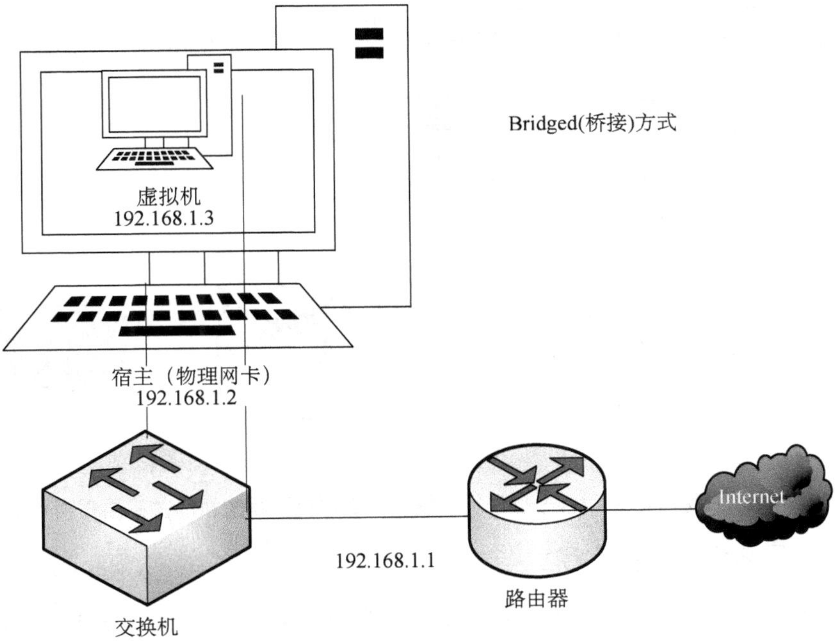

图 1-14　使用 Bridged（桥接）模式的虚拟机和宿主机的关系原理图

VMware 的 Adapter VMnet 8 和 Adapter VMnet 1 都可以禁用，主系统也不需要共享网络连接。VMware 虚拟机的 IP 设置成与主系统在同一网段，VMware 的虚拟机相当于网络内的独立的机器，网络内其他机器可访问 VMware 的虚拟机，VMware 的虚拟机也可访问网络内其他机器，当然与主系统的双向访问也可以。

15

如果真实主机在一个以太网中，这种方法是将虚拟机接入网络最简单的方法。虚拟机就像一个新增加的、与真实主机有着同等物理地位的一台电脑，Bridged 模式可以享受所有可用的局域网服务，包括文件服务、打印服务等，并将获得最简易的从真实主机获取资源的方法。

2. Host-Only（仅主机）模式

这种模式下，虚拟系统的网卡连接到宿主计算机的 VMware Network Adapter VMnet 1 网卡上。默认情况下，虚拟系统只能与宿主计算机互访，这也是 Host-Only 的名字的意义。此时相当于两台机器通过双绞线直连，虚拟机的 IP、Gateway、DNS 都由 VMware Adapter VMnet 1分配，原理如图 1-15 所示。

如果想利用 VMware 创建一个与网内其他机器相隔离的虚拟系统，进行某些特殊的网络调试工作，可以选择 Host-Only 模式。实际上，Host-Only 就是建立一个与外界隔绝的内部网络，来提高内网的安全性。这个功能或许对普通用户来说没有多大意义，但在商业服务中常会用到该功能。

由于 VMware 虚拟机与真实主机通过虚拟私有网络进行连接，所以只有同为 Host-Only 模式且在一个 VMware 的连接下才可以互相访问，外界无法访问。如果要让 VMware 的虚拟机可以访问外网，则主系统必须共享网络连接。

Host-Only(仅主机)方式

宿主（VMnet1）
192.168.50.1

虚拟机
192.168.50.128

宿主（物理网卡）192.168.1.2

192.168.1.1

Internet

交换机

路由器

图 1-15   Host-Only（仅主机）模式的虚拟机和宿主机的关系原理图

3. NAT（网络地址转换）模式

NAT（Network Address Translation）模式下，虚拟系统的网卡连接到宿主计算机的 VMware Network Adapter VMnet 8 网卡上。如果希望虚拟系统能连接外网，这种模式最简单。一般情况下不必做任何网络设置就可访问外部网络，其原理如图 1-16 所示。

使用 NAT 模式的虚拟系统和宿主计算机的关系：宿主计算机相当于开启了 DHCP 功能的路由器，虚拟系统就是内网中的一台实际的机器，通过路由器的 DHCP 服务获得网络参数。

这种模式也可以实现主系统与 VMware 的虚拟机的双向访问。但网络内其他机器不能访问 VMware 的虚拟机，VMware 的虚拟机可通过主系统用 NAT 共享文件协议访问网络内其他机器。

凡是选用 NAT 结构的虚拟机，均由 VMware 的 Adapter VMnet 8 提供 IP、Gateway、DNS。

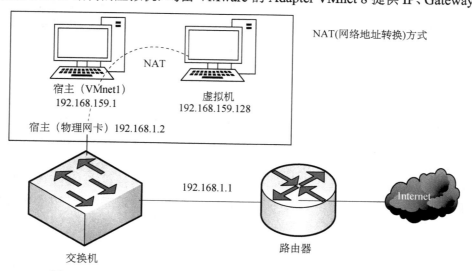

NAT(网络地址转换)方式

宿主（VMnet1）
192.168.159.1

虚拟机
192.168.159.128

宿主（物理网卡）192.168.1.2

192.168.1.1

Internet

交换机

路由器

图 1-16   NAT（网络地址转换）模式的虚拟机和宿主机的关系原理图

总体来说，在 VMware 的 3 种网络模型中，NAT 模式最简单，一般不需要手动配置 IP 地址等相关参数即可连接外网。Bridged 模式则须要分配额外的 IP 地址，所以在内网中容易实现，如果是 ADSL 宽带就较麻烦（没有多的 IP 地址供虚拟机使用）。Host-Only 模式则在希望隐匿服务器的情况下使用较多。

（四）CentOS 6.5 系统的安装

1. 选择启动方式

如果是在物理机中安装 CentOS 6.5，须要在 BIOS 里设置光驱启动，并放入 CentOS 6.5 安装光盘。前提是刻录好光盘（如果安装虚拟机，可以不必刻录光盘，直接用 ISO 镜像文件启动即可），如图 1-17 所示。

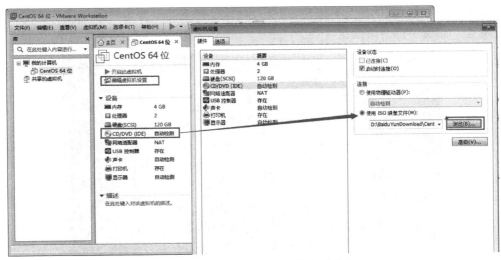

图 1-17　装入 CentOS 6.5 的启动光盘

装入光盘后，开启主机，CentOS 6.5 安装启动界面如图 1-18 所示。

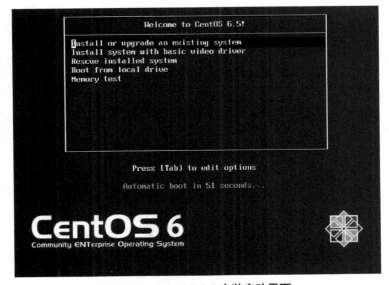

图 1-18　CentOS 6.5 安装启动界面

在 CentOS 6.5 安装启动界面中，有 5 个选项，各释义如下：

① 安装或更新一个已经存在的系统。

② 安装系统并安装基本的显示卡驱动。

③ 救援模式下安装系统。

④ 从本地硬盘启动。

⑤ 内存检测。

选择第一项，然后按下 Enter 键，如果不做任何操作，则会在自动倒数结束后，开始安装系统。

2. 跳过光盘检测

该步骤提示是否要校验光盘，目的是检查光盘中的安装包是否完整或者是否被人改动过，一般情况下，如果是正规的光盘不须要做这一步操作。按下 Tab 键选中【Skip】，然后按下 Enter 键直接跳过，如图 1-19 所示。

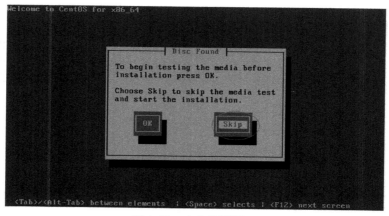

图 1-19　光盘检测界面

下面是启动安装过程，安装的第一个图形界面如图 1-20 所示，单击【Next】按钮，进入下一步。

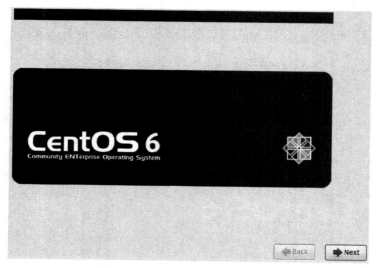

图 1-20　安装的第一个图形界面

3. 选择安装的语言

CentOS 系统的安装支持多种语言，包括简体中文及繁体中文，如图 1-21 所示。

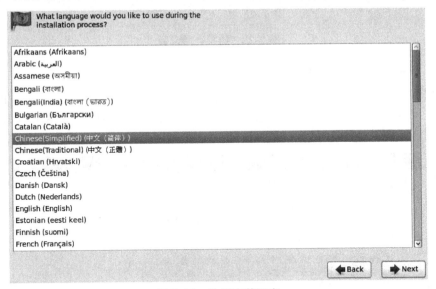

图 1-21　选择安装语言

4. 选择合适的键盘

默认选择【美国英语式】键盘即可，如图 1-22 所示，然后单击【下一步】按钮。

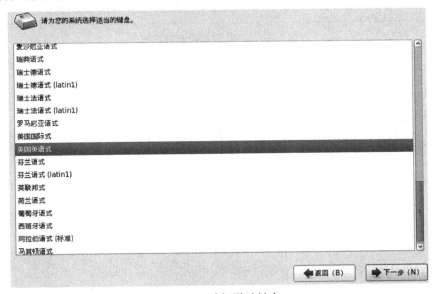

图 1-22　选择默认键盘

5. 选择安装的存储设备

　　作为服务器操作系统，CentOS 的安装支持多种安装方式，如果安装到本地硬盘，选择【基本存储设备】，然后单击【下一步】按钮，如图 1-23 所示。

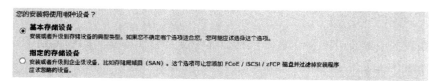

图 1-23　选择存储设备

6. 存储设备警告信息处理

弹出存储设备警告，系统提示操作会删除检测到的硬盘的所有数据，如果是旧硬盘安装或升级安装，要格外小心；如果是全新安装，直接单击【是，忽略所有数据（Y）】，如图 1-24 所示。

20

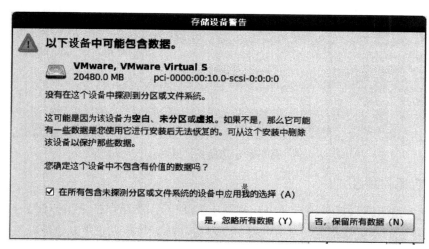

图 1-24　存储设备警告对话框

7. 设置主机名

设置主机名称，如图 1-25 所示。

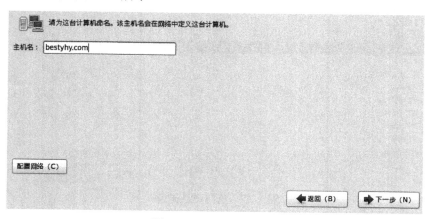

图 1-25　设置主机名称

8. 设置时区信息

选择【北京】或【上海】，并取消选择【系统时钟使用 UTC 时间】，如图 1-26 所示。

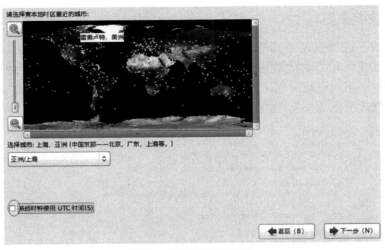

图 1-26　设置时区信息

9. 设置 root 密码

设置根账号（root）的密码，密码必须符合复杂性要求。密码必须符合下列最低要求：

① 不能包含用户的账户名，不能包含用户姓名中超过两个连续字符的部分。

② 至少有 6 个字符长。

③ 包含以下 4 类字符中的 3 类字符：

- 英文大写字母（A～Z）；
- 英文小写字母（a～z）；
- 10 个基本数字（0～9）；
- 非字母字符（如！, $, #, %）。

如果密码不满足则会弹出【脆弱密码】的提示框，可以再次更改或单击【无论如何都使用】，如图 1-27 所示。

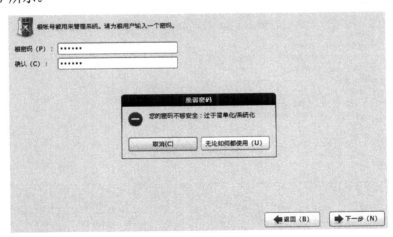

图 1-27　设置 root 账号密码

　注意：

root 账号是 Linux 系统的超级管理员用户，相当于微软系统的 administrator 账号。

10. 选择安装类型

根据实际情况选择安装的类型，左下方【加密系统】前面的多选框勾选后系统会对系统中的数据进行加密，以后将此块硬盘拆下来挂在另外的系统中，或重装系统后，系统中的数据是无法读取的。下面进行分区，共有 5 种方式可以选择，每一种后面都有详细的描述说明，勾选【查看并修改分区布局】，如图 1-28 所示。

图 1-28　选择安装类型

然后单击【下一步】按钮，系统显示默认的分区方案，如图 1-29 所示。

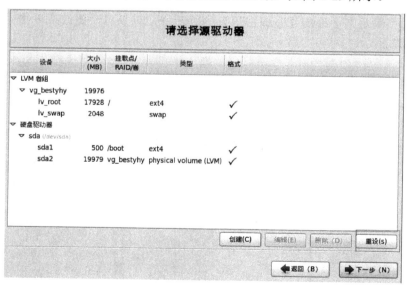

图 1-29　默认的分区方案

11. 重置系统分区

在图 1-29 中，系统给出了默认的分区方案，如果对默认分区方案不满意，单击【重设】

按钮，然后自定义系统分区，选择【创建】按钮，开始分区，如图 1-30 所示。

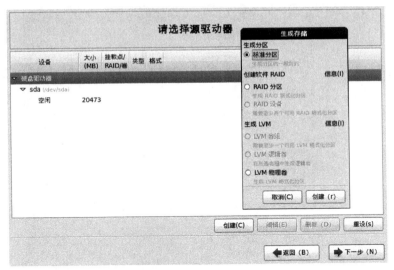

图 1-30　重置所有分区

　注意：

对 IDE 接口（Integrated Drive Electronics，电子集成驱动器）第一主盘用 hda 标志，第一从盘用 hdb 标志，第一主盘的第一分区为 hda1，第二分区为 hda2，依次类推。

对 SCSI 接口（小型计算机系统接口 Small Computer System Interface）第一主盘用 sda 标志，第一从盘用 sdb 标志，第一主盘的第一分区为 sda1，第二分区为 sda2。

12. 自定义系统分区

Linux 的分区很灵活，经典的分区方案如下。

/boot 分区，容量大小为 100M，如图 1-31 所示。

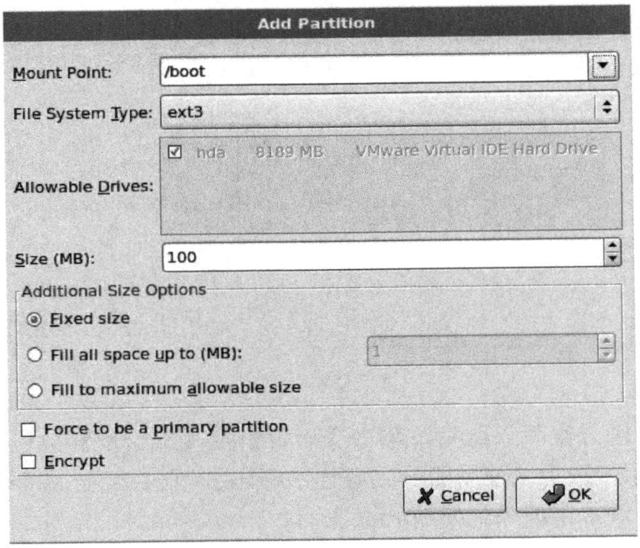

图 1-31　/boot 分区

swap 分区，内存的 2 倍，如果大于等于 4G，则只须给 4G 即可，如图 1-32 所示。

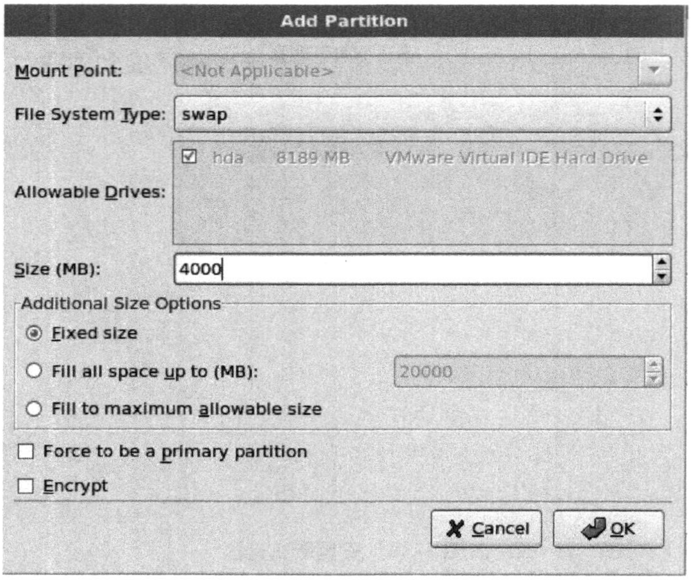

图 1-32   swap 分区

剩余空间给/分区，如图 1-33 所示。

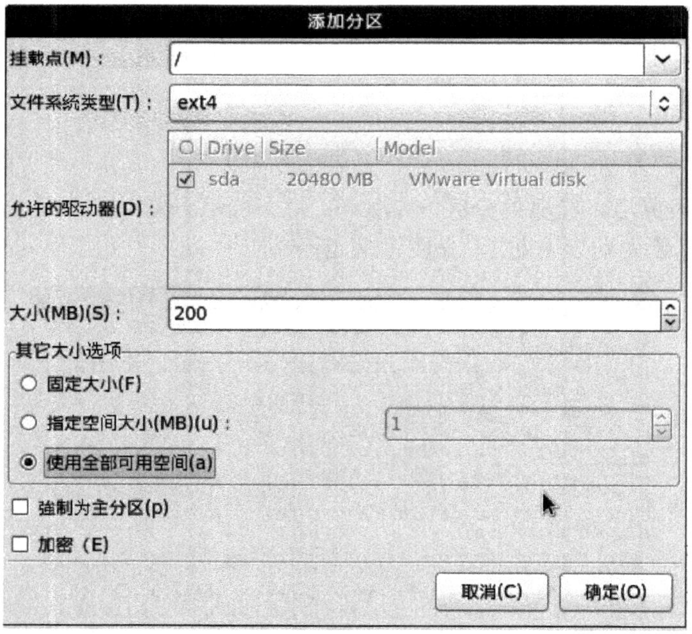

图 1-33   /分区

分区完后，将分区方案写入磁盘，单击【确定】及【下一步】按钮，开始安装引导装载程序，如图 1-34 所示，选中【使用引导装载程序密码】，则会给 boot loader 添加一个密码，防止有人通过光盘进入单用户模式修改 root 密码。

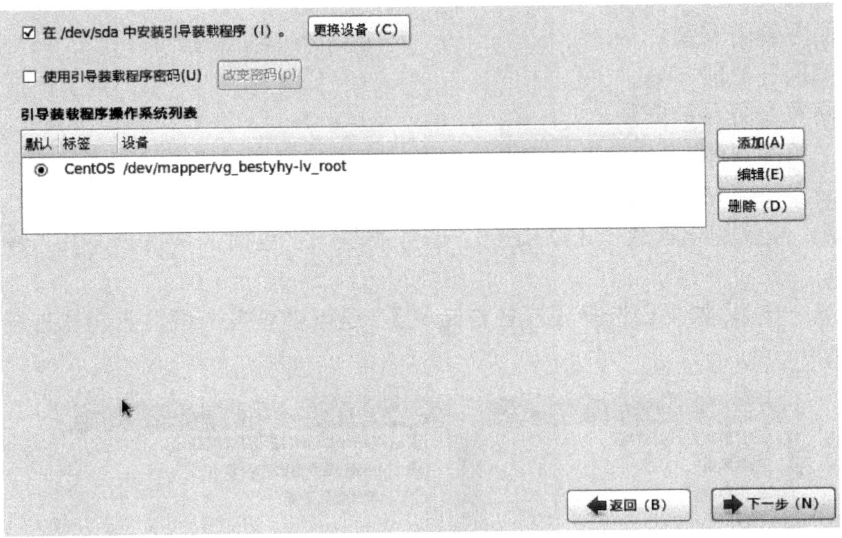

图 1-34 安装引导装载程序

13. 选择安装的组件

选择一种要安装的服务类型后，系统会自动安装一些必备的软件，也可以选择【现在自定义】，选择要安装的组件，如图 1-35 所示。

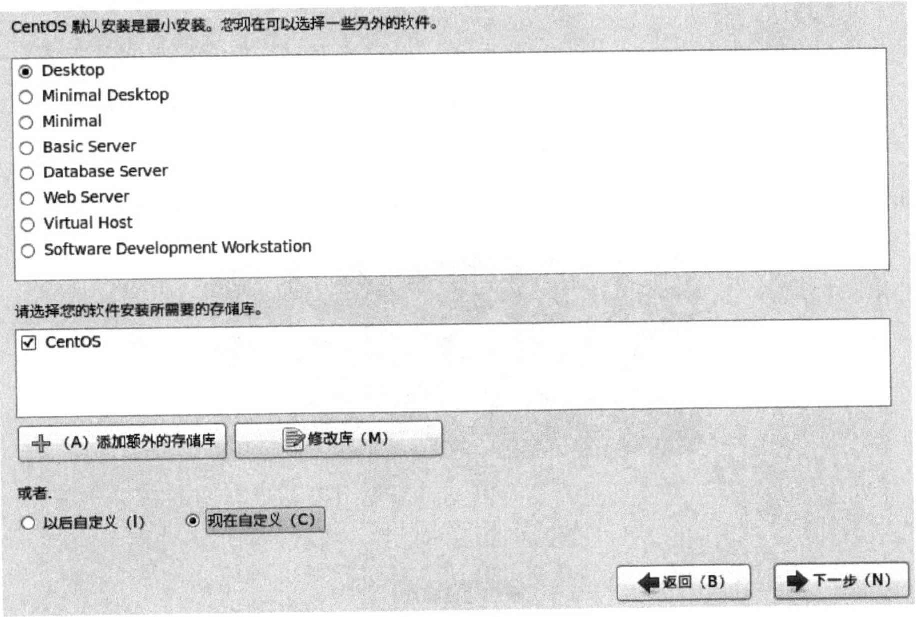

图 1-35 选择安装的组件

图 1-35 中各服务类型的释义：
① 桌面系统的安装。
② 最小化桌面系统的安装。
③ 最小化安装。

④ 基本服务器的安装。

⑤ 数据库服务器的安装。

⑥ Web 网页服务器的安装。

⑦ 虚拟主机的安装。

⑧ 软件开发工作站的安装。

一般来说，建议初学者选择【Desktop】服务类型，它包括 X WINDOWS（图形界面）等诸多功能。

单击【下一步】，如果已选择【现在自定义】，还可以对各个组件及功能进行修改，如图1-36 所示。

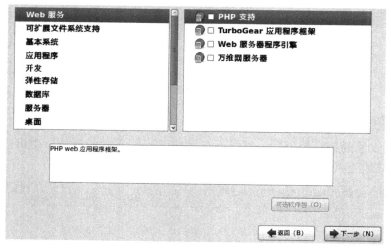

图 1-36　选择需要安装的组件

选择想要安装的软件，单击【下一步】按钮，系统开始安装，如图 1-37 所示。

图 1-37　系统开始安装

安装过程所用的时间根据选择的组件内容有所不同，系统安装过程如图 1-38 所示。

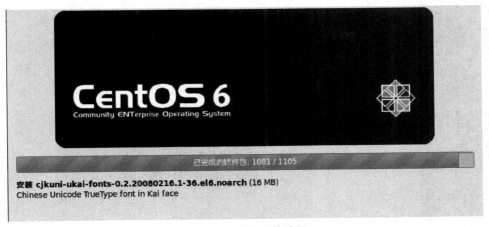

图 1-38　系统安装过程

14. 重启系统

安装完成后需要重新启动，单击【重新引导】按钮，重新引导系统，如图 1-39 所示。

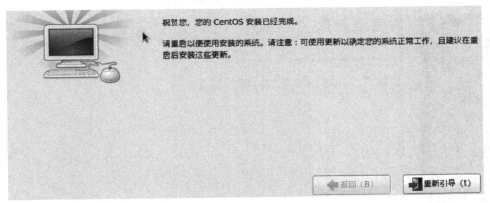

图 1-39　系统安装完成等待重新引导界面

（五）首次配置与本地登录

在前面的小节中，主要介绍了如何安装 CentOS 6.5，本节将简要介绍 CentOS 6.5 的首次配置和本地登录等内容。

CentOS 6.5 安装完成后重启即可使用，首次登录时还须要做一些简单的配置，系统首次启动，进入 CentOS 系统的欢迎界面，如图 1-40 所示。

1. 阅读许可信息

在系统欢迎界面中，单击【前进】按钮，查看【许可证信息】，选择【是，我同意该许可证协议】，如图 1-41 所示。

图 1-40　CentOS 6.5 系统的欢迎界面

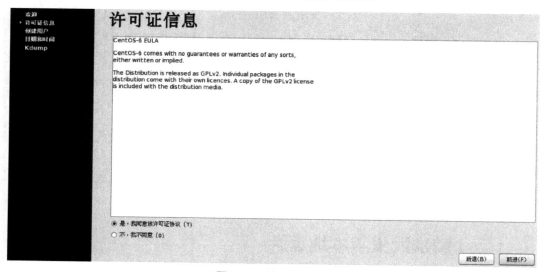

图 1-41　许可证信息

2. 创建用户

继续单击【前进】按钮，弹出如图 1-42 所示的创建用户界面。

　注意：

系统在安装完成时就已经有了一个根账号（root，超级管理员账号），密码在前面已设置过，这里创建的用户只是普通使用的用户，并非管理员。

创建用户时，如果密码过于简单，不满足密码复杂性要求，会出现如图 1-43 所示提示框。

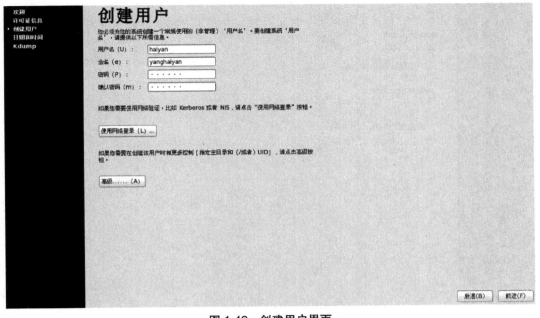

图 1-42　创建用户界面

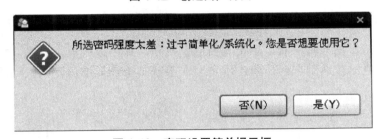

图 1-43　密码设置简单提示框

单击【是（Y）】按钮，依然使用简单密码，如果单击【否（N）】，系统回到图 1-42 所示界面，重新设置复杂密码。

　注意：

复杂密码至少包含以下 4 种字符中的 3 种或 3 种以上字符的密码：

① 小写字母。

② 大写字母。

③ 数字。

④ 特许字符（如！，@，#，$等）。

3. 设置日期和时间

创建完用户后单击【前进】按钮，弹出如图 1-44 所示的设置日期和时间界面。

选择正确的日期及时间，单击【前进】按钮，设置 Kdump。Kdump 主要用来调试系统内核和相关软件，对用户和生产环境几乎没有任何帮助，启用与否均无太大影响。设置完 Kdump 后单击【前进】按钮，开始创建用户及配置环境，一般情况下保持默认。

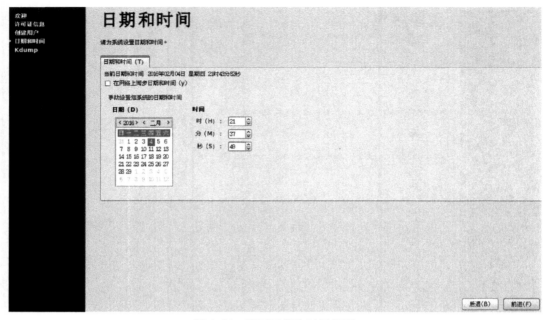

图 1-44　设置日期和时间界面

4. 系统登录

　　设置完系统的日期与时间后，单击【前进】按钮，弹出系统登录界面，如图 1-45 所示。在此可以看到新建的普通用户名，单击用户名，系统等待输入用户密码，如图 1-46 所示。

图 1-45　系统登录界面

图 1-46　等待输入密码

　　如果不想登录到 yanghaiyan 这个普通用户，或者想登录管理员账号，请单击【其他…】，系统要求输入用户名，如图 1-47 所示。

　　输入用户名及密码后单击【登录】按钮。登录根账户（root）时，会弹出【安全提示】对话框，如果不想它每次都提示，可以勾选【不要再显示此信息】复选框，如图 1-48 所示。

　　登录系统后，就进入 CentOS 的图形界面了，操作与 Windows 差不多，可以利用鼠标操作，CentOS 系统桌面如图 1-49 所示。

　　至此，CentOS 系统已经成功安装到电脑中。

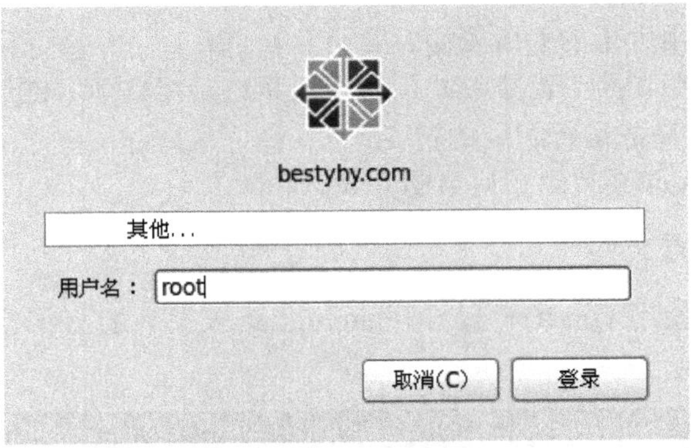

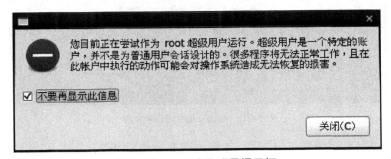

图 1-47　输入 root 账号

图 1-48　root 账号登录提示框

图 1-49　CentOS 系统桌面

（六）启动图形界面和字符界面

在开启 Linux 系统时，为什么有的系统进入图形界面，有的进入字符界面呢？这是因为 inittab 文件中的配置不同，该文件位于 etc 目录下。Linux 系统作为服务器，运行在字符界面下，因为图形界面会占用大量的系统资源。

在图形界面下如果想切换到命令模式，可进入系统后在桌面右键选择【在终端中打开】，然后输入【init3】，即可完成运行级别的转变。

下面进行修改 CentOS 系统的默认启动方式。

1. 打开 inittab 配置文件

【vim /etc/inittab】使用 vim 编辑器打开/etc/inittab 文件，打开的文件内容截图如图 1-50 所示。

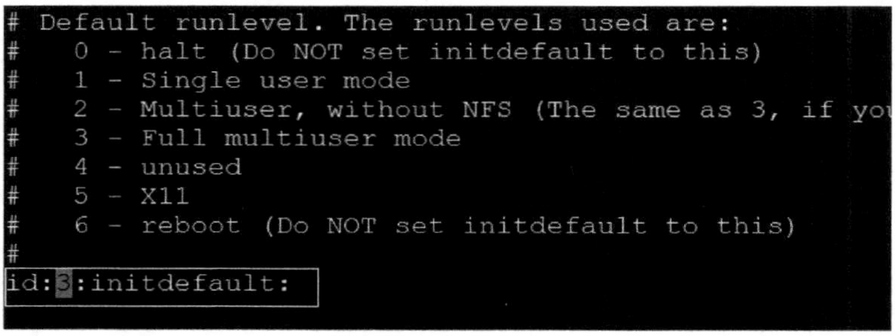

图 1-50　/etc/inittab 文件内容

在这个文件中，通过注释可以看到，Linux 有 7 个运行级别：

- 0—Halt（关机，系统关闭所有进程并关机）；
- 1—Single user mode（单用户字符界面，通常又称为 s 或 S）；
- 2—Multiuser，without NFS（不具备网络文件系统功能的多用户字符界面）；
- 3—Full multiuser mode（具备网络文件系统功能的多用户字符界面，服务器一般运行在此级别）；
- 4—Unused（保留，在一些特殊情况下使用）；
- 5—X11（具备网络功能的图形用户界面，一般发行版默认的运行级别）；
- 6—Reboot（关闭所有运行的进程并重新启动系统）。

Linux 系统中不同的运行级别（Run Level）代表了系统的不同运行状态，如 Linux 服务器正常运行时处于运行级别 3，是能够提供网络服务的多用户模式；而运行级别 1 只允许管理员通过服务器主机的单一控制台进行操作，即单用户模式。

2. 修改 Linux 启动模式

按键盘上的 I、O、A 三个字符中的任意一个，进入编辑模式，把光标定位到最后一行【id:5:initdefault】，修改数字。如果数字设为 5，系统启动后默认进入图形界面，设为 3 则系统启动时默认进入字符界面。

3. 保存配置文件

按键盘左上角的 Esc 键，退出编辑模式，输入【:wq】，保存并退出关闭文件。

4. 图形界面与字符界面的切换

Linux 作为服务器，一般工作在字符界面下，占用资源较少，功能很强大，但需要桌面办公时，可切换到图形界面，Linux 系统作为办公系统，功能同样强大。

命令【init 5】或【startx】将系统在字符界面下切换到图形界面（前提是装好图形界面）。
命令【init 3】可将系统从图形界面或单用户模式进入字符界面（图形界面有时需要注销）。

三、CentOS 的文件系统

安装操作系统后，需要理解 CentOS 支持的文件系统类型和 CentOS 的基本目录结构，对系统进行一些基本配置，本任务的主要目的是熟悉 CentOS 操作系统的目录结构、文件类型、文件路径及常用的命令。

（一）CentOS 系统的目录结构

CentOS 的
文件系统

文件结构是文件存放在磁盘等存储设备上的组织方法，主要体现在对文件和目录的组织上，目录为管理文件提供了一个方便而有效的途径。

1. CentOS 系统的目录结构树

Linux 与 Windows 最大的不同之处在于 Linux 目录结构的设计，CentOS 使用 Linux 的标准目录结构。CentOS 在安装的时候，就已经为用户创建了文件系统和完整而稳定的目录组成形式，并指定了每个目录的作用和其中的文件类型。

登录 CentOS 系统以后，执行【ls-l /】会发现在/下包含很多的目录，如 etc、usr、var、bin 等目录，进入其中一个目录后，看到的还是很多文件和目录。CentOS 的树形目录结构如图 1-51 所示。

33

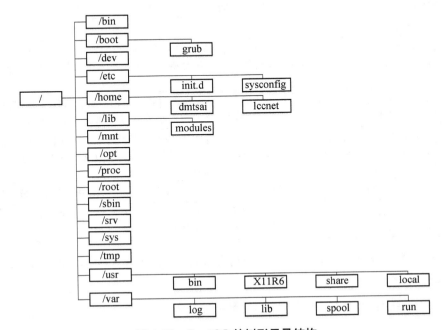

图 1-51　CentOS 的树形目录结构

认识 CentOS 的目录结构首先必须认识 Linux 目录结构的最顶端/，任何目录、文件和设备等都在/之下，Linux 的文件路径与 Windows 不同，Linux 的文件路径类似于/data/myfile.txt，没有 Windows 中盘符的概念。初学者开始对 Linux 的目录结构不习惯，可以把/当作 Windows 的盘符（如 C 盘）。表 1-1 对 Linux 中主要的目录进行说明。

表 1-1　Linux 常见目录说明

目录	说明
/	根目录。文件的最顶端，/etc，/bin，/dev，/lib，/sbin 应该和根目录放置在一个分区中，而类似/usr/local 可以单独位于另一个分区
/bin	存放系统所需要的重要命令，如文件或目录操作的命令 ls、cp、mkdir 等。另外，/usr/bin 也存放了一些系统命令，这些命令对应的文件都是可执行的，普通用户可以使用大部分命令
/boot	Linux 启动时内核及引导系统程序所需要的核心文件、内核文件和 grub 系统引导管理器都位于此目录
/dev	存放 Linux 系统的设备文件，如光驱、磁盘等。访问该目录下某个文件相当于访问某个硬件设备，常用的是挂载光驱
/etc	一般用于存放系统的配置文件，作为一些软件启动时默认配置文件读取的目录，如/etc/fstab 存放系统分区信息
/home	系统默认的用户主目录。如果添加用户时不指定用户的主目录，默认在/home 下创建与用户名同名的文件夹。代码中可以用 HOME 环境变量表示当前用户的主目录
/lib	64 位系统有/lib64 文件夹，主要用于存放动态链接库。类似的目录有/usr/lib，/usr/local/lib 等
/lost+found	存放一些系统意外崩溃或机器意外关机时产生的文件碎片
/mnt	用于存放挂载存储设备的挂载目录，如光驱等
/proc	存放操作系统运行时的运行信息，如进程信息、内核信息、网络信息等。此目录的内容存于内存中，实际不占用磁盘空间。如/etc/cpuinfo 存放 CPU 的相关信息
/root	Linux 超级权限用户 root 的主目录
/sbin	存放一些系统管理的命令，一般只能由超级权限用户 root 执行。大多数命令普通用户一般无权限执行，类似/sbin/ifconfig，普通用户使用绝对路径也可执行，用于查看当前系统的网络配置。类似的目录有/usr/sbin，/usr/local/sbin
/tmp	临时文件目录，任何人都可以访问。用于存放系统软件或用户运行程序（如 MySQL）时产生的临时文件。此目录数据需要定期清除。重要数据不可放置在此目录下，此目录空间不宜过小
/usr	应用程序存放目录，如命令、帮助文件等安装 Linux 软件包时默认安装到/usr/local 目录下。如/usr/share/fonts 存放系统字体，/usr/share/man 存放帮助文档，/usr/include 存放软件的头文件等。/usr/local 目录建议单独分区并设置较大的磁盘空间
/var	这个目录的内容是经常变动的，/var/log 用于存放系统日志，/var/lib 存放系统库文件等
/sys	目录与/proc 类似，是一个虚拟的文件系统，主要记录与系统核心相关的信息，如系统当前已经载入的模块信息等。这个目录实际不占用硬盘容量

Linux 系统各个发行版本是由不同的公司开发，所以各个发行版本之间的目录可能会有所不同，但差距比较小。

2. Linux 系统与 Windows 系统的文档结构对比

一块硬盘，分成了 4 个分区，分别是/，/boot，/usr 和 Windows 系统下的 fat，对于/和/boot 或者/和/usr，它们是从属关系；对于/boot 和/usr，它们是并列关系。

如果把 Windows 系统下的 fat 分区挂载到/mnt/winc 下（挂载在后续内容会讲），那么对于/mnt/winc 和/usr 或/mnt/winc 和/boot 来说，它们是从属于目录树的没有任何关系的两个分支。

因为 Linux 是一个多用户系统，制定一个固定的目录规划有助于对系统文件和不同的用户文件进行统一管理。但就是这一点让很多从 Windows 系统转到 Linux 系统的初学者感到头疼。

3. CentOS 系统的路径规则

CentOS 系统存在绝对路径和相对路径。

① 绝对路径：路径的写法一定由根目录/写起，如/usr/local/mysql 。

② 相对路径：路径的写法不是由根目录/写起，例如，首先用户进入到/，然后再进入到 home，命令为【cd/home】，然后使用【cd test】命令，此时用户所在的路径为/home/test。第一个 cd 命令后跟/home，第二个 cd 命令后跟 test，并没有斜杠，这个 test 是相对于/home 目录来讲的，所以叫作相对路径。

（二）CentOS 系统的基本命令

对于一个 Linux 新手来说，使用 Linux 命令执行任务是一个最基本的要求，下面这些命令是每一个 Linux 系统管理员都必须掌握的基本命令。

1. 使用【pwd】命令打印出当前所在目录

在 Linux 系统中，只显示当前工作的目录，没有显示完成的路径，【pwd】命令打印当前完整的工作路径。

2. 使用【cd】命令进入文件的目录

【cd】命令是 Linux 中最基本的命令语句，其他的命令语句要进行操作，都是建立在使用【cd】命令基础上的。所以，学习 Linux 常用命令，首先就要学好【cd】命令的使用方法技巧。

命令如下：

> 【cd /usr/local】进入/usr/local/lib/目录；
>
> 【pwd】打印当前工作目录；
>
> 【cd ./】还是当前目录；
>
> 【cd ../】进入当前目录的上级目录。

在上面的命令中，首先进入/usr/local/lib/目录，然后进入 ./，其实还是进入当前目录，用【pwd】查看当前的工作路径，并没有发生变化，再进入../ 则进入/usr/local/目录，即/usr/local/lib 目录的上一级目录。

路径./指当前目录，../指当前目录的上一级目录。

3. 使用【ls】命令显示文件信息

【ls】是列表的命令，在 ls 后加上-l 是以长列表的形式显示出来，内容较 ls 更加具体。

命令如下：

> 【ls -l】或【ll】显示当前文件夹内文件详细信息；
>
> 【ls -a】显示当前文件夹内隐藏文件；

35

【ls ~】显示用户宿主目录的文件信息。

4. 使用【more】或【less】命令分屏显示文件与目录

【more】命令：以一页一页的形式显示文件；按 space 键向后翻页，B 键向前翻页。

【less】命令：作用与 more 相似，都可以用来浏览文件内容，不同的是 less 允许使用者以往回卷动的方式查看文件，浏览速度较 vi 文本编辑器快；可以使用 J 键（以行为单位向下）、K 键（以行为单位向上）；同时，使用【less】命令查看文件时，可以键入 vi 命令进行文本编译。

命令如下：

【ls /etc |more】将/etc 中文件与目录分屏显示，只能向下查看；

【ls /etc |less】将/etc 中文件与目录分屏显示，可以上下查看；

【less /etc/squid/squid.conf】分屏显示 squid.conf 中的内容。

5. 使用【cat】命令查看文件内容

【cat】命令是 Linux 中非常重要的一个命令，它的功能是显示或连接一般的 ASCII 文本文件，通常用于查看某个文件的内容，cat 主要有三大功能。

① 一次显示整个文件：【cat filename】。

② 从键盘创建一个文件：【cat > filename】。只能创建新文件，不能编辑已有文件。

③ 将几个文件合并为一个文件：【cat file1 file2 > file3】。该命令是把 file1，file2 的内容结合起来存放至 file3 文件中。

命令如下：

【cat /etc/passwd】查看 passwd 文件中的内容；

【cat /etc/passwd |less】查看 passwd 文件中的内容，可以上下移动，按 Q 键退出。

6. 使用【mkdir】命令创建目录

mkdir 是 make directory 的缩写。其语法为 mkdir［-m 或-p］［目录名称］，其中-m，-p 为其选项。

-m：这个参数用来指定要创建目录的权限，【mkdir -m 755 yhy】表示建立一个权限为 755 的文件夹，该参数不常用。

-p：这个参数很实用。输入【mkdir /tmp/test/yhy】命令并运行，系统提示错误，无法创建，具体提示信息如下：

```
[root@yhy ~]# mkdir/tmp/test/yhy
mkdir: cannot create directory '/tmp/test/yhy': No such file or directory
```

运行下面的带-p 参数的命令，系统将不再报错。

【mkdir -p /tmp/test/yhy】

-p 参数的作用就是递归创建目录，即使上级目录不存在。另一种情况是如果想要创建的目录存在，也会提示报错，加上-p 参数后，就不会报错了。

命令如下：

【mkdir yhy】在当前路径中创建 yhy 目录；

【mkdir yhy1 yhy2 yhy3】在当前路径中同时创建 yhy1、yhy2、yhy3 等 3 个目录。

7. 使用【touch】命令创建文件

【touch】命令用于创建新的空文件或者修改已有文件的时间戳，命令如下：

【touch fileA】如果 fileA 存在，使用【touch】命令可更改这个文件或目录的日期时间，包括存取时间和更改时间；如果 fileA 不存在，【touch】命令会在当前目录下新建一个空白文件 fileA；

【touch file1 file2】在当前目录下建立文件 file1 和 file2 两个文件；

【touch /home/file1 file2】在/home 目录下建立文件 file1 和 file2 两个文件；

【touch -t 201601142234.50 log.log】设定文件的时间戳为 201601142234.50；

【mkdir dir1 dir2】在当前目录下创建子目录 dir1 和 dir2，即两个文件夹。

【touch】和【mkdir】命令容易混淆，touch 后跟的是文件，mkdir 后跟的是目录。

8. 使用【rmdir】命令删除目录

rmdir 其实是 rmove directory 缩写，其只有一个选项-p，类似于【mkdir】命令，这个参数的作用是将上级目录一起删除。

命令如下：

【rmdir /tmp/test/yhy】删除 yhy 目录；

【ls /tmp/test】查看 test 目录下的文件及目录；

【mkdir -p d1/d2/d3】依次建立 d1/d2/d3 文件夹；

【rmdir -p d1/d2/d3】依次删除 d3、d2、d1。

如果一个目录中还有目录，那么当直接使用【rmdir】命令时，会提示该目录不为空，不能删除。如果一定要删除，可使用【rm】命令。

9. 使用【rm】命令删除目录或者文件

【rmdir】命令只能删除目录但不能删除文件或非空目录，要想删除一个文件，则要使用【rm】命令。rm 同样也有-f，-i，-r 等很多选项。可以通过【man rm】获得详细帮助信息。

命令如下：

【rm -f/root/dir2/myfile1】使用绝对路径删除文件 myfile1，-f 表示强制删除，如果不加这个选项，当删除一个不存在的文件时会报错。这个操作强制删除文件，所以 rm -f 不轻易使用；

【rm -i /root/dir2/myfile2】-i 选项的作用是，当用户删除 myfile2 文件时会提示用户是否真的删除，如果删除输入 y，否则输入 n；

【rm -rf /root/dir1】当删除目录时，加-r 选项，如果不加会报错。rm 可以直接删除不为空的目录；

【rm -rf /root/dir2】删除 dir2 子目录及文件。

10. 使用【cp】命令复制文件

【cp】命令用于复制文件或目录，如同时指定两个以上的文件或目录，且要复制到一个已经存在的目录，则会把前面指定的所有文件或目录复制到此目录中。若同时指定多个文件或目录，而要复制到的并非一个已存在的目录，则会报错。

命令如下：

【cp /etc/grub.conf ./】将/etc/grub.conf 文件复制到当前目录中；

【cp /etc/passwd /root/passwd.bak】拷贝/etc/passwd 文件到/root/中，并重命名为 passwd.bak；

【cp /root/*.mp3 /soft/ab】拷贝扩展名为 mp3 的所有文件到/soft/ab 目录中；

【cp -r -f /root /soft/ab】拷贝一个目录到另一个目录，同时删除前面已经存在的目录；

【cp file1 file2 dir1】将 file1 和 file2 复制到 dir1 中。

11. 使用【mv】命令移动或重命名文件/目录

mv 是 move 的缩写，可以用来移动文件或者将文件改名，是 Linux 系统常用的命令，经常用来备份文件或者目录。

命令如下：

【mv 1.txt 2.txt 3.txt test3】命令将 1.txt，2.txt，3.txt 三个文件移到 test3 目录中；

【mv -t /opt/soft/test/test4/ 1.txt 2.txt3.txt】命令又将三个文件移动到 test4 目录中；

【mv file1 file2 dir2】将文件 file1，file2 从当前目录移动至 dir2 中；

【mv /dir2/file1 /dir2/myfile1】将 dir2 中的文件 file1 改名为 myfile1；

【mv /root/abc.jpg /etc/kk】将/root/abc.jpg 文件移动到/etc/kk 文件夹下；

【mv at.doc abc.doc】将 at.doc 改名为 abc.doc；

【mv kk.zip .kk.zip】将 kk.zip 文件隐藏；

【mv .kk.zip kk.zip】将.kk.zip 文件取消隐藏；

【mv -i 1.txt 2.txt】将文件 1.txt 改名为 2.txt，如果 2.txt 已经存在，则询问是否覆盖。

12. 重启与关机命令

Linux 系统常用的关机/重启命令有【shutdown】【halt】【reboot】及【init】，它们都可以达到重启系统的目的，但每个命令的内部工作过程是不同的。

重启命令如下：

【reboot】重启计算机；

【shutdown -r now】立刻重启（root 用户使用）；

【shutdown -r 10】10 分钟后自动重启（root 用户使用）；

【shutdown -r 20:35】在时间为 20:35 时候重启（root 用户使用）。

关机命令如下：

【halt】立刻关机；

【poweroff】立刻关机；

【shutdown -h now】立刻关机（root 用户使用）；

【shutdown -h 10】10 分钟后自动关机。

如果通过【shutdown】命令设置关机或重启，可以用【shutdown -c】命令取消重启或关机。

13. 查看系统状态相关命令

（1）【df】命令显示磁盘占有空间

【df】显示目前所有文件系统的最大可用空间及使用情况，示例如下：

```
[root@yhy ~]# df -h
Filesystem                    Size  Used Avail Use% Mounted on
/dev/mapper/vg_yhy-lv_root     18G  3.5G   13G  21% /
tmpfs                         936M     0  936M   0% /dev/shm
/dev/sda1                     485M   40M  421M   9% /boot
[root@yhy ~]#
```

参数 -h 表示使用 Human-readable 格式输出，也就是使用 GB、MB 等格式。

上面的命令输出的第一个字段及最后一个字段分别是档案系统及其挂载点。从中可以看出/dev/mapper/vg_yhy-lv_root 这个分区挂在根目录下，tmpfs 这个分区挂在/dev/shm 目录下，/dev/sda1 这个分区挂在/boot 目录下。

Size、Used、Avail、Use%及 Mounted on 分别是该分区的容量、已使用的大小、剩下的大小、使用的百分比及挂载点。当硬盘容量已满时，将不允许再写入文件。

另外，还可以使用参数 -i 查看目前档案系统 inode 的使用情形。虽然有的时候分区还有空间，但没有足够的 inode 存放档案的信息，也不能增加新的档案。示例如下：

```
[root@yhy ~]# df -ih
Filesystem                   Inodes IUsed IFree IUse% Mounted on
/dev/mapper/vg_yhy-lv_root     1.1M  101K 1021K    9% /
tmpfs                         234K     1  234K    1% /dev/shm
/dev/sda1                     126K    39  125K    1% /boot
[root@yhy ~]#
```

可以看到根分区已用的 inode 数量为 101KB，还有 1.1M 的可用 inode。

注意：

inode 用来存放档案及目录的基本信息（metadata），包含时间、档案名、使用者及群组等。在分割扇区时，系统会先做出一堆 inode 以供以后使用，inode 的数量关系着系统中可以建立的档案及目录总数。如果要存的档案大部分都很小，则同样大小的硬盘中会有较多的档案，需要较多的 inode 存放档案及目录。

（2）【free】命令用于显示系统内存的使用情况

目前 Linux 系统常用的查看内容的命令是【free】命令，示例如下：

```
[root@yhy ~]# free
             total       used       free     shared    buffers     cached
Mem:       1915512     173548    1741964          0      15760      65256
-/+ buffers/cache:      92532    1822980
Swap:      2097144          0    2097144
[root@yhy ~]#
```

各字段释义如下。

- total：总计物理内存空间为 2G 左右。
- used：已使用的内存空间为 173M 左右。
- free：空闲内存空间为 1.7G。
- Shared：多个进程共享的内存空间总额为 0M。
- buffers：缓冲区内存为 15M。
- cached：高速缓存为 65M。
- Buffers/cached：磁盘缓存的空间 15M/65M。

（3）查看 CPU 信息（型号）命令

命令如下：

【cat /proc/cpuinfo】查看 CPU 信息（型号）。

14. 使用【ps】命令查看进程

-f：全格式显示

-e：显示所有进程

-l：长格式显示

显示的项目依次为 UID（执行进程的用 ID），PID（进程），PPID（父进程 ID），TTY（终端名称）STIME（进程启动时间），TIME（进程执行时间），CMD（该进程的命令行输入）

但是一般使用【ps -ef】输出比较多，可以使用【ps -ef | grep oracle】。

【top】与【ps】命令的基本作用是相同的，显示系统当前的进程和其他状况。但是 top 是一个动态显示过程，q 表示退出，kill+进程号结束进程，如：

【kill -9 1234】将终止 PID 进程号为 1234 的进程（-9 表示强制停止）

15. 使用【cron】命令用于实现定时任务的完成

一个用户名为 user 的用户对应的 crontab 文件应该是/var/spool/cron/user。也就是说，该用户的 crontab 文件存放在/var/spool/cron 目录下面。【cron】命令将搜索/etc/crontab 文件，这个文件使用不同格式写成。【cron】启动以后将首先检查是否有用户设置了 crontab 文件，如果没有就转入休眠状态，释放系统资源。它每 1 分钟启动一次查看当前是否有需要运行的命令。

命令如下：

【crontab -1】命令查看目前已经存在的 cron 任务；

【crontab -r】删除当前用户的 cron 进程；

【crontab -e】添加计划任务。

16. 熟悉以下常用命令及功能

【ls -al /root> file1】将用户 root 的根目录所有目录列表保存至文件 file1 中；

【ls -al /bin | grep in>file2】将/bin 下的文件名中包含了 in 字符的文件名保存至文件 file2 中；

【cat file1 file2】同时显示 file1，file2 内容；

【cat file1 fiel2 > file3】将 file1，file2 内容合并成新文件 file3；

【head file3】显示 file3 的前 10 行内容，head 命令一般默认显示文件的前 10 行；

【head 15 file3】显示 file3 的前 15 行内容；

【tail 3 file3】显示 file3 的后 3 行内容；

【wc -lw file1】统计 file1 中的行数、字数；

【grep -c root file3】统计 file3 中包含 root 的行数；

【find -name "file*"】查找文件名中包含了 file 字符的文件；

【ls -1 | grep -c "file"】查找当前目录中是否有文件名包含 file 的文件；

【find /bin -size -1000c > myresult】查找/bin 中是否有 1000 字节以下的文件，并将查找结果保存至文件 myresult；

【find /bin -size 100 -print】查找是否有 100 块以上的文件；

【find / -user test】查找是否有用户 test 创建的文件；

【cp / config* /bak】将所有文件名中包含了字符 config 的文件复制到目录 /bak 中；

</>

【cut -d:　-f1 /etc/passwd】从/etc/passwd 中提取用户名，统计个数，并将结果保存至文件中；

【ls /bin -al | wc -l】统计/bin 目录下的文件目录项数；

【ls -al | perl -pi -e 's/root/wqaz/g'】将用户当前目录下的文件目录显示列表中的所有 root 替换成 wqaz，并显示替换结果。

（三）挂载外部文件到 CentOS 系统中

安装完 Linux 系统以后，当插入 U 盘或放入光盘的时候 Linux 系统是不能自动识别的，也不能直接使用，这是由 Linux 的文件系统管理方式决定的。首先，Linux 将所有的硬件设备都当作文件来处理，因此当使用光驱、U 盘等硬件设备时，必须将其挂载到系统中，只有这样才能识别。

1. 挂载的概念

Linux 系统中每个分区都是一个文件系统，都有自己的目录层次结构。Linux 会将这些分属不同分区的、单独的文件系统按一定的方式形成一个总的目录层次结构。按一定方式就是挂载。将一个文件系统的顶层目录挂到另一个文件系统的子目录上，使它们成为一个整体，称为挂载。把该子目录称为挂载点。一个分区挂载在一个已存在的目录上，这个目录可以不为空，但挂载后这个目录中以前的内容将不可用。

对于其他操作系统建立的文件系统的挂载也如此。但是，光盘、软盘、其他操作系统使用的文件系统的格式与 Linux 使用的文件系统格式是不一样的。光盘是 ISO9660；软盘是 fat16 或 ext2；Windows NT 是 fat16、NTFS；Windows98 是 fat16、fat32；Win2000、WinXP、Win7、Win8 及 Win10 是 fat32 或 NTFS。挂载前须要了解 Linux 是否支持所要挂载的文件系统格式。

2. 挂载命令的参数

挂载时使用【mount】命令：mount［-参数］［设备名称］［挂载点］
其中，常用的参数如下：
-t 指定设备的文件系统类型，常见的类型有以下几种。

- minix：Linux 最早使用的文件系统。
- ext4、ext3、ext2：Linux 目前常用的文件系统。
- MS-DOS：MS-DOS 的 fat，就是 fat16。
- vfat：Windows98/Win2000/WinXP 文件系统。
- nfs：网络文件系统。
- iso9660：CD-ROM 光盘标准文件系统。
- ntfs：WinXP/Win7/Win8/Win10 的文件系统。
- hpfs：OS/2 文件系统。
- auto：自动检测文件系统。

3. 挂载命令选项

-o 指定挂载文件系统时的选项，有些也可用在/etc/fstab 中。常用的有以下几种。

- ro：以只读方式挂载。
- rw：以读写方式挂载。

- nouser：使一般用户无法挂载。
- user：可以让一般用户挂载设备。

需要注意的是，【mount】命令没有建立挂载点的功能，因此应该确保执行【mount】命令时，挂载点已经存在。也就是说文件系统挂载首先要建挂载点目录。

例如，Win7 系统挂载在 hda1 分区上，同时还要挂载光盘和 U 盘。

挂载命令如下：

【mkdir /mnt/winc】建立挂载点/mnt/winc；

【mount -t ntfs /dev/hda1 /mnt/winc】挂载 Win7 的 hda1 分区；

【mkdir /mnt/usb】建立挂载点/mnt/usb；

【mount -t vfat /dev/sda1 /mnt/sub】挂载 U 盘；

【mkdir /mnt/cdrom】建立挂载点/mnt/cdrom；

【mount -t iso9660 /dev/cdrom /mnt/cdrom】挂载光盘。

现在就可以进入/mnt/winc 等目录读写这些文件系统。要保证挂载 U 盘及光盘的命令不出错，首先要确保 U 盘存在及光驱里有光盘。

如果 Win7 目录中有中文文件名，使用上面的命令挂载后，显示乱码。这就要用到 -o 参数里的 codepage iocharset 选项。codepage 指定文件系统的代码页，简体中文代码是 936；iocharset 指定字符集，简体中文一般为 cp936 或 gb2312。

当挂载的文件系统不支持时，mount 一定报错，可以重新编译 Linux 内核以获得对该文件系统的支持。

42

（四）CentOS 系统的自动挂载

每次开机访问 Windows 分区或光驱、U 盘时，都要运行【mount】命令显然太烦琐，为什么访问其他的 Linux 分区不用使用【mount】命令呢？

其实，每次开机时，Linux 自动将需要挂载的 Linux 分区挂载上。那么是不是可以设定在启动的时候也挂载其他分区，如 Windows 分区，以实现文件系统的自动挂载呢？

这是完全可以的。在/etc 目录下有个 fstab 文件，它里面列出了 Linux 开机时自动挂载的文件系统的列表。/etc/fstab 文件内容，如图 1-52 所示。

```
#
# /etc/fstab
# Created by anaconda on Wed Feb 17 15:29:18 2016
#
# Accessible filesystems, by reference, are maintained under '/dev/disk'
# See man pages fstab(5), findfs(8), mount(8) and/or blkid(8) for more info
#
/dev/mapper/vg_yhy-lv_root /                       ext4    defaults        1 1
UUID=7dd18f6c-0bea-4ee4-9a56-7dd0635e77db /boot              ext4       defaults
    1 2
/dev/mapper/vg_yhy-lv_swap swap                     swap    defaults        0 0
tmpfs                   /dev/shm                tmpfs   defaults        0 0
devpts                  /dev/pts                devpts  gid=5,mode=620  0 0
sysfs                   /sys                    sysfs   defaults        0 0
proc                    /proc                   proc    defaults        0 0
```

图 1-52 /etc/fstab 文件内容

文件内容释义如下：

- 第一列是挂载的文件系统的设备名。
- 第二列是挂载点。
- 第三列是挂载的文件系统类型。
- 第四列是挂载的选项，选项间用逗号分隔。
- 第五、六列留作备用。

参数 defaults 实际上包含了一组默认参数：

- rw 以可读写模式挂载。
- suid 开启用户 ID 和群组 ID 设置位。
- dev 可解读文件系统上的字符或区块设备。
- exec 可执行二进制文件。
- auto 自动挂载。
- nouser 使一般用户无法挂载。
- async 以非同步方式执行文件系统的输入输出操作。

光驱和软驱不是自动挂载的，如果一定要设成自动挂载，参数设置为 noauto，但要确保每次开机时光驱和软驱里都要有光盘，否则系统无法启动。

例如，要把系统中 /root/examine.iso 镜像文档挂载到 /mnt/iso 目录下，并且使其在系统重启后自动挂载（永久挂载）。

① 先看/mnt/iso 挂载点在不在，若不在，通过命令建立：【mkdir /mnt/iso】。

② 挂载文件命令：【mount -o loop /root/examine.iso /mnt/iso】。

③ 写入/etc/fstab 表。【vim /etc/fstab】命令编辑/etc/fstab 文件，结果如图 1-53 所示。

```
/dev/mapper/vg_yhy-lv_swap swap                      swap      defaults        0 0
tmpfs                      /dev/shm                  tmpfs     defaults        0 0
devpts                     /dev/pts                  devpts    gid=5,mode=620  0 0
sysfs                      /sys                      sysfs     defaults        0 0
proc                       /proc                     proc      defaults        0 0
/root/examine.iso          /mnt/iso                  iso9660   loop            0 0
```

图 1-53   修改后的/etc/fstab 文件内容

当 Linux 系统下次启动时，系统会读取该文件，Linux 系统就会自动把/root/examine.iso 镜像文档挂载到 /mnt/iso 目录下。

vim 编辑器与 CentOS 网络

四、vim 编辑器与 CentOS 网络

vim 是 Linux 系统最重要的文本/代码编辑器，也是早年的 vi 编辑器的加强版，而 gvim 则是其 Windows 版本。它的最大特色是完全使用键盘命令进行编辑，键盘的各种巧妙组合能大幅提升效率。

因此 vim 和现代的编辑器（如 Sublime Text）有非常大的差异，须要记住很多按键组合和命令。但由于 vim 的可配置性非常强，各种插件、语法、配色方案等数不胜数，无论作为代码编辑器还是文稿撰写工具都非常好用。

（一）使用 setup 配置 IP 地址

配置 Linux 系统的 IP 地址的方式比较灵活，可以直接修改系统的配置文件，也可以通过 setup 命令配置，在熟悉 vim 编辑器之前，先通过 setup 命令配置系统的 IP 地址。

1. 运行【setup】命令

使用【setup】命令配置 IP 地址，在命令行输入【setup】后按 Enter 键，打开【Choose a Tool】对话框，如图 1-54 所示。

按上下键，移动光标至【Network configuration】网络配置一行，按 Enter 键。

2. 选择网络配置

在弹出的【Select Action】对话框，按上下键，移动光标至【Device configuration】后按 Enter 键，如图 1-55 所示。

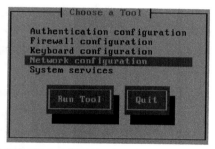

图 1-54　【Choose a Tool】对话框

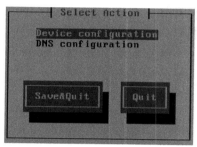

图 1-55　【Select Action】对话框

3. 选择网卡

在弹出的【Select A Device】对话框中，选中【eth0】后按【Enter】键，Linux 系统的第一张网卡即是【eth0】，如图 1-56 所示。

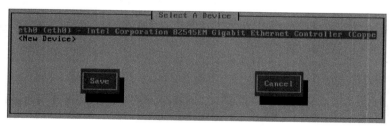

图 1-56　【Select A Device】对话框

4. 填写 IP 地址

在弹出的【Network Configuration】对话框中，首先使用 Tab 键移动光标到【Use DHCP】后面的［］中，然后按键盘的空格键取消［］里面的星号。再填写正确的 IP 地址，最后按 Tab 键，把光标移动到【OK】后按 Enter 键，如图 1-57 所示。

5. 保存 IP 地址配置选项

填好 IP 地址后，按 Tab 键，把光标移动到【Save】后按 Enter 键保存。然后按 Tab 键，把光标移动到【Save&Quit】项后按 Enter 键保存设置并返回，如图 1-58 所示。

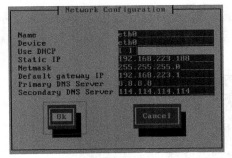

图 1-57　配置 IP 地址

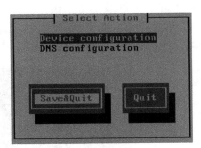

图 1-58　保存配置

6. 重启网络服务并查看 IP 地址信息

使用【setup】命令修改 IP 地址后，须重启 network 服务使新配置的 IP 地址生效，输入命令：

> 【service network restart】重新启动网络服务；
>
> 【ifconfig -a】查询 IP 地址配置信息。

查询 IP 地址信息如图 1-59 所示。

```
[root@yhy ~]# service network restart
Shutting down loopback interface:                                    [  OK  ]
Bringing up loopback interface:                                      [  OK  ]
[root@yhy ~]# ifconfig -a
eth0      Link encap:Ethernet  HWaddr 00:0C:29:3D:9C:6A
          BROADCAST MULTICAST  MTU:1500  Metric:1
          RX packets:0 errors:0 dropped:0 overruns:0 frame:0
          TX packets:22 errors:0 dropped:0 overruns:0 carrier:0
          collisions:0 txqueuelen:1000
          RX bytes:0 (0.0 b)  TX bytes:1492 (1.4 KiB)

lo        Link encap:Local Loopback
          inet addr:127.0.0.1  Mask:255.0.0.0
          inet6 addr: ::1/128 Scope:Host
          UP LOOPBACK RUNNING  MTU:16436  Metric:1
          RX packets:48 errors:0 dropped:0 overruns:0 frame:0
          TX packets:48 errors:0 dropped:0 overruns:0 carrier:0
          collisions:0 txqueuelen:0
          RX bytes:3456 (3.3 KiB)  TX bytes:3456 (3.3 KiB)

[root@yhy ~]#
```

图 1-59　查询 IP 地址信息

以上显示新配置的 IP 地址并没有生效，那么怎样才能使新配置的 IP 地址生效呢？我们将在下一个子任务中进行讲解。

（二）使用 vim 打开网络开关

在上一小节中配置的 IP 地址并没有立即生效，这是因为 CentOS 系统安装后，网卡的开关默认是关闭状态，需要修改配置文件来打开，此时就必须用到 vim 编辑器。

1. 打开网卡配置文件

> 【vim /etc/sysconfig/network-scripts/ifcfg-eth0】使用 vim 编辑器打开网卡配置文件。

2. 编辑 ifcfg-eth0 文件

按 I 键、A 键或 O 键中的任意一个，进入编辑模式，此时最下方会有【INSERT】插入标记，表示文件正处于编辑模式，把光标移动到第 5 行，将【ONBOOT=no】修改为【ONBOOT=yes】，如图 1-60 所示。

```
DEVICE=eth0
HWADDR=00:0c:29:3d:9c:6a
TYPE=Ethernet
UUID=b67fc672-fba0-4417-9178-a7c0e6a9dbfb
ONBOOT=yes
NM_CONTROLLED=yes
BOOTPROTO=none
IPADDR=192.168.31.2
NETMASK=255.255.255.0
IPV6INIT=no
USERCTL=no


-- INSERT --
```

图 1-60　修改网卡配置文件

3. 退出并保存编辑的文件

修改完相应的信息后，按 Esc 键，退出编辑模式，然后保存编辑的文件，输入【:wq】，保存并退出，如图 1-61 所示。

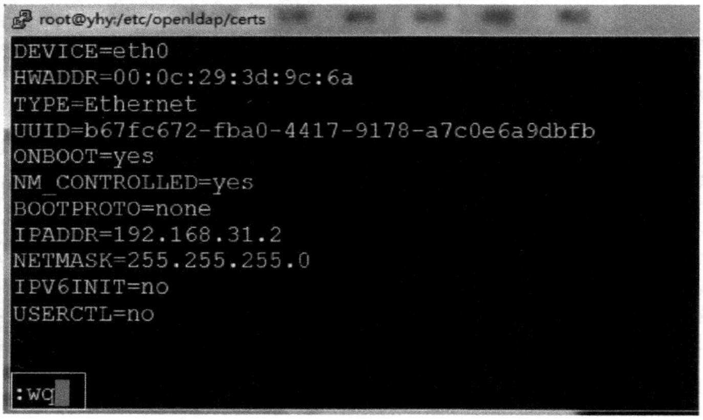

```
root@yhy:/etc/openldap/certs
DEVICE=eth0
HWADDR=00:0c:29:3d:9c:6a
TYPE=Ethernet
UUID=b67fc672-fba0-4417-9178-a7c0e6a9dbfb
ONBOOT=yes
NM_CONTROLLED=yes
BOOTPROTO=none
IPADDR=192.168.31.2
NETMASK=255.255.255.0
IPV6INIT=no
USERCTL=no


:wq
```

图 1-61　保存编辑的文件

4. 打开网络的总开关

网卡的开关打开后，系统也不一定能提供网络服务功能，还需确认系统的网络总开关是打开的，CentOS 系统的网络总开关文件是/etc/sysconfig/network，使用【vim /etc/sysconfig/network】命令打开网络总开关的配置文件，按 I 键编辑此文件，配置如下：

NETWORKING=yes	#设置系统网络总开关是否打开，yes 为打开，no 为关闭
HOSTNAME=yhy.com	#设置主机的名称，这里的名称为 yhy.com

在/etc/sysconfig/network 文件中，除了上面两个基本控制语句外，还可以增加以下控制语

句，以实现其他功能：

GATEWAY：X.X.X.X.	#设置系统网关的 IP 地址
GATEWAYDEV：YYY	#设置连接网关的网络设备为 YYY
DOMAINNAME：yhy.com	#设置本机的域名为 yhy.com
DISDDMAIN：yang.com	#在有 NIS 系统的网络中，设置 NIS 域名为 yhy.com

修改完上面的配置文件后，应该重启网络服务或者注销系统，让配置生效。

5. 重启网络服务

与网络相关的任何配置文件修改后都需要重启网络服务或者注销系统，让配置生效。
命令如下：

【service network restart】或【/etc/init.d/network restart】重启 network 服务使之生效；

【ifconfig】查询 IP 地址信息。

6. 总结 vim 编辑器的简单操作

命令格式： vim 文件名（注意：不是文件夹名）

例如，【vim yhy】命令表示如果 yhy 文件存在就打开，如果没有就创建。

按 I 键、O 键或 A 键这三个字母中的任何一个就进入编辑模式，进入编辑模式后，最下方有【INSERT】标记，编辑完后，按 Esc 键退出编辑模式，然后按冒号【:】同时注意要按住 Shift 键。

命令如下：

【:wq】写入磁盘（write）并退出（quit）；

【:q】不保存退出；

【:q!】强制退出。

（三）使用 vim 配置 DNS 地址

CentOS 系统中绝大部分配置都是通过修改相应的配置文件实现的，所以 vim 编辑器的熟练使用对运维人员来说至关重要，在此任务中，将通过配置 CentOS 系统中的 DNS 来更加熟练地掌握 vim 编辑器，并总结 vim 编辑器的部分功能。

1. 打开 DNS 的配置文件

【vim /etc/resolv.conf】打开 DNS 的配置文件。

2. 编配置 DNS 地址

此文件没有配置 DNS 地址时默认为空，按 I 键进入编辑模式，输入如下字符：

nameserver 8.8.8.8
nameserver 114.114.114.114

在此文档中，按 Esc 键后，把光标移动到第一行，然后连续按两次 Y 键，然后按 P 键就会把光标所在的行复制并粘贴到光标所在行的下面。

47

如果文档中含有其他以#开头的注释信息，连续按两次 D 键，删除光标所在的行。

3. 总结 vim 的使用

vim 可以分为三种状态，分别是指令模式（command mode）、插入模式（insert mode）和末行模式（last line mode），各模式的功能区别如下。

（1）指令模式/一般模式

控制屏幕光标的移动，字符、字或行的删除，移动复制某段及进入 insert mode 或 last line mode 下。

（2）编辑模式/插入模式

只有在 Insert mode 下，才可以进行文字输入，按 Esc 键可回到指令模式。

（3）末行模式（last line mode）

将文件保存或退出 vi，也可以设置编辑环境，如寻找字符串、列出行号等。

vim 编辑器的三种模式之间的转换及功能如图 1-62 所示。

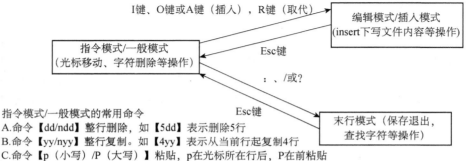

指令模式/一般模式的常用命令
A.命令【dd/ndd】整行删除，如【5dd】表示删除5行
B.命令【yy/nyy】整行复制。如【4yy】表示从当前行起复制4行
C.命令【p（小写）/P（大写）】粘贴，p在光标所在行后，P在前粘贴
D.命令【/】查找字符命令，如【/free】表示在文件中找free字符
E.命令【.】表示重复上一条命令
F.命令【u】表示撤销

末行模式的常用命令
A.命令【:q】退出不保存；【:wq】退出保存；【q!】强制退出不保存
B.命令【:g/旧字符/s//新字符/g】表示文件中所有字符替换
如【:g/root/s//abc/g】表示把文件中root用abc替换
C.命令【:g/要删除的字符/s///g】表示删除文件中字符
如【:g/abc/s//abc/g】表示把文件中abc字符全部删除
D.命令【:s/旧字符/新字符/g】表示文件中当前行字符替换
如【:s/abc/bcd/g】表示把文件中光标所在行的abc用bcd替换

图 1-62　vim 编辑器的三种模式之间的转换及功能

（四）给网卡配置多个 IP 地址

网络测试中有些主机或服务器需要配置多个 IP 地址来进行数据通信，但是没有多余的网卡，如何为单张网卡配置多个 IP 地址？又或者只需要让配置的 IP 地址临时测试使用，并不写入配置文件，一旦重启系统的网络服务，临时 IP 地址随即失效，在此任务中我们将一一实现。

1. 使用命令配置临时 IP 地址

有时为了工作方便，需要配一个临时 IP 地址，重启网络服务或重启系统后就会失效，可以通过如下命令实现：

【ifconfig eth0 1.1.1.2 netmask 255.0.0.0】配置网卡的临时 IP，重启失效。

2. 临时将一个网卡绑定多个 IP 地址

如果一个临时 IP 地址不够用，还可以绑定多个，在网卡后面添加【:1】即可：

【ifconfig eth0:1 1.1.1.3 netmask 255.0.0.0】。

3. 一个网卡永久绑定多个 IP 地址

复制配置文件 ifcfg-eth0 为 ifcfg-eth0:1，此方法为永久修改。

【cd /etc/sysconfig/network-srcipt/】进入网卡文件存放目录；

【cp ifcfg-eth0 ifcfg-eth0:1】复制网卡文件为 ifcfg-eth0:1；

【vimifcfg-eth0:1】命令修改其中的 IP 地址。

（五）操作网卡与测试网络

在 Linux 系统中，最基本的功能是提供网络服务，所以掌握最基本的操作网卡与测试网络服务的命令至关重要。在此任务中，列举了一些常用的与网络网卡有关的命令。

1. 通过命令操作网卡

操作网卡的命令主要是【ifconfig】命令，可以通过命令关闭、启用网卡。

【ifconfig eth0 down】关闭网卡；

【ifconfig eth0 up】启用网卡；

【ifconfig eth0 hw ether 00:E0:23:45:34:A1】修改网卡物理地址（MAC 地址）；

【service network restart】或【/etc/init.d/network restart】重启网络服务；

【ifconfig】查看网卡 IP 地址与物理地址信息。

2. 测试网络状态

测试网络状态主要有【traceroute】、【ping】、【netstat】三个命令。

【traceroute www.sina.com.cn】显示数据包到达目的主机所经过的路由；

【ping www.sina.com.cn】测试到达 www.sina.com.cn 网络的连通性；

【ping -c 4 8.8.8.8】测试网络的连通性；

【netstat -I】显示网络接口状态信息；

【netstat -lpe】显示所有监控中的服务器的 Socket 和正在使用的 Socket 程序信息；

【netstat -r】显示内核路由表信息；

【netstat -nr】显示内核路由表信息；

【netstat -t】显示 TCP/UDP 传输协议的连接状态；

【netstat -u】显示内核路由表信息；

【arp -a】查看 arp 缓存；

【arp -s 192.168.33.15 00:60:08:27:CE:B2】添加一个 IP 地址和 MAC 地址的对应记录；

【arp -d 192.168.33.15】删除一个 IP 地址和 MAC 地址的对应缓存记录。

五、root 用户安全

root 用户是 CentOS 操作系统中的超级管理员，Linux 系统的密码如果丢失，就需要进入单用户模式破解。

Linux 系统的启动方式常用的有单用户方式、普通多用户方式、完全多用户方式和 XWin 方式。单用户方式下，系统并没有完全运行起来，只是部分程序运行，这时也不提供任何远程网络服务。单用户模式下进行系统维护是由 root 用户来完成的，而且 root 用户直接进入，没有密码。单用户模式给运维人员带来便利的同时，也隐藏着巨大的安全隐患，因为单用户模式下的 root 用户对系统有全部的操作权限，在修复系统的同时，也能随时对系统进行破坏。

本任务的主要内容是使用 root 用户进入单用户模式，并修改 root 密码，以及对进入单用户模式设置障碍，即设置进入单用户模式的密码，防止未经授权的人员轻易地进入单用户模式，修改 root 用户密码，破坏系统。

（一）单用户模式下的 root 密码安全

root 用户
安全

进入单用户模式有两种方式，如下。

1. 使用 A 键进入单用户模式（推荐使用）

（1）进入 kernel 编辑界面

开机进入 GRUB，在读秒的时候，按两次 A 键，编辑 kernel 参数。

（2）编辑 kernel 启动参数

进入 kernel 编辑界面后，输入空格后，再输入数字【1】或【single】，如图 1-63 所示。以告知 Linux 内核后续的启动过程需要进入单用户模式，然后按 Enter 键即可进入单用户模式。

```
[ Minimal BASH-like line editing is supported.  For the first word, TAB
  lists possible command completions.  Anywhere else TAB lists the possible
  completions of a device/filename.  ESC at any time cancels.  ENTER
  at any time accepts your changes.]

<E=us rd_NO_DM rhgb quiet 1
```

图 1-63　编辑 kernel 参数

（3）用【passwd】命令修改 root 密码

系统无须输入密码进入单用户模式，用【passwd】命令修改 root 用户口令。

输入【passwd】命令，然后按 Enter 键，系统等待输入新的 root 密码，输入完成后按 Enter 键再次确认输入新的密码，输入完成后按 Enter 键即可。需要强调的是，输入密码的时候是没有任何显示的，因为主机接收了键盘输入字符后不再输出到显示器上的命令，减少了密码的失窃风险，如图 1-64 所示。

当两次密码输入一致后，会出现【updated successfully】密码修改成功的提示信息。

```
[root@yhy ~]# passwd
Changing password for user root.
New password:
BAD PASSWORD: it is WAY too short
BAD PASSWORD: is too simple
Retype new password:
passwd: all authentication tokens updated successfully.
[root@yhy ~]#
```

图 1-64　修改 root 密码过程

（4）进入多用户系统

输入【init 3】进入能够提供网络服务的多用户模式文本模式，输入【init 5】进入能够提供网络服务的多用户模式图形界面模式。测试修改后的口令。

输入用户名 root，然后按 Enter 键输入修改后的新密码，确认即可进入系统。

　注意：

输入密码的时候，系统没有任何提示。

2. 使用 E 键进入单用户模式

（1）进入 kernel 选择界面

Linux 系统开机读秒界面，如图 1-65 所示。

```
Press any key to enter the menu

Booting CentOS (2.6.32-431.el6.x86_64) in 1 seconds...
```

图 1-65　Linux 系统开机读秒界面

按 E 键，进入如图 1-66 所示的系统启动等待界面。

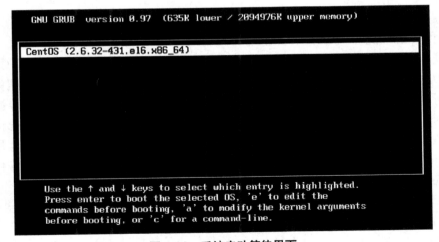

图 1-66　系统启动等待界面

（2）进入 kernel 编辑界面

再次按 E 键，进入如下有三个菜单的界面，如图 1-67 所示。

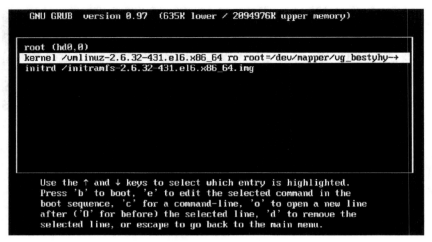

图 1-67　系统启动菜单界面

（3）编辑 kernel 启动参数

按上下键，移动光标至以【kernel】开头的第二行后再次按 E 键，编辑 Linux 启动级别，如图 1-68 所示。

图 1-68　编辑 Linux 启动级别界面

输入空格后，在行末输入【1】或【single】，以告知 Linux 内核后续的启动过程需要进入单用户模式，然后按 Enter 键系统会回到启动菜单界面。

（4）进入单用户模式

按 B 键，此时系统开机无须输入密码即可进入单用户模式。

（5）用【passwd】命令修改 root 密码

输入【passwd】命令，然后按 Enter 键，系统等待输入新的 root 密码，输入完成后按 Enter 键再次确认输入新的密码，输入完成后按 Enter 键即可。需要强调的是，输入密码的时候是没有任何显示的，是因为主机接收了键盘输入字符后不再输出到显示器上的命令，减少了密码的失窃风险。当两次密码输入一致后，会出现【successfully】密码修改成功的提示信息。

如果在输入 passwd root 后发现，根本没有提示输入新密码，而是直接跳过。原因是在默认安装 CentOS 6.5 时 seLinux 是开启的。在 seLinux 开启情况下，passwd 不能应用。输入命令【setenforce 0】关闭 seLinux，即可在单用户模式下更改密码。

注意：

当 Linux 系统进入单用户模式后，由于已经停止了任何网络服务和网络配置（网络接口无效），不会有任何其他人（通过网络）干扰系统的运行状态，管理员可以放心地对 Linux 系统进行系统级别的维护操作。

在单用户模式下 Linux 系统是不具备网络功能的完整的操作系统。在单用户模式下可以进行如下的维护和管理工作。

① 重新设置超级用户密码。

② 维护系统的分区、LVM 和文件系统等。

③ 进行系统的备份和恢复。

单用户模式的一个典型应用是 root 用户的密码设置。对于一些临时使用或用于实验的 Linux 系统（如学生实验室），经常会更换使用者，而 root 用户的密码可能会被遗失，这时可以进入单用户模式更改 root 用户的密码。

（二）单用户模式下的系统安全

如果能够进入单用户模式，修改 root 用户密码，这样会存在一定的安全风险，那么，如何给进入单用户模式设置密码呢？首先要对 GRUB 进行密码配置，修改/boot /grub/grub.conf 或者 /etc/grub.conf（/etc/grub.conf 是/boot/grub/grub.conf 的符号链接）配置文件即可。

有 2 种方式可以对进入单用户模式设置密码。

1. 明文方式

明文方式，即单用户模式的密码在系统文件（/etc/grub.conf）中是可见、没有加密的。

（1）打开/boot/grub/grub.conf 文件

使用 vim 编辑器打开/boot/grub/grub.conf 文件：【vim /boot/grub/grub.conf】

（2）编辑/boot/grub/grub.conf 文件

在 splashimage 参数下一行添加【password=密码】，如图 1-69 所示。

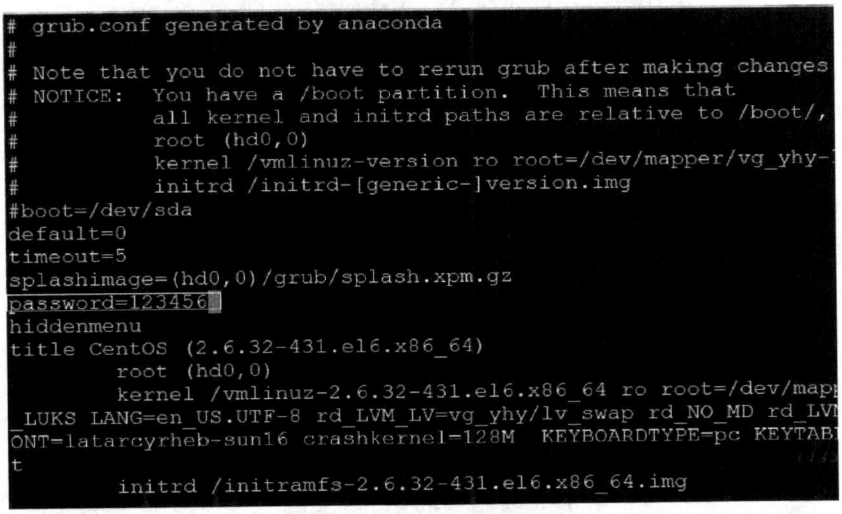

```
# grub.conf generated by anaconda
#
# Note that you do not have to rerun grub after making changes
# NOTICE:  You have a /boot partition.  This means that
#          all kernel and initrd paths are relative to /boot/,
#          root (hd0,0)
#          kernel /vmlinuz-version ro root=/dev/mapper/vg_yhy-
#          initrd /initrd-[generic-]version.img
#boot=/dev/sda
default=0
timeout=5
splashimage=(hd0,0)/grub/splash.xpm.gz
password=123456
hiddenmenu
title CentOS (2.6.32-431.el6.x86_64)
        root (hd0,0)
        kernel /vmlinuz-2.6.32-431.el6.x86_64 ro root=/dev/map
_LUKS LANG=en_US.UTF-8 rd_LVM_LV=vg_yhy/lv_swap rd_NO_MD rd_LV
ONT=latarcyrheb-sun16 crashkernel=128M  KEYBOARDTYPE=pc KEYTAB
t
        initrd /initramfs-2.6.32-431.el6.x86_64.img
```

图 1-69 设置 GRUB 明文密码

保存后重新启动计算机，再次登录到 GRUB 界面的时候就会发现，这时已经不能直接使用【e】命令编辑启动标签了，须先使用【p】命令，输入正确的密码后才能够对启动标签进行编辑，如图 1-70 所示。

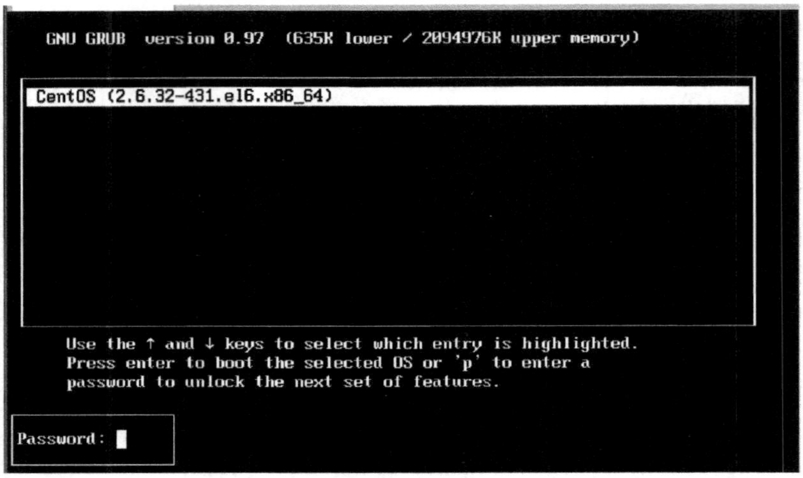

图 1-70　进入 GRUB 需要验证密码

　　但是设置了明文密码也不是很安全。如果他人通过合法途径进入到系统后得到了 /boot/grub/grub.conf 文件的明文密码，仍然可以修改 GRUB 启动标签从而进入单用户模式。

　　2. md5 加密方式

　　md5 加密方式，即进入单用户模式的密码以密文方式存在于系统文件（/etc/grub.conf））中。

54

　　（1）给密码进行 md5 加密

　　在终端中输入【grub-md5-crypt】，按 Enter 键，这时系统会要求输入两次相同的密码，之后系统便会输出 md5 码，如图 1-71 所示。

图 1-71　生产 md5 密码

　　（2）添加 md5 密文到/etc/grub.conf 文件中

　　将生成的 md5 密文复制下来，然后编辑/etc/grub.conf 文件，在 splashimage 参数下一行添加【password --md5 $1$0Cpss$xCdHV0pEoj3.zOuCIZhiG/】，如图 1-72 所示。

图 1-72　设置 GRUB 的 md5 密文密码

保存后重新启动计算机，再次登录到 GRUB 界面的时候就会发现，这时也不能直接使用【e】命令编辑启动标签，须先使用【p】命令，输入正确的密码后才能够对启动标签进行编辑。

管理 CentOS
系统的用户
与用户组

六、管理 CentOS 系统的用户与用户组

Linux 操作系统是多用户多任务操作系统，用户可分为普通用户和超级用户。除了用户外还有用户组，用户组就是用户的集合，CentOS 用户组有两种类型——私有组和标准组，当创建一个新用户时，若没有指定所属的组，CentOS 就建立一个和该用户相同的私有组，此私有组中只包括用户自己。标准组可以容纳多个用户，如果要使用标准组，那创建一个新的用户时就应该指定所属的组。同一个用户可以属于多个组，如某个单位的领导组和技术组，Lik 是该单位的技术主管，所以他属于领导组和技术组。当一个用户属于多个组时，其登录后所属的组是主组，其他组为附加组。

Linux 系统的用户与用户组系统文件主要存放在/etc/passwd、/etc/shadow、/etc/group 和 /etc/gshadow 这四个文件中。root 的 uid 是 0，1～499 是系统的标准账户，普通用户从 uid 500 开始。

由于 Linux 是多用户多任务的操作系统，因此常常会有多人同时使用这台主机工作，考虑每个人的隐私权，因此，"文件所有者"的角色就显得相当重要了。例如，将某个文件放在自己的工作目录下，并且不希望被别人看到，这时候，就应该把文件设定成【只有文件拥有者】，也即我们自身才能查看和修改该文件的内容。

为什么要为文件设定它所属的用户组呢？其实，用户组最简单的功能之一，就是用于团队开发资源。例如，主机有两个团体：第一个团体为 testgroup，它的成员是 test1，test2，test3 三个；第二个团体名称为 treatgroup，它的团员为 treat1，treat2，treat3。这两个团体之间是相互竞争的，要看谁完成的报告最好，每组团员需要能够修改自己的团体内任何人所建立的文件，且不能让非本团体的人看到这些文件内容。这时候就要通过用户组的权限设置，禁止非本用户组的用户查看本组的文件。同时，如果成员自己还有隐私文件，可以设定文件权限，使本团队其他成员也看不到此文件的内容。另外，如果有一个 teacher 用户是 testgroup 与 treatgroup 这两个用户组的老师，想要同时查看两个组的进度，就要设定 teacher 用户同时支持 testgroup 与 treatgroup 这两个用户组，这样就可以查看这两个用户组的文件。也就是说，每个用户还可以属于多个用户组。

基于以上的考虑，Linux 系统中的每个用户都至少属于一个用户组，系统可以对一个用户组中的所有用户进行集中管理。不同 Linux 系统对用户组的规定有所不同，如 Linux 用户就默认属于与它同名的用户组，这个用户组在创建用户的时候同时创建。

1. CentOS 系统中的用户文件

系统中所有的用户存放文件为/etc/passwd，可通过【vim /etc/passwd】命令打开查看。

passwd 文件由多条记录组成，每条记录占一行，记录了一个用户账号的所有信息。每条记录由 7 个字段组成，字段间用【:】隔开，其格式如图 1-73 所示。

1用户名；2加密的口令；3用户ID；4组ID；5用户描述；6家目录；7登录shell（桌面）

图 1-73　存放用户文件

① 用户名：它唯一地标志了一个用户账号，用户在登录时使用。

② 加密的口令：passwd 文件中存放的密码是经过加密处理的。Linux 的加密算法很严密，其中的口令几乎是不可能被破解的。盗用账号的人一般都借助专门的黑客程序，构造出无数个密码，然后使用同样的加密算法将其加密，再和本字段进行比较，如果相同的话，就代表构造出的口令是正确的。因此，建议不要使用生日、常用单词等作为口令，它们在黑客程序面前是不堪一击的。特别是对那些直接连入较大网络的系统来说，系统安全性尤为重要。

③ 用户 ID：用户识别码，简称 UID。Linux 系统内部使用 UID 来标志用户，而不是用户名。UID 是一个整数，用户的 UID 互不相同。普通用户的 UID 默认从 500 开始。

④ 组 ID：用户组识别码，简称 GID。不同的用户可以属于同一个用户组，享有该用户组共有的权限。与 UID 类似，GID 唯一地标志了一个用户组。普通用户的 GID 默认从 500 开始。

⑤ 用户描述：用户注解，它一般包括用户真实姓名、电话号码、住址等，当然也可以为空。

⑥ 家目录：这个目录属于该账号，当用户登录后，则进入此目录。一般来说，root 账号的家目录是/root，其他账号的家目录都在/home 目录下，并且和用户名同名。

⑦ 登录 shell：用户登录后执行的命令。一般来说，这个命令将启动一个 shell 程序。例如，用 bbs 账号登录后，会直接进入 bbs 系统，这是因为 bbs 账号的 login command 指向 bbs 程序，等系统登录 bbs 时就自动运行这些命令。

　注意：

如果把普通用户的 UID 和 GID 改成与 root 用户一样，那么此用户就变成了管理员，拥有管理员的权限。

2. 用户密码及有效期信息的存放文件

用户密码及有效期信息的存放文件/etc/shadow，可通过命令【vim /etc/shadow】打开查看。

shadow 文件由许多条记录组成，每条记录占一行，记录了一个用户账号的所有用户密码及有效期等信息。每条记录由 8 个字段组成，字段间用 "："隔开，其格式如图 1-74 所示。

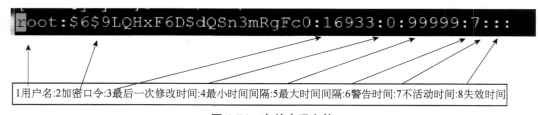

1用户名:2加密口令:3最后一次修改时间:4最小时间间隔:5最大时间间隔:6警告时间:7不活动时间:8失效时间

图 1-74　存放密码文件

① 用户名是与/etc/passwd 文件中的登录名相一致的用户账号。

② 加密口令字段存放的是加密后的用户口令，长度为 13 个字符。如果为空，则对应用

户没有口令，能够登录但是不需要口令；如果是两个感叹号，则表示该用户没有设置密码，不能登录系统；如果含有集合{./0-9A-Za-z}中的字符，则对应的用户不能登录。

③ 最后一次修改时间表示从某个时刻起，到用户最后一次修改口令时的天数。时间起点对不同的系统可能不一样。如在 SCOLinux 中，这个时间起点是 1970 年 1 月 1 日。

④ 最小时间间隔指两次修改口令之间所需的最小天数。

⑤ 最大时间间隔指口令保持有效的最大天数。

⑥ 警告时间字段表示从系统开始警告用户到用户密码正式失效之间的天数。

⑦ 不活动时间表示用户没有登录活动但账号仍能保持有效的最大天数。

⑧ 失效时间给出的是一个绝对的天数，如果使用了这个字段，那么就给出相应账号的生存期。期满后，该账号就不再是一个合法的账号，也就不能再用来登录。

系统中还有一些默认的账号，如 daemon、bin 等。这些账号有特殊的用途，一般用于进行系统管理。这些账号的口令大部分用"*"号表示，代表它们不能在登录时使用。

3. 账号所属组文件

/etc/group 文件是用户组的配置文件，内容包括用户和用户组，并且能显示出用户归属于哪个用户组或哪几个用户组，因为一个用户可以归属一个或多个不同的用户组；同一用户组的用户之间具有相似的特征。如把某一用户加入到 root 用户组，那么这个用户就可以浏览 root 用户家目录的文件，如果 root 用户把某个文件的读写执行权限开放，root 用户组的所有用户都可以修改此文件，如果是可执行的文件（如脚本），root 用户组的用户也是可以执行的。

Linux 系统每当建立一个用户时，同时也建立一个同名的组，此用户默认加入到此组中。组用户文件存放在/etc/group 里面，可以通过【vim /etc/group】命令查看，如图 1-75 所示。

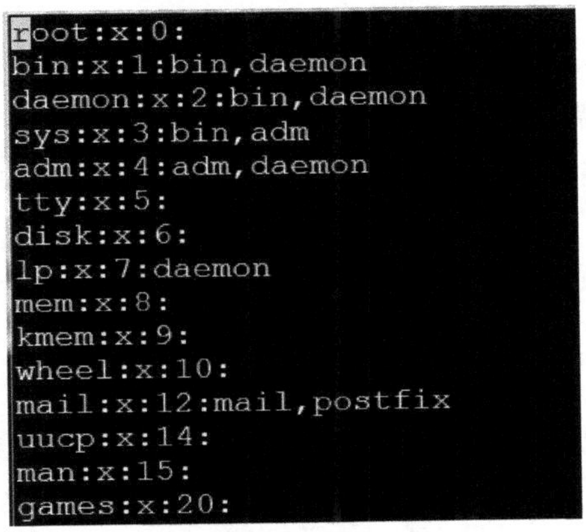

```
root:x:0:
bin:x:1:bin,daemon
daemon:x:2:bin,daemon
sys:x:3:bin,adm
adm:x:4:adm,daemon
tty:x:5:
disk:x:6:
lp:x:7:daemon
mem:x:8:
kmem:x:9:
wheel:x:10:
mail:x:12:mail,postfix
uucp:x:14:
man:x:15:
games:x:20:
```

图 1-75　查看/etc/group 文件

在图 1-75 所示的文件中，四列字段对应的释义如下。

● 第一列：用户组名称。

● 第二列：用户组密码。

● 第三列：GID，即组 ID。

● 第四列：用户列表，每个用户之间用","号分割；本字段可以为空；如果为空表示用户组为 GID 的用户名。

4. 用户组密码文件

/etc/gshadow 是/etc/group 的加密文件，如用户组管理密码就是存放在这个文件中的。/etc/gshadow 和/etc/group 是互补的两个文件；对于大型服务器，针对很多用户和组，设计一些关系结构比较复杂的权限模型，设置用户组密码是极有必要的。如不想让一些非用户组成员永久拥有用户组的权限和特性，可以通过密码验证的方式让某些用户临时拥有一些用户组特性，这时就要用到用户组密码。

通过命令【vim /etc/gshadow】查看用户组密码存放文件，每个用户组独占一行，如图 1-76 所示。

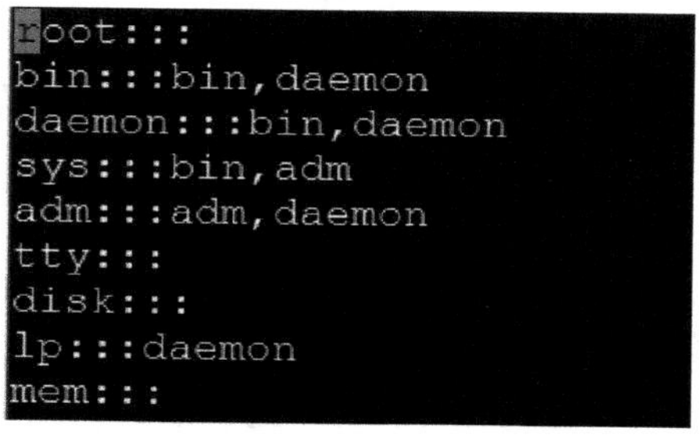

```
root:::
bin:::bin,daemon
daemon:::bin,daemon
sys:::bin,adm
adm:::adm,daemon
tty:::
disk:::
lp:::daemon
mem:::
```

图 1-76　/etc/gshadow 文件

在图 1-76 所示的文件中，有四列，每一列对应的释义如下。
- 第一列：用户组。
- 第二列：用户组密码，这个字段可以是空或 "!"，如果是空或 "!"，表示没有密码。
- 第三列：用户组管理者，这个字段也可为空，如果有多个用户组管理者，用 "," 号分割。
- 第四列：组成员，如果有多个成员，用 "," 号分割。

5. 建立与删除用户

CentOS 系统中，建立与删除用户的主要命令及释义如下：
useradd 用户名 -g 组名 -G 组名 -d Home 目录名 -p 密码
其中，-g 指定该用户的首要组；
-G 指定该用户的次要组；
-d 指定该用户的 Home 目录；
-p 指定该用户的密码。

如输入命令【useradd oracle -g oinstall -G dba -d /home/oracle -p ora123】，系统将创建一个用户 oracle，oracle 用户的首要组为 oinstall，次要组为 dba，家目录为/home/oracle，密码为 ora123。

命令如下：

【useradd yhy】系统将创建一个新用户 yhy，该用户的 home 目录为/home/yhy；

【passwd yhy】为 yhy 用户设置密码，密码输入时无任何显示，此外超级用户还可以修改其他用户的口令；

【useradd ybs -d /home/y】新建 ybs 用户，并指定家目录为/home/y；

【userdel yhy】表示删除用户，但不删除家目录；

【userdel -r ybs】删除 ybs 用户，并删除用户家目录；

【usermod -l user2 user1】修改用户 user1 名称为 user2；

【usermod -L user2】锁定用户名 user2，锁定后 user2 不能登录；

【usermod -U user2】解锁用户名 user2；

【su -user1】root 用户切换到普通用户，不需要密码；

【su -root】普通用户切换到 root 用户，需要 root 密码。

注意：

【su】命令后加 "-"，切换用户时切换到用户的家目录，否则，不改变当前路径。

6. 建立与管理用户组

CentOS 系统中，建立与管理用户组的主要命令及释义如下：

【groupadd grp1】新建用户组 grp1；

【groupdel grp1】删除用户组 grp1；

【groupmod grp2 grp1】修改用户组名称 grp1 为 grp2；

【gpasswd -a user2 grp2】把用户 user2 加入到用户组 grp2 中；

【gpasswd -d user2 grp2】把用户 user2 加入从用户组 grp2 中删除。

7. 几个重要的补充命令

有关用户的操作还有以下命令，详细释义如下：

【who am i】显示当前以哪个用户登录；

【w】显示目前登入系统的用户详细信息，包括登录 IP 地址等；

【who】显示目前登入系统的用户简要信息；

【last】记录每个用户的登录次数和持续时间等信息；

【finger】查找并显示用户信息，如【finger zhangs】表示查看 zhangs 用户信息；

【su user】切换用户但不切换当前目录；

【su - user1】切换用户并切换到 user 的家目录；

【ntsysv】启动/关闭系统中的服务；

【setup】设置系统运行参数。

管理 CentOS 系统的文件权限

七、管理 CentOS 系统的文件权限

由于不可能为每个用户都单独提供完全独立、相互隔离的文件系统，多用户操作系统必须提供一种安全的访问控制机制，使用户既能和其他用户共享某些文件，又能保证各个用户的文件不会被非法存取或破坏。因而 Linux 对文件所有者和其他用户，分别设置了存取控制权限，即读、写和执行权限。

文件的权限有两种表示方法，一种是符号化表示法，另一种是十进制数字表示法。符号化表示法使用英文字母 r（read）、w（write）和 x（execute）来分别表示读、写 和执行权限。用符号化表示法表示的文件权限共九位，每三位为一组，每一组都是 rwx 的三个符号与 "-"

59

符号的组合，其中"-"符号表示没有该权限。每组分别代表文件所属用户、同组用户和其他非本组用户对该文件的读（r）、写（w）、执行权限（x）。

1. 文件权限说明

当执行【ls -l】、【ls -al】或【ll】命令后显示的结果如图 1-77 所示。

```
[root@yhy ~]# ll
total 152
drwxr-xr-x   2 root root  4096 Jun 12 11:04
drwxr-xr-x   2 root root  4096 Jun 10 04:28
-rw-r--r--   1 root root 10240 Jun 11 23:23 aa.tar
-rw-r--r--   1 root root     0 Jun 11 23:23 aa.txt
-rw-------.  1 root root  1571 Feb 17 15:41 anaconda-ks.cfg
-rw-------   1 root root  1675 Jul 13 05:03 ca.key
-rw-------   1 root root     5 Feb 17 22:24 dead.letter
drwxr-xr-x.  2 root root  4096 Feb 17 16:21
drwxr-xr-x.  2 root root  4096 Feb 17 16:21
drwxr-xr-x   2 root root  4096 Feb 17 21:04
-rw-------   1 root root   811 May 13 03:12 grub.conf
-rw-r--r--.  1 root root 49565 Feb 17 15:41 install.log
-rw-r--r--.  1 root root 10033 Feb 17 15:39 install.log.syslog
drwxr-xr-x   3 root root  4096 Feb 18 10:39
```

图 1-77　输出结果

最前面的第 2～10 个字符表示一般权限。第一个字符一般用来区分文件和目录（d：表示一个目录，事实上在 ext2fs 中，目录是一个特殊的文件。"—"表示一个普通的文件。l：表示一个符号链接文件，实际上它指向另一个文件。b.c：分别表示区块设备和其他的外围设备，是特殊类型的文件。s.p：表示这些文件关系到系统的数据结构，通常很少见到）。

一般权限：第 2～10 个字符中的每 3 个为一组，左边三个字符表示所有者权限，中间 3 个字符表示与所有者同一组的用户的权限，右边 3 个字符是其他用户的权限，代表的意义见表 1-2。

表 1-2　文件权限意义对照表

权限	针对文件	针对目录
r（read 读取）	读取文件内容的权限	具有浏览目录的权限
w（write 写入）	新增、修改文件内容的权限	删除、移动目录内文件的权限
x（execute 执行）	执行文件的权限	进入目录的权限
—（短横杠）	不具有该项权限	不具有该项权限

下面以表 1-3 举例说明：

表 1-3　文件权对照表

	所有者	所属组	其他人
-rwx------	有读、写和执行	无权限	无权限
-rwxr--r--	有读、写与执行	读	读
-rw-rw-r-x	读、写	读、写	读、执行
drwx--x—x	读、写、进入目录	进入该目录，却无法读取任何数据	进入该目录，却无法读取任何数据

每个用户都拥有自己的专属目录即家目录，通常集中放置在/home 目录下，这些专属目

60

录的默认权限为 rwx------，表示目录所有者本身具有所有权限，其他用户无法进入该目录。执行【mkdir】命令后所创建的目录，其默认权限为 rwxr-xr-x，用户可以根据需要修改目录的权限。

文件和目录的权限表示，用 rwx 这三个字符代表所有者、用户组和其他用户的权限。有时，字符过于麻烦，因此还有另外一种方法以数字表示权限，而且仅需三个数字。我们把 r、w、x 分别用数字 4、2、1 来表示，权限数字之和即可代表对应的权限。

- r：对应数值 4。
- w：对应数值 2。
- x：对应数值 1。
- 一：对应数值 0。

rwx 计算公式是 4+2+1＝7，一个 rwxrwxrwx 权限全开放的文件，数字表示为 777；而完全不开放权限的文件————————数字表示为 000。下面以表 1-4 为例说明文件的字母表示与数字表示对应关系。

表 1-4　文件的字母表示与数字表示对应关系

字母表示	计算公式	数字表示
-rwx------	4+2+1，0+0+0，0+0+0	700
-rwxr--r--	4+2+1，4+0+0，4+0+0	744
-rw-rw-r-x	4+2+1，4+2+0，4+0+1	665
drwx—x—x	4+2+1，0+0+1，0+0+1	711
drwx------	4+2+1，0+0+0，0+0+0	700

2.【chmod】用于改变文件或目录的访问权限

该命令有两种方法：一种是包含字母和操作符表达式的文字设定法，另一种是包含数字的数字设定法。

（1）操作对象可以是下述字母中的任一个或者它们的组合

- u 表示用户（user），即文件或目录的所有者。
- g 表示同组（group）用户，即与文件属主有相同组 id 的所有用户。
- o 表示其他（others）用户。
- a 表示所有（all）用户，是系统默认值。

（2）操作符号

- +：添加某个权限。
- 一：取消某个权限。
- =：赋予给定权限，并取消其他所有权限。

命令如下：

【chmod 777 123.txt】将 123.txt 文件的权限设置为 777；

【chmod 777 /home/user】仅把/home/user 目录的权限设置为 rwxrwxrw；

【chmod -R 777 /home/user】表示将整个/home/user 目录与其中的文件和子目录的权限都设置为 rwxrwxrwx；

【chmod u=rwx，g=rx，o=rx 123.txt】将 123.txt 文件设置为 755 的权限。

这里的 u=rwx 代表 user（文件的拥有者）的权限等于 rwx；g=rx 代表 group（所属组）的权限等于 rx；o=rx 代表 other（其他人）的权限等于 rx。

3. chown 用于更改某个文件或目录的属主或属组

例如，root 用户把自己的一个文件拷贝给用户 oracle，为了让用户 oracle 能够存取这个文件，root 用户应该把这个文件的属主设为 oracle。

命令格式：chown［用户：组］文件

命令如下：

【chown oracle:dba text】将 test 文件的属主与属组分别改为 oracle 和 dba。

用 root 新建一个目录 yhy 并在其下新建一个文件，并将两者如下授权：【chmod o=r yhy】

然后切换到普通用户，尝试打开目录，发现失败。

当执行如下命令后，发现可以打开目录和文件，但不能修改：【chmod o+x yhy】

说明对文件来说，r 权限为可读，但对目录来说，要想进入目录中，必须要有 x 权限。

使用【touch 123.txt】命令创建一个文件后，再执行【ls -l】或【ll】命令看看文件的情况，如图 1-78 所示。

```
[root@yhy yhy]# touch 123.txt
[root@yhy yhy]# ll
total 0
-rw-r--r-- 1 root root 0 Jul 13 07:01 123.txt
[root@yhy yhy]#
```

图 1-78 查看文件权限

从图 1-78 所示可以看到 123.txt 文件的所有者为 root，所属用户组为 root。

执行下面命令，把 123.txt 文件的所有权转移到用户 yhy，如图 1-79 所示。

【chown yhy 123.txt】将 123.txt 文件的拥有者改为 yhy 用户。

【ls -l】查看文件的详细信息。

```
[root@yhy yhy]# chown yhy 123.txt
[root@yhy yhy]# ll
total 0
-rw-r--r-- 1 yhy root 0 Jul 13 07:01 123.txt
[root@yhy yhy]#
```

图 1-79 改变文件所有者命令及结果

要改变所属组，可使用【chown :yhy123.txt】命令将 123.txt 文件的所属组改为 yhy，然后使用【ls -l】命令查看文件详细信息，如图 1-80 所示。

```
[root@yhy yhy]# chown :yhy 123.txt
[root@yhy yhy]# ll
total 0
-rw-r--r-- 1 yhy yhy 0 Jul 13 07:01 123.txt
[root@yhy yhy]#
```

图 1-80 改变文件所属组命令及结果

要修改目录的权限，使用-R 参数就可以，方法和前面一样。

除了可以通过【chown】命令改变文件的拥有者及所属组外，还可以通过【chgrp】命令改变文件的所属组。

【chgrp yangs /etc/123.txt】修改/etc/123.txt 属组为 yangs。

【chmod yhy.zck a.txt】或【chmod yhy:zck a.txt】将 a.txt 文件的拥有者改为 yhy，所属组改为 zck。

当然，前提条件是 yhy 用户及 zck 用户组在系统中存在。然后可以执行【ls -l】命令查看结果。

4.【umask】用于修改默认权限

umask 设置了用户创建文件的默认权限，它与 chmod 的功能刚好相反，umask 设置的是权限“补码”，而 chmod 设置的是文件权限码。一般可在/etc/profile。/etc/bashrc。$［HOME］/.bash_profile。$［HOME］/.profile 或$［HOME］/.bashrc 中设置 umask 值，具体取决于 Linux 的发行版本。

默认权限可用【umask】命令修改，用法非常简单，执行【umask 777】命令，代表屏蔽所有的权限，之后建立的文件或目录，其权限都变成 000，依次类推，如图 1-81 所示。

```
[root@yhy yhy]# umask 777
[root@yhy yhy]# mkdir yhy
[root@yhy yhy]# ll
total 4
-rw-r--r-- 1 yhy  yhy     0 Jul 13 07:01 123.txt
d--------- 2 root root 4096 Jul 13 07:03
[root@yhy yhy]#
```

图 1-81 【umask】命令执行结果

如图 1-81 所示，当执行【umask 777】后，再建立的文件夹的权限默认为 000。

通常 root 账号执行【umask】命令的数值为 022、027 和 077，普通用户则是 002，这样所产生的权限依次为 755、750、700 和 775。用户登录系统时，用户环境就会自动执行【umask】命令来决定文件、目录的默认权限。

5. 特殊权限

Linux 引入 suid、sgid、sticky 这三种特殊权限，能够更加方便、有效和安全地控制文件。

当在一个目录或文件上加入 suid 特殊权限时，如果原来目录或文件的属主具有 x（执行）权限，就会用小写的 s 来替代 x；如果原来文件或目录不具有 x（执行）权限，就会用大写的 S 来代替 x。

同样，sgid、sticky 和 suid 相同，如果原来目录或文件的属组具有 x（执行）权限，就会用小写的 s 来替代 x；如果原来文件或目录不具有 x（执行）权限，就会用大写的 S 来代替 X。

如果在一个文件或目录上加入 sticky 权限时，若原文件或目录的其他用户有 x（可执行）权限时，就用小写的 t 代替 x；如果原文件或目录没有 x 权限时，就用大写的 T 替代 x 权限。

可以使用【chmod】命令修改特殊权限，如图 1-82 所示。

从图 1-82 的操作结果来看，对于 test1 这个文件，属主、属组、其他人都没执行权限，其权限用数字表示为 644，通过【chmod 7644 test1】命令加上特殊权限，然后通过【ll】命令查看，发现属主、属组、其他用户的执行权限变为 S、S、T。

对于 test2 这个文件，属主、属组、其他人都执行权限，其权限用数字表示为 655，通过

【chmod 7755 test1】命令都加上特殊权限，然后再通过【ll】命令查看，发现属主、属组、其他用户的执行权限变为 s、s、t。

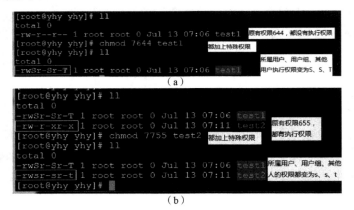

图 1-82　修改特殊权限

　注意：

特殊权限对可执行文件的作用如下所述。

① 在一个目录上设置 sticky 特殊权限，只有文件的所有者和用户才能删除该目录的文件，而不理会属组和其他用户的写权限。

② 在一个目录上设置 sgid 特殊权限，只要是同组成员，都可以在此目录查看、创建、删除文件。

③ 对目录设置 sticky 和 suid 权限便于管理，即同组成员可以查看和写入本目录下的各个文件，却不能删除。

④ 从安全方面来讲，对于特殊权限，最好不要设置，不然会带来很严重的安全问题。

6. 文件颜色

在 Linux 系统中，文件的颜色都是有含义的。其中，Linux 系统中的文件名颜色不同，代表文件类型不一样，如下所述。

- 浅蓝色：表示链接文件。
- 灰色：表示其他文件。
- 绿色：表示可执行文件。
- 红色：表示压缩文件。
- 蓝色：表示目录。
- 红色闪烁：表示链接的文件有问题。
- 黄色：表示设备文件，包括 block、char、fifo。

命令如下：

【dircolors -p】可以看到缺省的颜色设置，包括颜色、粗体、下划线和闪烁等属性；

【touch a.txt】创建一般文件，文件颜色为白色；

【chmod 775 a.txt】增加可执行权限后，文件颜色变为绿色；

【ln /etc/abc.txt 345.txt】执行后，文件颜色变为天蓝色。

7. 常用的几个命令

CentOS 系统中常用的有关权限的几个命令及释义如下：

【chmod u+x，g-x，o=x test】所有者加上执行权限，组成员减少执行权限，其他成员设置为执行权限；

【chmod -R 766 ./】修改当前目录权限，要求里面的所有文件和文件夹的权限修改为 766；

【chown user1:G3 zip.zip】修改 zip.zip 的所有者为 user1，所有组为 G3；

【umask】查看当前 umask 参数；

【touch /home/dir1】在/home 目录下创建新目录 dir1；

【ll /home/dir1】显示目录 dir1 的详细信息，记录目录的权限信息；

【umask 066】改变 umask 参数为 066；

【chmod g+w /home/dir1】为 dir1 的同组用户增加写权限；

【chmod 755 /home/dir1】改变 file1 的文件权限为 755。

管理 rpm
软件包与
压缩包

八、管理 rpm 软件包与压缩包

大部分 Linux 软件扩展名为 rpm，软件后缀为.rpm（Red Hat Package Manager），最早是由 Red Hat 公司提出的软件包标准，后来随着 rpm 的不断发展而又增加许多功能，逐渐成为 Linux 系统公认的软件包管理标准。支持该格式的厂商有 Red Hat Linux、Suse Linux、Mandriva Linux。后缀.deb 是 Debain Linux 提供的一种包封装格式；后缀.tar、gz.tar、Z.tar.bz2 或.tgz 是使用 UNIX 系统打包工具 tar 进行打包的。后缀.bin 表示一般是一些商业软件。通过扩展名可以了解软件格式，进而了解软件安装。

使用 rpm 时可能会遇到软件包依赖性的问题，第一种解决方式是安装好所有的依赖包，第二种方式是使用 urpmi/apt/yum 自动安装依赖包。

rpm 会将套件的信息写入/var/lib/rpm 这个目录中，所以，在进行查询或者要升级的时候，相关的信息就会由 /var/lib/rpm 这个目录的内容来提供。

（一）管理 rpm 软件包

rpm 有 5 种操作模式，分别为安装、卸载、升级、查询和验证。

1. 查询 rpm 软件是否已经安装

在安装一个软件之前，往往需要确认该软件是否已经安装，通过【rpm-q 软件包名】查询命令或在-q 参数后面直接加其他的参数来查询软件包的安装信息，具体用法及释义如下：

【rpm -qa | grep tomcat4】查询已经安装的 tomcat4 的所有套件；

【rpm -qip example.rpm】查询 example.rpm 安装包的信息；

【rpm -qif /bin/df】查询/bin/df 文件所在安装包的信息；

【rpm -qlf /bin/df】查询/bin/df 文件所在安装包中的各个文件分别被安装到哪个目录下。

65

注意：

其中，-q 参数表示查询；参数 a 表示查询所有套件；参数 i 表示显示套件的相关信息；参数 l 显示安装包中的所有文件被安装到哪些目录下；参数 s 显示安装版中的所有文件状态及被安装到哪些目录下；参数 p 查询指定的 rpm 套件档；参数 f 查询拥有指定文件的套件。

2. 安装 rpm 软件包

rpm 软件包的安装可以使用程序 rpm 来完成，安装 rpm 软件的时候，当前工作目录下该软件包必须存在，否则必须有软件包的绝对路径。通过【rpm-i 软件包名】命令或在-i 参数后面直接添加其他的参数来安装软件包，具体用法以及释义如下：

【rpm -i example.rpm】安装 example.rpm 包；
【rpm -iv example.rpm】安装 example.rpm 包并在安装过程中显示正在安装的文件信息；
【rpm -ivh example.rpm】安装 example.rpm 包并在安装过程中显示正在安装的文件信息及安装进度。

 注意：

-i 表示安装指定的软件包；-v 显示安装时详细信息；-h 显示安装进程。

3. 升级 rpm 软件包

当一个软件包已经安装，需要对其进行升级操作，采用【rpm -U 软件包名】命令，命令格式以及释义如下：

【rpm -U example.rpm】升级 example.rpm 软件包；
【rpm -Uvh example.rpm】加 v 参数显示升级时详细信息，加 h 参数显示安装进程。

4. 卸载 rpm 软件包

使用【rpm -e 软件包名】命令卸载已经安装好的软件包。

【rpm -e tomcat4】卸载 tomcat4 软件包。

 注意：

包名可以包含版本号等信息，但是不可以有后缀.rpm，如卸载软件包 proftpd-1.2.8-1，可以使用下列格式：

【rpm -e proftpd-1.2.8-1】
【rpm -e proftpd-1.2.8】
【rpm -e proftpd-】
【rpm -e proftpd】

有时会出现一些错误或者警告【... is needed by ...】说明这个软件正在被其他软件所使用，不能随便卸载，可以用【rpm -e --nodeps】命令强制卸载。

5. 熟悉 rpm 的其他附加命令

在实际软件安装、卸载、升级等的操作中，可能还存在软件的依赖等一系列问题，添加上面参数的同时，还可以添加如下参数。

● --force 强制操作，如强制安装删除等。

- --requires 显示该包的依赖关系。
- --nodeps 忽略依赖关系并继续操作。

命令如下：

【rpm -e --nodeps vsftpd】忽略依赖关系并继续删除 vdftpd 软件包；

【rpm -i --nodeps vsftpd】忽略依赖关系并继续安装 vdftpd 软件包；

【rpm -i --requires vsftpd】显示该包的依赖关系并安装 vdftpd 软件包；

【rpm -i --force vsftpd】强制安装 vdftpd 软件包。

6. rpm 的命名规则

假设一个软件包的名称为 abc-1.3.20-16.i386.rpm。

其中，abc 代表软件包的名称；1.3.20 表示版本号；16 表示发行次数；i386 表示适用平台为 intel x86，除了 i386 选项外常见的还有 sparc（指 sparc 平台）、alpha（指 Alpha 平台）、src（指软件源代码）。

（二）管理压缩软件包

在 Linux 系统世界中，除了 rpm 软件包，还有很多压缩软件包，所以在此子任务中，需要熟悉压缩软件包的管理等操作。

1. 管理 tar 软件包

使用 tar 命令加各种参数管理 tar 软件包，具体的命令使用及释义如下：

【tar cvf aa.tar aa.txt】建立一个 tar 包（将 aa.txt 压缩到文件 aa.tar 中）；

【tar xvf aa.tar】解压一个 tar 包；

【tar cvfz aa.tar.gz aa.txt】建立一个 tar.gz 包。

　注意：

在上面的命令中，添加的 cvf、xvf、cvfz 等参数，具体释义如下：

- c 创建一个新 tar 包。
- v 参数显示运行过程信息。
- f 参数指定文件名。
- x 参数解开一个 tar 包。
- z 参数调用 zip。
- t 参数查看压缩包内容。
- r 参数添加文件。

2. 管理 zip 包

zip 是个使用广泛的压缩程序，文件经它压缩后会另外产生具有 ".zip" 扩展名的压缩文件。使用 zip 命令加各种参数管理 zip 软件包，具体的命令使用及释义如下：

【zip yhy.zip yhy.txt】通过 zip 命令压缩 yhy.txt 文件为 yhy.zip；

【zip -r test.zip ./*】将当前目录下的所有文件和文件夹全部压缩成 test.zip 文件，-r 表示递归压缩子目录下所有文件；

【zip test2.zip test2/*】打包目录；

【zip -d yhy.zip yhy.txt】删除压缩文件 yhy.zip 中 yhy.txt 文件；

【zip -d yhy.zip yhy/ln.log】删除打包文件目录下的文件 ln.log；

【zip -m yhy1.zip yhy1.txt】向压缩文件 yhy1.zip 中添加 yhy1.txt 文件；

【zip yhy3.zip yhy3s/* -x yhy3s/ln.log】压缩文件时排除 ln.log 这个文件。

3. 解压 zip 包

unzip 为.zip 压缩文件的解压程序。zip 包的解压一般采用【unzip】命令，具体的命令使用及释义如下：

【unzip yhy.zip】将压缩文件 yhy.zip 在当前目录下解压；

【unzip -n yhy.zip -d /tmp】将压缩文件 yhy1.zip 在指定目录/tmp 下解压，如果已有相同的文件存在，要求 unzip 命令不覆盖原先的文件；

【unzip -o test.zip -d tmp/】将压缩文件 test.zip 在指定目录 tmp 下解压，如果已有相同的文件存在，要求 unzip 命令覆盖原先的文件；

【unzip -v yhy.zip】查看压缩文件目录，但不解压；

【unzip a.zip】解压一个 zip 包。

4. gzip 和 gunzip 等其他的压缩软件及常用命令

Linux 系统中还有其他的一些压缩工具及命令，如 gz、tat.gz、bz2、tgz 等，命令如下：

【gzip -d a.gz 3.tar.gz】解压一个 gz 包；

【tar xvzf abc.tar.gz】解压一个 tar.gz 包；

【gunzip abc.tgz】解压一个.tgz 包；

【tar xvzf a.tar.z】解压一个 tar.z 包；

【bunzip2 b.txt.bz2】解压一个 bz2 包；

【find / -name "*.zip"】将系统中所有的.zip 文件名显示出来；

【find / -name "*.gz" |wc -l】查找系统中有多少个.gz 的文件，并统计数量；

【mkdir /home/dir1 dir2 dir3】在家目录中建立三个目录；

【touch /home/dir1/file1 /home/dir1/file2 /home/dir1/file3】分别在新建的目录中建立 file1、file1、file1 等 3 个文件；

【zip -q -r /root/ys1.zip /root/*】将家目录下的所有文件（不包括目录）压缩成文件 ys1.zip；

【zip -m ys1.zip install.log】将/root/install.log 添加到 ys1.zip 中；

【unzip -v ys1.zip】显示一下 ys1.zip 中包含的文件信息；

【mkdir /tmp/unzip-ys1】建立 unzip-ys1 目录（此目录需要先建立）；

【unzip ys1.zip -d /tmp/unzip-ys1/】将 ys1.zip 解压至/tmp/unzip-ys1 目录下；

【zip -r /root/ys2.zip /root/*】将家目录下的所有文件（包括目录）压缩成文件 ys2.zip；

【mkdir /tmp/unzip-ys2】建立 unzip-ys2 目录（此目录需要先建立）；

【unzip ys2.zip -d /tmp/unzip-ys2】将 ys2.zip 解压至/tmp/unzip-ys2 目录下；

【tar -czvf file1.tar.gz dir1/file1】将 dir1/file1 文件压缩成 file1.tar.gz；

【tar -czvf file2.tar.gz dir1/file2】将 dir1/file2 文件压缩成 file2.tar.gz；

【tar -czvf file3.tar.gz dir1/file3】将 dir1/file3 文件压缩成 file3.tar.gz；

【mkdir /tmp/gunzip】建立 gunzip 目录；

【cp dir1/file1.gz dir1/file2.gz dir1/file3.gz /tmp/gunzip】复制压缩文件到新建的目录中；

【gzip -dv /tmp/gunzip/*】压缩 gunzip 目录下的所有文件。

配置 yum
源与软件的
yum 安装

九、配置 yum 源与软件的 yum 安装

yum（全称为 yellow dog updater modified）是一个在 Fedora、Red Hat 及 CentOS 系统中的 Shell 前端软件包管理器。基于 rpm 包管理，能够从指定的服务器自动下载 rpm 包并且安装，可以自动处理依赖性关系，并且一次安装所有依赖的软件包，无须烦琐地一次次下载、安装。

yum 的关键之处是要有可靠的 repository，即软件的仓库，它可以是 http 或 ftp 站点，也可以是本地软件池，但必须包含 rpm 的 header，header 包括了 rpm 包的各种信息，包括描述、功能、提供的文件、依赖性等。系统正是收集了这些 header 并加以分析，才能自动完成余下的任务。

（一）配置本地 yum 源

在 CentOS 系统的安装光盘中，存放了许多常用的软件包，使用起来非常方便，在没有外网的环境中，只需配置好本地的 yum 源，即可进行大部分的软件安装。

1. 系统默认安装的 yum

安装 CentOS 操作系统时基本都会默认安装 yum，不需要另外安装，输入命令查询即可。

【rpm -qa yum】查看安装的 yum 主程序；

【rpm -qa |grep yum】查看安装的 yum 相关程序。

一般情况下，yum 软件在安装操作系统时自动安装。

2. 挂载系统安装光盘

把光盘放入光驱，然后使用如下命令把光盘挂在/mnt 常用的挂载点下。

【mount /dev/cdrom /mnt/】挂载光盘。

挂载成功后会在/mnt 目录下看到光盘中的文件。

　注意：

CentOS 系统其实已经通过 autofs 自动隐藏挂载光盘，挂载在/misc/cd 目录下。用户插入光盘后，可以直接进入/misc/cd 这个目录，即光盘的根目录。

3. 备份默认 yum 配置文件

在修改配置文件之前，先备份要修改的文件，养成良好的学习习惯。

命令如下：

【cd /etc/yum.repos.d/】进入 yum 配置的目录下；

【ls】查看 CentOS 系统的默认四个以 repo 为后缀的配置文件；

【mkdir /etc/yum.repos.d/bak】建立备份文件夹；

【mv /etc/yum.repos.d/Cent* /etc/yum.repos.d//bak/】备份原来的配置文件。

移动原有的配置文件到备份文件夹中（CentOS-Base.repo 是 yum 网络源的配置文件，CentOS-Media.repo 是 yum 本地源的配置文件），如图 1-83 所示。

```
[root@yhy yum.repos.d]# ll
total 16
-rw-r--r-- 1 root root 1926 Jul 13 07:20 CentOS-Base.repo
-rw-r--r-- 1 root root  638 Jul 13 07:20 CentOS-Debuginfo.repo
-rw-r--r-- 1 root root  630 Jul 13 07:20 CentOS-Media.repo
-rw-r--r-- 1 root root 3664 Jul 13 07:20 CentOS-Vault.repo
[root@yhy yum.repos.d]# mkdir bak
[root@yhy yum.repos.d]# mv CentOS-* ./bak/
[root@yhy yum.repos.d]# ll
total 4
drwxr-xr-x 2 root root 4096 Jul 13 07:21
[root@yhy yum.repos.d]#
```

图 1-83　备份原有配置文件操作结果

4. 编辑自己的 repo 文件

使用下面的命令新建一个自己的 yum 源：

【vim /etc/yum.repos.d/local.repo】新建 local.repo 文件。

　注意：

新建的文件必须以.repo 为后缀，local 可以修改。

local.repo 具体内容如下：

[local_server]	#yum 库名称
name=This is a local repo	#名称描述
baseurl=file:///mnt/	#yum 源地址，光盘的挂载点
enabled=1	#是否启用该 yum 源，0 为不启用
gpgcheck=1	#检查 GPG-KEY，0 为不检查，1 为检查
gpgkey=file:///etc/pki/rpm-gpg/RPM-GPG-KEY-CentOS-6　#gpgcheck=0 时无须配置	

按 Esc 键，然后输入【:wq】保存退出。最后使用【yum list】命令更新 yum 配置即可查看到配置好的 yum 源。

注意：

baseurl=file:///mnt/　 yum 源地址，光盘的挂载点，需要注意的是 file 后面有 3 个斜杠，前两个表示地址格式，后面一个表示根目录。

5. 总结 repository 文件的格式

所有 repository 服务器设置都应该遵循如下格式：

[serverid]

name=Some name for this server

baseurl=url://path/to/repository/

其中，serverid 用于区别各个不同的 repository，必须是一个独一无二的名称；

name 是对 repository 的描述，支持像$releasever、$basearch 这样的变量；

baseurl 是服务器设置中最重要的部分，只有设置正确，才能从上面获取软件。它的格式是：

baseurl=url://server1/path/repository/

　　　　url://server2/path/repository/

　　　　url://server3/path/repository/

其中，url 支持的协议有 http://、ftp://、file:// 三种。baseurl 后可以跟多个 url，可以修改为速度比较快的镜像站，但 baseurl 只能有一个，即不能如下：

baseurl=url://server1/path/repository/

baseurl=url://server2/path/repository/

baseurl=url://server3/path /repository/

其中，url 指向的目录必须是 repository header 目录的上一级，它也支持$releasever、$basearch 这样的变量。

url 之后可以加多个选项，如 gpgcheck.exclude.failovermethod 等。

6. 使用 yum 源安装软件

yum 命令搭配 install 参数表示安装指定的软件，详细使用方法及释义如下：

【yum install -y dialog】通过 yum 源安装 dialog 软件；

【yum install yum-fastestmirror】自动搜索最快镜像插件；

【yum install yumex】安装 yum 图形窗口插件；

【yum localinstall -y dialog】安装本地的 rpm 软件包 dialog。

　注意：

在上面的命令中，-y 选项表示对所有的提问都回答"yes"；如果不加-y 选项，在安装过程中会要求用户手动确认安装问题。除了-y 选项，还有其他的选项可以使用，具体释义如下。

● -h：显示帮助信息。

● -y：对所有的提问都回答"yes"。

● -c：指定配置文件。

● -q：安静模式。

● -v：详细模式。

● -d：设置调试等级（0～10）。

● -e：设置错误等级（0～10）。

● -R：设置 yum 处理一个命令的最大等待时间。

● -C：完全从缓存中运行，而不去下载或者更新任何头文件。

7. 使用 yum 更新软件

yum 命令搭配 update 参数表示更新指定的软件，详细使用方法及释义如下：

【yum update -y dialog】更新 dialog 软件包；

【yum check-update -y dialog】检查是否有可用的更新 dialog 软件包;

【yum localupdate -y dialog】如果有 dialog 的新版本,可以进行本地更新 dialog;

【yum update】全部更新 yum 源。

8. 使用 yum 卸载软件

yum 命令搭配 remove 参数表示卸载或删除指定的软件,详细使用方法及释义如下:

【yumremove -y dialog】卸载 dialog 软件包;

【yum remove | erase package1】删除程序包 package1。

9. yum 命令的其他选项

yum 命令搭配其他参数详细使用方法及释义如下:

【yum list dialog】显示 dialog 软件包的信息;

【yumsearch dialog】检查 dialog 软件包的信息;

【yum info dialog】显示指定的 dialog 软件包的描述信息和概要信息;

【yum clean】清理 yum 过期的缓存信息;

【yum shell】进入 yum 的 shell 提示符;

【yum resolvedep dialog】显示 dialog 软件包的依赖关系;

【yum deplist dialog】显示 dialog 软件包的所有依赖关系;

【yum clean packages】清除缓存目录下的软件包;

【yum clean headers】清除缓存目录下的 headers;

【yum clean oldheaders】清除缓存目录下旧的 headers。

10. 查询已安装的 dialog 软件

通过 yum 安装的软件,依然使用 rpm 命令查询软件的安装情况:

【rpm -qa dialog】查询 dialog 软件安装信息。

(二)配置国内网络 yum 源

本地 yum 源地址指向光盘。但光盘中的软件毕竟有限,系统默认的 yum 源(红帽官方的 yum 源)速度往往不尽如人意,为了实现快速安装,有时还需要把 yum 源指向国内的地址。

1. 配置上海交通大学 yum 源

修改/etc/yum.repos.d/CentOS-Base.repo 为如下内容:

```
# CentOS-Base.repo                          #注解
[base]                                      #yum 源名称
name=CentOS-sjtu.edu.cn-Base                #描述
baseurl=http://ftp.sjtu.edu.cn/centos/$releasever/os/$basearch/     #yum 源地址
gpgcheck=0
enabled=1                                   #启用该 yum 源
```

☞ 注意：

在上面的配置中，yum 源地址后跟了很多参数，参数的具体释义如下。

① $releasever：代表发行版的版本，从［main］部分的 distroverpkg 获取，如果没有，则根据 RedHat-release 包进行判断。

② $arch：cpu 体系，如 i686，athlon 等。

③ $basearch：cpu 的基本体系组，如 i686 和 athlon 同属 i386，alpha 和 alphaev6 同属 alpha。

2. 企业 yum 源列表

搜狐开源镜像站：http://mirrors.sohu.com/

网易开源镜像站：http://mirrors.163.com/

3. 大学教学 yum 源列表

北京理工大学：

http://mirror.bit.edu.cn（IPv4 only）

http://mirror.bit6.edu.cn（IPv6 only）

北京交通大学：

http://mirror.bjtu.edu.cn（IPv4 only）

http://mirror6.bjtu.edu.cn（IPv6 only）

http://debian.bjtu.edu.cn（IPv4+IPv6）

兰州大学：http://mirror.lzu.edu.cn/

厦门大学：http://mirrors.xmu.edu.cn/

清华大学：

http://mirrors.tuna.tsinghua.edu.cn/（IPv4+IPv6）

http://mirrors.6.tuna.tsinghua.edu.cn/（IPv6 only）

http://mirrors.4.tuna.tsinghua.edu.cn/（IPv4 only）

天津大学：http://mirror.tju.edu.cn/

中国科学技术大学：

http://mirrors.ustc.edu.cn/（IPv4+IPv6）

http://mirrors4.ustc.edu.cn/

http://mirrors6.ustc.edu.cn/

东北大学：

http://mirror.neu.edu.cn/（IPv4 only）

http://mirror.neu6.edu.cn/（IPv6 only）

电子科技大学：http://ubuntu.uestc.edu.cn/

课后习题

一、选择题

1. Linux 和 UNIX 的关系是（　　　）。

A. 没有关系　　　　　　　　　　　　B. UNIX 是一种类 Linux 的操作系统

C. Linux 是一种类 UNIX 的操作系统　D. Linux 和 UNIX 是一回事

2. Linux 是一个（　　　）的操作系统。

A. 单用户、单任务　　　　　　　　　B. 单用户、多任务

C. 多用户、单任务　　　　　　　　　D. 多用户、多任务

3. 使用 vim 编辑只读文件时，强制存盘并退出的命令是（　　　）。

A. 【:w!】　　　　B. 【:q!】　　　　C. 【:wq!】　　　　D. 【:e!】

4. 使用（　　　）命令可以把两个文件合并成一个文件。

A. cat　　　　　B. grep　　　　　C. awk　　　　　D. cut

5. 用【ls-al】命令列出下面的文件列表，（　　　）文件是符号连接文件。

A. -rw-rw-rw-　　2 hel-s users 56 sep 09 11:05 hello

B. -rwxrwxrwx　　2 hel-s users 56 sep 09 11:05 goodbye

C. Drwxr--r--　　2 hel users 1024 sep 10 08:10 zhang

D. Lrwxr--r--　　1 hel users 2024 sep 12 08:12 cheng

6. 命令【$cat name testl test2>name】，说法正确的是（　　　）。

A. 将 test1、test2 合并到 name

B. 命令错误，不能将输出重定向到输入文件中

C. 当 name 文件为空的时候命令正确

D. 命令错误，应该为【$cat name test1 test2>>name】

7. 假设当前处于 vi 的命令模式，现要进入插入模式，以下快捷键中无法实现的是（　　　）。

A. I　　　　　　B. A　　　　　　C. O　　　　　　D. l

8. 目前处于 vi 的插入模式，若要切换到末行模式，以下操作方法中正确的是（　　　）。

A. 按 Esc 键　　　　　　　　　　　　B. 按 Esc 键，然后按：键

C. 直接按：键　　　　　　　　　　　C. 直接按 Shift+：组合键

9. 以下命令中，不能用来查看文本文件内容的命令是（　　　）。

A. less　　　　　B. cat　　　　　C. tail　　　　　D. ls

10. 在 Linux 中，系统管理员（root）状态下的提示符是（　　　）。

A. $　　　　　　B. #　　　　　　C. %　　　　　　D. >

11. 删除文件的命令是（　　　）。

A. mkdir　　　　B. rmdir　　　　C. mv　　　　　D. rm

12. 建立一个新文件可以使用的命令为（　　　）。

A. chmod　　　　B. more　　　　C. cp　　　　　D. touch

13. 以下（　　　）文件保存用户账号的信息。

A. /etc/user　　　B. /etc/gshadow　　C. /etc/shadw　　D. /etc/fatab

14. 以下对 Linux 用户账号的描述，正确的是（　　）。

A. Linux 的用户账号和对应的口令均存放在 passwd 文件中

B. Passwd 文件只有系统管理员才有权存取

C. Linux 的用户账号必须设置了口令后才能登录 xit

D. Linux 的用户口令存放在 shadow 文件中，每个用户对它有读的权限

15. 新建用户使用【useradd】命令，如果要指定用户的主目录，需要使用（　　）选项。

A. -g　　　　　　　　B. -d　　　　　　　　B. -u　　　　　　　　D. -s

16. 为了保证系统的安全，现在的 Linux 系统一般将/etc/passwd 密码文件加密后，保存为（　　）文件。

A. /etc/group　　　　B. /etc/netgroup　　　C. /etc/libsafe.notify　　D. /etc/shadow

17. 当用 root 登录时，（　　）命令可以改变用户 larry 的密码。

A. su larry

B. change password larry

C. password larry

D. passwd larry

18. 如果刚刚为系统添加了一个名为 Kara 的用户，则在默认的情况下，Kara 所属的用户组是（　　）。

A. user　　　　　　　B. group　　　　　　　C. Kara　　　　　　　D. root

19. 执行命令 chmodo+rwfile 后，file 文件的权限变化为（　　）。

A. 同组用户可读写 file 文件　　　　　　B. 所有用户可读写 file 文件

C. 其他用户可读写 file 文件　　　　　　D. 文件所有者可读写 file 文件

20. 若要改变一个文件的拥有者，可通过（　　）命令来实现。

A. chmod　　　　　　B. chown　　　　　　C. usermod　　　　　　D. file

21. 一个文件属性为 drwxrwxrwt，则这个文件的权限是（　　）。

A. 任何用户皆可读取、写入　　　　　　B. root 可以删除该目录的文件

C. 赋予普通用户文件所有者特征　　　　D. 文件拥有者有权删除该目录的文件

22. 某文件的组外成员的权限为只读，所有者有全部权限，组内的权限为读与写，则该文件的权限为（　　）。

A. 467　　　　　　　B. 674　　　　　　　C. 476　　　　　　　　D. 764

23. 光盘所使用的文件系统类型为（　　）。

A. ext2　　　　　　　B. ext3　　　　　　　C. swap　　　　　　　D. ISO9600

24. 在以下设备文件中，代表第二个 IDE 硬盘的第一个逻辑分区的设备文件是（　　）。

A. /etc/hdbl　　　　　B. etc/hdal　　　　　C. /etc/hdb5　　　　　D. /dev/hdbl

25. 将光盘 CD-ROM（cdrom）安装到文件系统的/mnt/cdrom 目录下的命令是（　　）。

A. mount/mnt/cdrom　　　　　　　　　B. mount/mnt/cdrom/dev/cdrom

C. mount/dev/cdrom/mnt/cdrom　　　　D. mount/dev/cdrom

26. tar 命令可以进行文件的（　　）。

A. 压缩、归档和解压缩　　　　　　　　B. 压缩和解压缩

C. 压缩和归档　　　　　　　　　　　　D. 归档和解压缩

27. 若要将当前目录中的 myfile.txt 文件压缩成 myfile.txt.tar.gz，则实现的命令为（　　）。

A. tar-cvf myfile.txt myfile.txt.tar.gz　　　B. tar-zcvf myfile.txt myfile.txt.tar.gz

C. tar-zcvf myfile.txt.tar.gz myfile.txt　　　D. Tar cvf myfile.txt.tar.gz.myfile.txt

28. 在 Linux 系统中，主机名保存在（　　　）配置文件中。

A. /etc/hosts
B. /etc/modules.conf
C. /etc/sysconfig/network
D. /etc/network

29. Linux 系统的第二块以太网卡的配置文件全路径是（　　　）。

A. /etc/sysconfig/network/ifcfg-eth0
B. /etc/sysconfig/network/ifcfg-eth1
C. /etc/sysconfig/network-scripts/ifcfg-eth0
D. /etc/sysconfig/network-scripts/ifcfg-eth1

30. 在 Linux 系统中，用于设置 DNS 客户的配置文件是（　　　）。

A. /etc/hosts
B. /etc/resolv.conf
C. /etc/dns.conf
D. /etc.nis.conf

31. 若要暂时禁用 eth0 网卡，以下命令可以实现的是（　　　）。

A. Ifconfig eth0
B. ifup eth0
C. Ifconfig eth0 up
D. Ifconfig eth0 down

32. 以下命令可以重新启动计算机的是（　　　）。

A、reboot
B. halt
C. shutdown -h
D. init 0

二、简答题

1. 试列举 Linux 的主要特点。

2. Linux 的主要发行版本有哪些？

3. 下载 CentOS 6.5 的光盘镜像文件。

4. 在 Linux 系统中有一文件列表内容，格式如下：

lrwxrwxrwx 1 hawkeye users 6 Jul 18 09:41 nurse2 -> nursel

（1）要完整显示如上文件列表信息，应该使用什么命令？写出完整的命令行。

（2）上述文件列表内容的第一列内容 "lrwxrwxrwx" 中的 "l" 是什么含义？对于其他类型的文件或目录等还可能会出现什么字符？它们分别表示什么？

（3）上述文件列表内容的第一列内容 "lrwxrwxrwx" 中的第一、第二、第三个 "rwx" 分别表示什么？其中的 "r" "w" "x" 分别表示什么？

（4）上述文件列表内容的第二列内容 "1" 是什么含义？

（5）上述文件列表内容的第三列内容 "hankeye" 是什么含义？

（6）上述文件列表内容的第四列内容 "users" 是什么含义？

（7）上述文件列表内容的第五列内容 "6" 是什么含义？

（8）上述文件列表内容中的 "Jul 18 09:41" 是什么含义？

（9）上述文件列表内容的最后一列内容 "nurse2->nursel" 是什么含义？

5. Linux 支持哪些常用的文件系统？

6. 简述标准的 Linux 目标结构及其功能。

7. 在命令行下建立一个新账号，要编辑哪些文件？

8. Linux 使用哪些属性信息说明一个用户账号？

9. 如何锁定和解锁一个用户账号？

10. vi 编辑器有哪三大类工作模式？其相互之间如何切换？

11. Linux 系统中与网络配置相关的文件主要有哪些？

12. 如何利用 ifconfig 工具禁用和重启网络接口？

13. 如何配置本机的 DNS 服务器地址？

单元 2　配置远程连接服务

单元说明

作为一个运维人员，经常要登录 Linux 服务器查看服务器是否正常运行，但是，服务器通常不在本地（可能位于分公司或 ISP 的托管机房）或者分散在不同的地理位置上，因此常常要借助远程控制的方式对这些远程服务器进行管理，在 CentOS 系统中，一般采用 Telnet、SSH 及 VNC 服务实现远程控制，本单元的主要目的是实现这些远程服务的配置和使用方法。

一、配置 Telnet 服务

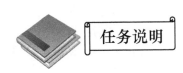
任务说明

配置 Telnet
服务

Telnet 协议是 TCP/IP 协议族中的一员，是 Internet 远程登录服务的标准协议和主要方式。它为用户提供了在本地计算机上完成远程主机工作的能力。Telnet 可以坐在自己的计算机前通过 Internet 网络登录另一台远程计算机上，这台计算机可以在隔壁的房间，也可以在地球的另一端。当登录远程计算机后，本地计算机就等同于远程计算机的一个终端，可以用自己的计算机直接操纵远程计算机，享受远程计算机本地终端同样的操作权限。

Telnet 的主要用途就是使用远程计算机上所拥有的本地计算机没有的信息资源。本任务就是学会配置 Telnet 服务。

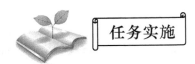
任务实施

Telnet 因为其安全性差，在安装操作系统时不会默认安装。下面从安装开始，一步步完成 Telnet 的配置。

1. 挂载光盘

现将光盘放入光驱，然后使用如下命令挂载光盘到系统中。

【mount /dev/cdrom /mnt】挂载系统光盘。

2. 配置 yum 源

yum 安装解决了软件的依赖性问题，所以一般软件的安装采用 yum 方式，但在安装之前必须配置好 yum 源。

命令如下：

【cd /etc/yum.repos.d/】进入 yum 配置的目录下；

【mkdir /etc/yum.repos.d/bak】建立备份文件夹；

【mv /etc/yum.repos.d/Cent* /etc/yum.repos.d/bak/】移动原有的配置文件到备份文件夹中；

【vim /etc/yum.repos.d/local.repo】（必须是.repo 为后缀）编辑自己的 repo 文件。

local.repo 的具体内容如下：

[local_server]	#库名称
name=Thisis a local repo	#名称描述
baseurl=file:///mnt/	#yum 源地址，光盘的挂载点
enabled=1	#是否启用该 yum 源，0 为不启用
gpgcheck=0	#GPG=KEY 设置为不检查

编辑完成后按 Esc 键输入【:wq】保存退出。

3. 安装客户端及服务器端软件

使用如下命令先查询软件是否安装，如果没有安装，则使用 yum 命令安装。

【rpm -q telnet】查询 Telnet 的客户端软件；

【rpm -q telnet-server】查询 Telnet 的服务端软件，如果没有查询到 Telnet 相关软件的安装信息，则需要使用如下的命令进行安装；

【yum install -y telnet】安装 Telnet 的客户端软件；

【yum install -y telnet-server】安装 Telnet 的服务端软件。

安装完成后，再次进行查询，可以看到 Telnet 的相关软件信息。

4. 修改主配置文件

使用如下命令配置 Telnet 文件：

【vim /etc/xinetd.d/telnet】编辑 Telnet 配置文件。

找到【disable=yes】所在行，将其改为【disable=no】打开 Telnet 功能。

（1）设置最大连接数

在【disable=no】的后一行加上一行【instances=4】，表示只允许 4 个用户同时连接，如图 2-1 所示。

```
# default: on
# description: The telnet server serves telnet sessions; it uses \
#       unencrypted username/password pairs for authentication.
service telnet
{
        flags           = REUSE
        socket_type     = stream
        wait            = no
        user            = root
        server          = /usr/sbin/in.telnetd
        log_on_failure  += USERID
        disable         = no
        instances       =4
}
```

图 2-1　Telnet 文件设置

（2）在服务器上启用 Telnet 服务

【/etc/init.d/xinetd restart】或【service xinetd restart】重启 Telnet 服务；

【chkconfig xinetd on】设置 Telnet 服务在系统中运行。

以 user1 远程 Telnet 登录主机的效果如图 2-2 所示。

```
Telnet 192.168.28.250
CentOS release 6.5 (Final)
Kernel 2.6.32-431.e16.x86_64 on an x86_64
login: user1
Password:
[user1@localhost ~]$
```

图 2-2　Telnet 登录效果图

（3）修改连接端口（默认为 23）

【vim /etc/services】修改服务器提供服务的默认端口号，把 telnet 23/tcp 和 telnet 23/udp 中端口改为自定义的 188 端口号，如图 2-3 所示。

```
# 21 is registered to ftp, but also used by fsp
ftp             21/tcp
ftp             21/udp          fsp fspd
ssh             22/tcp                          # The Secure Shell (SS
ssh             22/udp                          # The Secure Shell (SS
telnet          188/tcp
telnet          188/udp
# 24 - private mail system
lmtp            24/tcp                          # LMTP Mail Delivery
lmtp            24/udp                          # LMTP Mail Delivery
smtp            25/tcp          mail
smtp            25/udp          mail
```

图 2-3　修改 Telnet 服务器端口号

在服务器上重新启动 Telnet 服务。

【/etc/init.d/xinetd restart】重启 Telnet 服务。

 注意：

当修改 Telnet 的默认端口号后，用户连接时需要使用 telnet+IP+端口号格式。

再次以 user1 远程 Telnet 登录服务器需要采用命令【telnet 192.168.31.2 188】，Telnet 登录命令如图 2-4 所示。

图 2-4　Telnet 登录命令

5. 允许 root 用户登录

因为 Telnet 在传输数据时，采用明文的方式，包括用户名和密码，所以数据在传输的过程中，很容易被截取和篡改，所以系统默认 root 用户不能以 Telnet 登录远程的服务器，而只允许普通用户登录远程的服务器。

如果需要 root 用户也能远程登录到服务器上，则需要注释掉/etc/securetty 这个文件，命令如下：

【mv /etc/securetty /etc/securetty.bak】注释掉/etc/securetty 文件，使之失效。

然后再以 root 用户远程登录主机，如图 2-5 所示。

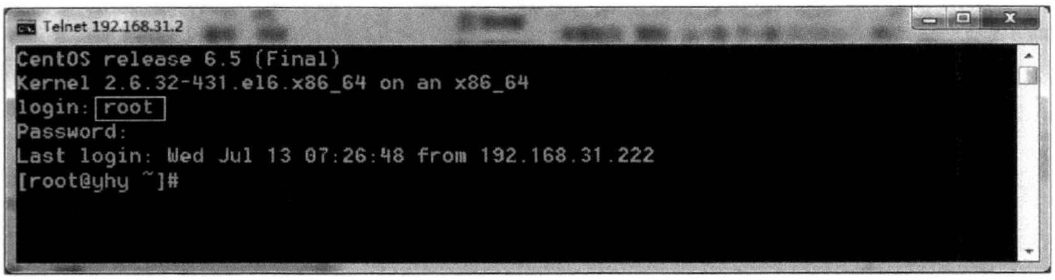

图 2-5　root 用户远程登录主机

6. 从第三方客户端登录

（1）使用 PuTTY 远程登录

PuTTY 是一个 Telnet、SSH、Rlogin、纯 TCP 及串行接口连接软件。较早的版本仅支持 Windows 平台，在最新的版本中开始支持各类 UNIX 平台，并有倾向移植至 Mac OS X 平台上。除了官方版本外，有许多第三方的团体或个人将 PuTTY 移植到其他平台上，如以 Symbian 为基础的移动电话。PuTTY 为开放源代码软件，主要由 Simon Tatham 维护，使用 MIT licence 授权。随着 Linux 在服务器端应用的普及，Linux 系统管理越来越依赖于远程。在各种远程登录工具中，PuTTY 是出色的工具之一。PuTTY 是一个免费的、Windows x86 平台下的 Telnet、SSH 和 Rlogin 客户端，但是功能丝毫不逊色于商业的 Telnet 类工具。

需要注意的是，服务器中的 Telnet 服务默认的端口是 23，如果已经改为 188，在使用 PuTTY 登录时需要把端口号修改为 188，如图 2-6 所示。

PuTTY 登录成功界面如图 2-7 所示。

（2）使用 SecureCRT 远程登录

SecureCRT 是一款支持 SSH（SSH1 和 SSH2）的终端仿真程序，简单地说是 Windows 平台登录 UNIX 或 Linux 服务器主机的软件。

SecureCRT 支持 SSH，同时支持 Telnet 和 Rlogin 协议。SecureCRT 是一款用于连接运行

包括 Windows、UNIX 和 VMS 的理想工具，通过使用内含的 VCP 命令行程序可以进行加密文件的传输，具有流行 CRTTelnet 客户机的所有特点，包括自动注册、对不同主机保持不同的特性、打印功能、颜色设置、可变屏幕尺寸、用户定义的键位图、能从命令行中运行或从浏览器中运行等，其他特点包括文本手稿、易于使用的工具条、用户的键位图编辑器、可定制的 ANSI 颜色等。SecureCRT 的 SSH 协议支持 DES、3DES 和 RC4 密码及 RSA 加密。SecureCRT 快速链接设置界面如图 2-8 所示。

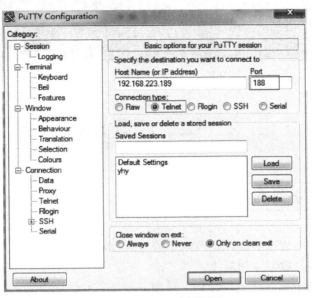

图 2-6 PuTTY 登录界面

图 2-7 PuTTY 登录成功界面

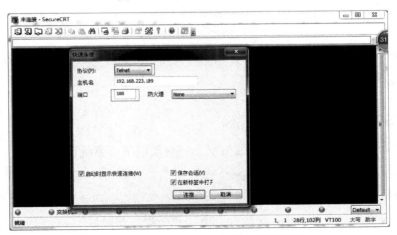

图 2-8 SecureCRT 快速链接设置界面

选择协议（P）：Telnet，填写远程主机的主机名为远程的 IP 地址，端口修改为 188，SecureCRT 登录成功界面如图 2-9 所示。

图 2-9　SecureCRT 登录成功界面

二、配置 SSH 服务

配置 SSH
服务

Telnet 服务的一个致命的缺陷是以明文的方式传输数据，包括用户名和密码，所以数据在传输过程中，很容易被截取和篡改。

SSH 服务代替 Telnet 进行远程管理，使用多种加密和认证方式，有效地解决了数据在传输过程中的安全问题。

SSH 服务采用非对称性算法，比如：B 主机是一台 SSH 服务器，那么它需要以各种形式公开发布自己的公钥，假如 A 主机想要与 B 服务器通信，A 主机需要得到 B 服务器的公钥，A 主机在向 B 服务器发送数据时，会使用 B 服务器的公钥把数据加密后传输给 B 服务器，B 服务器收到数据后就使用自己的私钥进行解密，如果数据在传输的过程中被截获，其他用户没有 B 服务器的私钥也访问不了截获数据。

本任务的主要目的是配置服务器的 SSH 服务，以使主机能够使用 SSH 服务远程登录服务器。

1. 检查 SSH 软件的安装

通过以下命令查看 SSH 软件的安装情况，一般情况下，系统已经默认安装了此服务。

【rpm -q openssh】查看 SSH 软件客户端的安装；

【rpm -q openssh-server】查看 SSH 软件服务器的安装。

如果没有查询到相关的 openssh 软件，请挂载光盘，配置好 yum 源后可以通过如下的命令安装：

【yum install　-y openssh】安装 openssh 客户端；

【yum install　-y openssh-server】安装 openssh 服务器端。

2. 解读 SSH 主配置文件

SSH 的主配置文件是/etc/ssh/sshd-config，使用 vim 打开，部分行的释义如下：

port 22	#监听端口所在行，可以把默认的 22 改为其他端口
protocol 2,1	#协议顺序(SSH 有两个版本)
permiRootlogin yes	#设置是否允许 root 用户登录
permitEmptyPasswords no	#是否允许空口令用户登录
passwordAuthentication yes	#是否使用口令认证方式

此配置文件可以不做任何修改，直接启动服务即可。

【service sshd start】启动 sshd 服务进程（一般情况下服务名称后加 d 代表服务进程）；

【chkconfig sshd on】配置服务器开机后自动启动 sshd 服务。

3. 使用第三方软件登录

（1）使用 PuTTY 登录

填写好要登录服务器的主机名或 IP 地址、默认的端口号，选择 SSH 服务即可登录，使用 PuTTY 软件登录远程主机设置界面如图 2-10 所示。

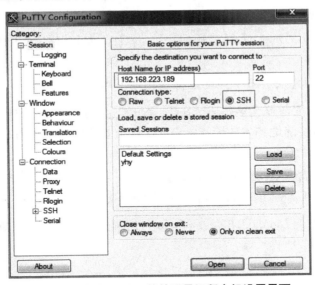

图 2-10　使用 PuTTY 软件登录远程主机设置界面

单击【Open】按钮后会提示输入服务器的用户名及密码。

（2）使用 SecureCRT 登录

使用 SecureCRT 软件登录远程主机设置界面如图 2-11 所示。

单击【连接】按钮后，输入用户名及密码即可登录服务器。

图 2-11　使用 SecureCRT 软件登录远程主机设置界面

4. 使用【scp】命令传输文件

当远程登录服务器以后，经常会需要在两台主机上传输文件，通过以下方式可以实现文件的传输。

① 在 Linux Server 上启动 SSH 服务。

② 在客户机上使用【scp LINUXSERVER IP：/目录/文件 /本地目录】，表示把服务器上某一文件复制到本地目录；【scp -r LINUXSERVER IP：/目录 /本地目录】表示把服务器上某一目录中所有文件与目录复制到本地目录中。

> 【scp -r 192.168.223.189:/mnt /yhy】复制主机 192.168.223.189 上 mnt 目录下的所有文件到本地的/yhy 目录下。

5. 使用【sz】与【rz】命令实现远程主机与本地文件的传输

一般来说，Linux 服务器大多是通过 SSH 客户端进行远程登录和管理的，使用 SSH 登录 Linux 主机以后，怎样快速地和本地计算机进行文件交互呢？即上传和下载文件到服务器和本地；与 SSH 有关的两个命令可以实现。

> 【sz】将选定的文件发送（send）到本地计算机；
> 【rz】运行该命令会弹出一个文件选择窗口，从本地选择文件上传（receive）到服务器。

但是【rz】、【sz】是 Linux/UNIX 同 Windows 之间采用 Zmodem 文件传输的命令行工具，速度大概只有 10KB/s，所以只适合中小文件。

　注意：

在 rhel 系统中，可直接使用【rz】和【sz】命令，但在 CentOS 系统中，需要先安装 lrzsz 软件，才可以使用【rz】和【sz】命令。

> 【yum install lrzsz -y】yum 源安装 lrzsz 软件（前提是配置好 yum 源）。

三、配置 VNC 图形界面服务

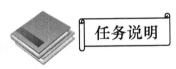

配置 VNC 图形界面服务

Telnet 和 SSH 服务只能实现基于字符界面的远程控制，对于习惯使用 X-window 的用户而言，使用字符界面则不很习惯，那么如何远程使用 X-window 呢？VNC 软件是实现该技术的最佳选择，VNC（Virtual Network Computer）是虚拟网络计算机的缩写。它是一款优秀的远程控制软件，由著名的 AT&T 的欧洲研究实验室开发。VNC 是基于 UNIX 和 Linux 操作系统的免费的开源软件，远程控制能力强大、高效实用，其性能可以和 Windows 及 MAC 系统的任何远程控制软件媲美。

VNC 基本上由两部分组成：一部分是客户端的应用程序（vncviewer）；另一部分是服务器端的应用程序（vncserver）。VNC 的服务器端应用程序在 UNIX 和 Linux 操作系统中适应性很强，图形用户界面十分友好。

本任务的主要目的是在 CentOS 6.5 系统中配置 VNC Server 实现远程的图形化访问。

85

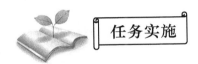

1. 安装 gnome 图形化桌面

要想远程访问图形化界面，首先服务器要安装图形化套件，在此还需安装中文支持套件。命令如下：

【yum groupinstall "X Window System" "Desktop"】CentOS 6.x 安装 gnome 桌面环境；

【yum groupinstall Xfce】CentOS 安装 Xfce 桌面环境，可选；

【yum groupinstall -y "Chinese Support"】安装中文支持。

Xfce、KDE、gnome 都是图形桌面环境，其特点是占用资源更小。资源占用空间情况大致为：Gnome>KDE>Xfce。具体情况与版本有关，一般版本越新，资源占用空间越大。

2. 安装 vncserver 软件

【yum install -y tigervnc-server tigervnc】安装 vncserver 软件。

3. 配置 vnc 密码

vncserver 运行后，没有配置密码客户端是无法连接的，通过如下命令设置与修改密码。

【vncserver】设置 vnc 密码，密码必须 6 位以上；

【vncpasswd】修改 vnc 密码，同样，密码需要为 6 位以上。

注意：

这里是为上面的 root 远程用户设置密码，所以在 root 用户下设置；为别的账户设置密码，就要切换到用户的账户下设置。

4. 配置 gnome 桌面

【vim/root/.vnc/xstartup】打开 gnome 桌面的主配置文件，修改文件，将最后的【twm &】删除，再加上【gnome-session &】。

5. 配置 vncserver 启动后的监听端口和环境参数

【vim/etc/sysconfig/vncservers】修改配置文件，在最后加入如下两行内容：

```
VNCSERVERS="1:root"
VNCSERVERARGS[1]="-geometry 1024x768" -alwaysshared -depth 24"
```

注意：

① 上面第一行设定可以使用 VNC 服务器的账号，可以设定多个，但中间要用空格隔开。注意前面的数字是"1"或"2"，当你要从其他电脑访问 VNC 服务器时，就需要用 IP:1 这种方法，而不能直接用 IP。假定 VNC 服务器 IP 是 192.168.1.100，那想进入 VNC 服务器，并以 peter 用户登录时，需要在 VNC Viewer 里输入 IP 的地方输入【192.168.1.100:1】，如果是 root，那就是 192.168.1.100:2。

② 第二行［1］尽量与第一行相对应，后面的 1024 x 768 可以换成本地计算机支持的分辨率。注意中间的"x"不是"*"，而是小写字母"x"。

③ -alwaysshared 表示同一个显示端口允许多用户同时登录，-depth 代表色深，参数有 8、16、24、32 等。

6. 设置 vncserver 服务在系统中运行

修改与任务有关的服务后都需要重新启动，命令如下：

【service vncserver restart】重启 vncserver 服务；
【chkconfig vncserver on】设置 vncserver 开机自动启动。

7. 测试登录

在 Internet 上利用【VNC Viewer】关键字搜索并下载 VNC Viewer，安装并打开，VNC Viewer 连接远程主机界面如图 2-12 所示。

图 2-12 VNC Viewer 连接远程主机界面

输入【服务器端 IP:1】，然后单击【确定】按钮，打开如图 2-13 所示的提示框。

CentOS 系统配置与管理

86

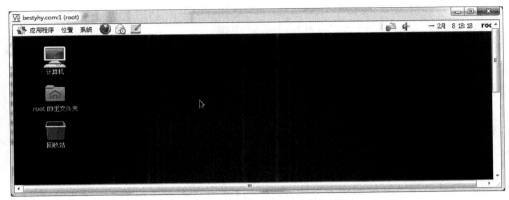

图 2-13　VNC Viewer 要求输入 root 密码提示框

输入 root 账号的密码，单击【确定】，即可登录成功，VNC Viewer 登录成功界面如图 2-14 所示。

图 2-14　VNC Viewer 登录成功界面

8. 排错

① 检查 SELinux 服务并关闭，使用命令【vim/etc/selinux/config】编辑/etc/selinux/config 文件，设置 SELinux 字段的值为【disabled】。

② 关闭 NetworkManager 服务。

【chkconfig --del NetworkManager】关闭 NetworkManager 服务。

③ iptables 防火墙默认会阻止 VNC 远程控制桌面，所以需要设置为允许通过。当启动 VNC 服务后，可以用【netstat -tunlp】命令查看 VNC 服务所使用的端口，可以发现有 5801、5901、6001 等。使用下面命令开启这些端口。

使用 vim 命令编辑/etc/sysconfig/iptables 文件，在文件最后添加如下内容：

```
-A RH-Firewall-l-INPUT -p tcp -m tcp -dport 5801 -j ACCEPT
-A RH-Firewall-l-INPUT -p tcp -m tcp -dport 5901 -j ACCEPT
-A RH-Firewall-l-INPUT -p tcp -m tcp -dport 6001 -j ACCEPT
```

重启防火墙或者直接关闭防火墙：

【/etc/init.d/iptables restart】重启防火墙；

【/etc/init.d/iptables stop】关闭防火墙。

9. VNC 的反向连接设置

在大多数情况下，vncserver 总处于监听状态，vnc client 主动向服务器发出请求从而建立连接。然而在一些特殊的场合，需要让 VNC 客户端处于监听状态，vncsrever 主动向客户端发出连接请求，称作 VNC 的反向连接。

命令如下：

【vncviewer -listen】启动 vnc client，使 VNC Viewer 处于监听状态；

【vncserver】启动 vncserver；

【vncconnect -display :1 192.168.223.189（服务器 IP 地址）】在 vncserver 端执行 vncconnect 命令，发起 server 到 client 的请求。

10. 解决可能遇到的黑屏问题

在 Linux 系统安装配置完 VNC 服务端，发现多用户登录会出现黑屏的情况，具体的表现为：客户端可以通过 IP 与会话号登录系统，但登录后是黑屏。

原因：用户的 VNC 的启动文件权限未设置正确。

解决方法：将黑屏用户的 xstartup（一般路径为/用户目录/.vnc/xstartup）文件的属性修改为 755（rwxr-xr-x），然后禁止所有已经启动的 VNC 客户端，操作步骤如下。

【vncserver -kill :1】禁止所有已经启动的 VNC 客户端 1；

【vncserver -kill :2】禁止所有已经启动的 VNC 客户端 2（-kill 与:1 或:2 中间有一空格）；

【/etc/init.d/vncserver restart】重启 vncserver 服务。

  注意：

vncserver 只能由启动它的用户关闭，即使 root 用户也不能关闭其他用户开启的 vncserver，除非用 kill 命令强制终止进程。

课后习题

实操题

1. 建立 Telnet 服务器，并根据以下要求配置 Telnet 服务器。

（1）配置 Telnet 服务同时只允许两个连接。

（2）配置 Telnet 服务器在 2323 端口监听客户端的连接。

2. 建立 SSH 服务器，并根据以下要求配置 SSH 服务器。

（1）配置 SSH 服务器绑定的 IP 地址为 192.168.16.177。

（2）在 SSH 服务器启用公钥认证。

3. 建立 VNC 服务器，并根据以下要求配置 VNC 服务器。

（1）配置 VNC 服务器使用 gnome 图形桌面环境。

（2）配置 VNC 服务每次启动会自动创建桌面号。

（3）在 VNC 服务器启用远程协助功能。

单元 3　配置 DHCP 服务

单元说明

DHCP（Dynamic Host Configuration Protocol，动态主机配置协议）是一个简化主机 IP 地址分配管理的 TCP/IP 协议。只要在网络中安装和配置了 DHCP 服务器，用户就无须输入任何数据，就可以将一台计算机接入网络，所有入网的必要参数（包括 IP 地址、子网掩码、默认网关、DNS 服务器的地址等）的设置都可提交给 DHCP 服务器负责，它会自动为用户计算机配置。

DHCP 基于客户端/服务器模式，当 DHCP 客户端启动时，它会自动与 DHCP 服务器通信，由 DHCP 服务器为 DHCP 客户端提供自动分配 IP 地址的服务。安装了 DHCP 服务软件的服务器称为 DHCP 服务器，而启用了 DHCP 功能的客户端称为 DHCP 客户端。

DHCP 服务器是以地址租约的方式为 DHCP 客户端提供服务的，它有以下两种方式。

① 限定租期：这种方式是一种动态分配的方式，可以很好地解决 IP 地址不够用的问题。

② 永久租用：采用这种方式的前提是公司中的 IP 地址够用，这样 DHCP 客户端就不必频繁地向 DHCP 服务器提出续约请求。

DHCP 客户端申请一个新的 IP 地址总体过程如图 3-1 所示。

从图 3-1 中，可以看出，DHCP 服务工作分为 6 个阶段。

1. 发现阶段

发现阶段是 DHCP 客户端寻找 DHCP 服务器的过程，对应于客户端发送 DHCP 发现（Discovery）报文，因为 DHCP 服务器对于 DHCP 客户端是未知的，所以 DHCP 客户端发出的 DHCP 发现（Discovery）报文是广播包，源地址为 0.0.0.0，目的地址为 255.255.255.255。如果同一个网络内没有 DHCP 服务器，而该网关接口配置了 DHCP 中继（Relay）功能，则该接口为 DHCP 中继，DHCP 中继会将该 DHCP 报文的源 IP 地址修改为该接口的 IP 地址，而目的地址则为 DHCP 中继（Relay）配置的 DHCP 服务器的 IP 地址。

2. 应答阶段

网络上所有支持 TCP/IP 的主机都会收到该 DHCP 发现报文，但是只有 DHCP 服务器会响应该报文。如果网络中存在多个 DHCP 服务器，则多个 DHCP 服务器均会回复该 DHCP 发现（Discovery）报文。

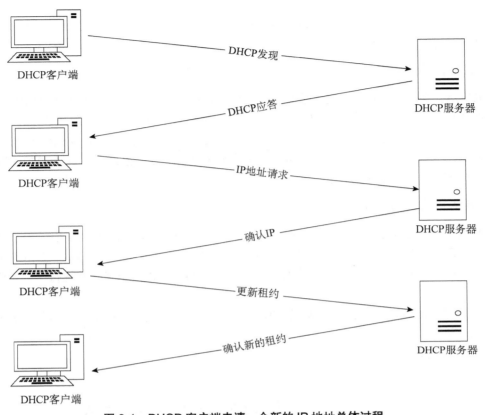

图 3-1 DHCP 客户端申请一个新的 IP 地址总体过程

3. 地址请求阶段

DHCP 客户端收到若干个 DHCP 服务器响应的 DHCP 应答报文后，选择其中一个 DHCP 服务器作为目标 DHCP 服务器。选择策略通常为选择第一个响应的 DHCP 服务器。

然后以广播方式回答一个 DHCP 请求（Request）报文，该报文中包含向目标 DHCP 请求的 IP 地址等信息。之所以以广播方式发出，是因为通知其他 DHCP 服务器选择该 DHCP 服务器所提供的 IP 地址。

4. 确认分配 IP 地址阶段

DHCP 服务器收到 DHCP 请求报文后，解析该报文请求 IP 地址所属的子网。并从 dhcpd.conf 文件中与之匹配的子网（subnet）中取出一个可用的 IP 地址（从可用地址段选择一个 IP 地址后，首先发送 ICMP 报文来 ping 该 IP 地址，如果收到该 IP 地址的 ICMP 报文，则放弃该 IP 地址，重新选择 IP 地址继续进行 ICMP 报文测试，直到找到一个网络中无人使用的 IP 地址，以达到防止动态分配的 IP 地址与网络中其他设备 IP 地址冲突的目的），设置在 DHCP 发现报文 yiaddress 字段中，表示为该客户端分配的 IP 地址，并且为该租用（Lease）设置该子网（Subnet）配置的选项（Option），如默认租用租期、最大租期、路由器等信息。

DHCP 从地址池中选择 IP 地址，以如下优先级进行选择。

① 当前已经存在的 IP MAC 的对应关系。

② 客户端以前的 IP 地址。

③ 读取发现报文中的 Requested Ip Address Option 的值，如果存在并且 IP 地址可用。

④ 从配置的子网中选择 IP 地址。

5. 更新租约阶段

DHCP 客户端获取到的 IP 地址都有一个租约，租约过期后，DHCP 服务器将回收该 IP 地址，所以如果 DHCP 客户端想继续使用该 IP 地址，则必须更新租约。更新的方式是，当前租约期限过了一半的时候，DHCP 客户端将会发送 DHCP 更新（Renew）报文来续约租期。

或者 DHCP 客户端重新登录：当 DHCP 客户端重新登录后，发送一个包含以前 DHCP 服务器分配的 IP 地址信息的 DHCP 请求报文。

6. 确认新的租约阶段

当 DHCP 服务器收到更新租约的请求后，会尝试让 DHCP 客户端继续使用该 IP 地址，并回答一个 ACK 报文。但是如果该 IP 地址无法再次分配给该 DHCP 客户端后，DHCP 回复一个 NAK 报文，当 DHCP 客户端收到该 NAK 报文后，会重新发送 DHCP 发现报文来重新获取 IP 地址。

使用 DHCP 服务，不仅可以大大减轻网络管理员管理和维护的负担，还可以解决 IP 地址不够用的问题。

本单元的主要内容是安装、配置和应用 DHCP 服务器。

92

一、配置单 IP 作用域服务

配置单 IP
作用域服务

当一个网络中的主机数目较大时，手工分配 IP 不仅麻烦而且容易出错。DHCP 服务的出现大大方便了主机 IP 地址的分配。

在某个局域网内有 11 台计算机，采用 DHCP 获取 IP 地址，地址段为 192.168.16.1～192.168.16.14，子网掩码是 255.255.255.240。其中，IP 地址 192.168.16.1 分配给路由器，IP 地址 192.168.16.8 和 192.168.16.9 分配给指定 MAC 地址的主机，DNS 服务器为 8.8.8.8 及 114.114.114.114，配置一个 DHCP 服务器来动态分配 IP 地址。其中，服务器本身的 IP 地址为 192.168.16.14。

CentOS 6.5 系统安装时默认没有安装 DHCP 服务。此任务将解决 DHCP 服务的安装与配置。

1. 挂载光盘与配置本机 IP 地址

把光盘放入光驱，使用如下命令挂载光盘：

【mount /dev/cdrom /mnt】

使用【setup】命令配置 IP 地址，配置完成后重启网络服务及打开网卡开关，然后使用【ifconfig】命令确认配置好的 IP 地址。

2. 安装 DHCP 服务

配置好 yum 源后即可通过【yum】命令安装（yum 源的配置详见前文）：

【yum install -y dhcp】安装 DHCP 服务软件。

如果没有配置 yum 源，可以直接通过【rpm】命令安装：

【cd /mnt/Packages】进入光盘软件所在的目录；
【rpm -ivh dhcp-4.1.1-38.P1.el6.centos.x86_64.rpm】通过 rpm 命令安装，使用 Tab 键；
【rpm -qa dhcp】查询软件是否已经安装。

3. 复制 DHCP 的示例文件

DHCP 服务（即 dhcpd 守护进程）是按照/etc/dhcp 目录中的配置文件 dhcpd.conf 的配置进行运行的。使用 vim 命令打开主配置文件：

【vim /etc/dhcp/dhcpd.conf】

默认情况下，该文件是空的，dhcpd.conf 原始文件内容如图 3-2 所示。

```
#
# DHCP Server Configuration file.
#   see /usr/share/doc/dhcp*/dhcpd.conf.sample
#   see 'man 5 dhcpd.conf'
#
```

图 3-2　dhcpd.conf 原始文件内容

此内容告诉我们在安装 DHCP 服务时会生成一个示例文件，该文件是/usr/share/doc/dhcp*/dhcpd.conf.sample。可将该文件复制并覆盖：

【cp /usr/share/doc/dhcp-4.1.1/dhcpd.conf.sample /etc/dhcp/dhcpd.conf】复制样本文件并把原来的 dhcpd.conf 覆盖。

4. 打开 DHCP 的配置文件

使用命令编辑 DHCP 的主配置文件：

【vim /etc/dhcp/dhcpd.conf】

打开 DHCP 的主配置文件可以看到如图 3-3 所示的内容。
和所有的配置文件类似，它用#代表注释。

5. 编辑 DHCP 的配置文件

使用【vim /etc/dhcp/dhcpd.conf】命令，修改其配置文件，如图 3-4 所示。

```
# dhcpd.conf
#
# Sample configuration file for ISC dhcpd
#

# option definitions common to all supported networks...
option domain-name "example.org";
option domain-name-servers ns1.example.org, ns2.example.org;

default-lease-time 600;
max-lease-time 7200;

# Use this to enble / disable dynamic dns updates globally.
#ddns-update-style none;

# If this DHCP server is the official DHCP server for the local
# network, the authoritative directive should be uncommented.
#authoritative;

# Use this to send dhcp log messages to a different log file (you also
# have to hack syslog.conf to complete the redirection).
log-facility local7;

# No service will be given on this subnet, but declaring it helps the
```

图 3-3　DHCP 主配置文件

```
subnet 192.168.16.0 netmask 255.255.255.240 {
  range 192.168.16.1 192.168.16.14;
  option domain-name-servers 8.8.8.8,114.114.114.114;
  option domain-name "internal.example.org";
  option routers 192.168.16.1;
  option broadcast-address 192.168.16.15;
  default-lease-time 600;
  max-lease-time 7200;
}
host boss1 {
  hardware ethernet 12:34:56:78:AB:CD;
  fixed-address 192.168.16.8;
}
host boss2 {
  hardware ethernet 00:0C:29:26:c0:a5;
  fixed-address 192.168.16.9;
}
"/etc/dhcp/dhcpd.conf" 121L, 3735C
```

图 3-4　DHCP 配置文件内容

配置文件的释义如下：

subnet 192.168.16.0 netmask 255.255.255.240{	#分配的网段 192.168.16.0/28
range 192.168.16.1 192.168.16.14;	#分配的 IP 地址范围
option domain-name-servers 8.8.88,114.114.114.114;	#分配放入 DNS 服务器 IP 地址
option domain-name “internal.example.org”	#分配的域名信息
option routers 192.168.16.1;	#分配的网关 IP
option broadcast-address 192.168.16.15;	#分配的广播地址
default-lease-time 600;	#默认租约时间 600s
max-lease-time 7200;	#最大租约时间 7200s
}	
host boss1 {	#boss1 为主机名，可自定义
hardware ethernet 12:34:56:78:AB:CD;	#boss 主机网卡的 MAC 地址
fixed-address 192.168.1.8;	#给 boss1 分配的固定 IP
}	

host boss2 {	#boss2 为主机名，可自定义
hardware ethernet 00:0C:29:26:c0:a5;	#boss2 主机网卡的 MAC 地址
fixed-address 192.168.16.9;	#给 boss2 分配的固定 IP
}	

6. 重启 DHCP 服务

修改配置文件后需要重启相关服务：

【service dhcpd restart】重启 DHCP 服务；

【pstree |grep dhcpd】查询 DHCP 服务启动情况。

如果希望以后每次服务器启动都把 DHCP 服务启动可以在终端中输入【ntsysv】命令选择，如图 3-5 所示。

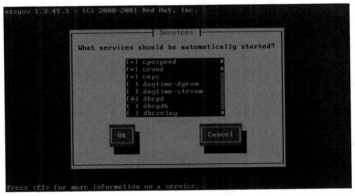

图 3-5　终端运行【ntsysv】命令

也可以使用如下命令实现：

【chkconfig dhcpd on】设置 DHCP 服务开机时自动启动。

7. 客户端验证

在同一网段开启 XP 或 Win7 系统计算机，测试本地连接，客户端自动获取 IP 地址如图 3-6 所示。

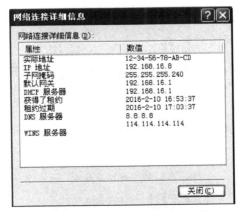

图 3-6　客户端自动获取 IP 地址

二、搭建企业级的 DHCP 服务器

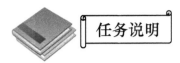

搭建企业级的
DHCP 服务器

公司需要搭建企业级的 DHCP 服务器，服务器 IP 地址为 192.168.23.254。按照下面的要求进行配置。

① 为子网 192.168.23.0/24 建立一个 IP 作用域，并将在 192.168.23.20～192.168.23.200 范围之内的 IP 地址动态分配给客户端。

② 子网中的 DNS 服务器地址为 192.168.23.2 与 114.114.114.114，IP 路由器地址为 192.168.23.1，所在的网域名为 bestyhy.com，将这些参数指定给客户端使用。

③ 为某台主机保留 192.168.23.123 地址，DNS 服务器地址为 192.168.23.5。

1. 设置 DHCP 服务器的静态 IP

使用【vim】命令编辑/etc/sysconfig/network-scripts/ifcfg-eth0 网卡文件，设置服务器的 IP 地址，详细内容及释义如下：

```
DEVICE=eth0                    #网卡名称
HWADDR=00:0C;2983:60:04        #网卡的 MAC 地址
TYPE=Ethernet                  #网卡类型
ONBOOT=yes                     #启用该网卡
NM_CONTROLLED=yes
BOOTPROTO=static               #设置为静态 IP
IPADDR=192.168.23.254          #手动添加 IP 地址
NETMASK=255.255.255.0          #手动添加子网掩码
```

2. 设置主机名并打开网络总开关

使用【vim /etc/sysconfig/network】命令编辑 network 文件，打开网络的总开关及设置主机名。

 注意：

【NETWORKING=yes】表示打开网络的总开关，如果设置为 no，那么本服务器将不能提供任何网络功能。

```
NETWORKING=yes                 #打开服务器的网络总开关
HOSTNAME=bestyhy.com           #设置主机名为 bestyhy.com
```

3. 设置主机名与主机 IP 对应解析

使用【vim】命令编辑 /etc/hosts 文件，在文件最后一行添加 IP 地址与主机名对应解析，内容如下：

```
192.168.23.254  bestyhy.com
```

4. 设置默认搜索域名

使用【vim】命令编辑/etc/resolv.conf 文件，设置主机搜索的域名及 DNS，内容如下：

```
Search      bestyhy.com
nameserver      192.168.23.2
```

5. 重启网络服务

【service network restart】或【/etc/init.d/network restart】重启网络服务。

6. 安装 DHCP 软件包

DHCP 服务软件默认不会安装，需要手动安装，安装命令如下：

【mount /dev/cdrom /mnt】挂载光盘；

【cd /mnt/Packages/】进入软件所在目录；

【rpm -ivh dhcp-4.1.1-38.P1.el6.centos.i686.rpm】安装 DHCP 软件包；

【rpm -q dhcp】再次查询 DHCP 是否已经安装；

【service dhcpd start】启动 DHCP 服务；

【chkconfig dhcpd on】设置 DHCP 服务为开机时自动启动。

7. 配置 DHCP 的主配置文件

首先复制示例文件，覆盖原来的空文件，命令如下：

【cp /usr/share/doc/dhcp-4.1.1/dhcpd.conf.sample /etc/dhcp/dhcpd.conf】

然后使用 vim 编辑器编辑/etc/dhcp/dhcpd.conf 文件，设置成如下内容：

```
subnet 192.168.23.0 netmask 255.255.255.0 {          #设置局部待分配网段
  range 192.168.23.20 192.168.23.200;                #设置地址池
option domain-name-servers 192.168.23.2,114.114.114.114;   #设置要分配的 DNS 服务器地址
    option domain-name "bestyhy.com";                #设置局域网域名
    option routers 192.168.23.1;                     #设置要分配的网关地址
    option broadcast-address 192.168.23.255;         #设置广播地址
    default-lease-time 600;                          #设置默认租约时间为 600s
    max-lease-time 7200;                             #设置客户端租用 IP 地址的最长时间为 7200s
  }
  host win7 {                                        #设置保留地址固定分配 IP
    hardware ethernet 08:00:07:26:c0:a5;             #设置要保留的主机 MAC 地址
    fixed-address 192.168.23.123;                    #设置绑定的 IP 地址
    option domain-name-servers 192.168.23.5;         #设置绑定的 DNS 地址
  }
```

8. 设置服务在系统中运行

DHCP 服务的任何配置文件修改后，都需重新启动该服务。

【service dhcpd restart】重启 DHCP 服务；

【chkconfig dhcpd on】设置 DHCP 服务开机时启动。

9. 客户端设置

Linux client 验证通过如下命令：

【dhclient -d eth0】设置 eth0 的 IP 地址为 DHCP 自动获取；

【ifconfig】查看网卡的 IP 地址信息。

Win7 clinet 验证，在 DOS 仿真窗口中运行以下命令重新获取 IP 地址：

cmd>ipconfig /release 释放 IP

cmd>ipconfig /renew 重新获取 IP

10. 查询租用记录

只要网络中的 DHCP 客户端从 DHCP 服务器租用了 IP 地址，租用信息就被记录在 /var/lib/dhcp/dhcpd.1eases 文件中，该文件会不断被更新。从该文件就可查看 IP 地址分配情况，包括每个租用的 IP 地址及对应的 MAC 地址，租约的起始时间和结束时间等信息。

三、配置多 IP 作用域服务

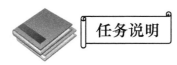

任务说明

公司原有计算机 250 台，IP 地址规划为 192.168.31.0/24 网段，动态管理网络 IP 地址。现在升级到 500 台，公司要求在保持原有 IP 地址的规划不变的情况下扩容现有的网络 IP 地址。具体的网络规划如图 3-7 所示。

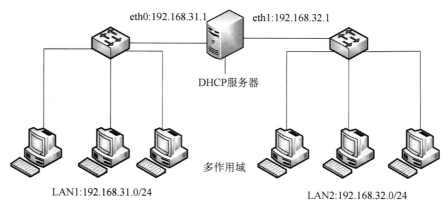

eth0:192.168.31.1　　eth1:192.168.32.1

DHCP服务器

多作用域

LAN1:192.168.31.0/24　　　　LAN2:192.168.32.0/24

图 3-7　具体的网络规划

任务实施

1. 开启路由转发功能

服务器的 IP 就是各网段的网关，也就是说 DHCP 服务器的网卡担当网关功能，还需要打开 DHCP 服务器的转发功能（让两个网段的机器可以相互通信）。

【vim /etc/sysctl.conf】命令编辑/etc/sysctl.conf 文件。

找到【net.ipv4.ip_forward = 0】把 0 改成 1。

或通过命令实现：

【echo "1" > /proc/sys/net/ipv4/ip_forward】开启服务器的路由转发功能；

【sysctl -p】让该设定立刻生效。

2. 给网卡配置多个 IP 地址

使用【cd /etc/sysconfig/network-scripts】命令进入网卡的文件目录，然后使用【vim / ifcfg-eth0】命令配置网卡的第一个 IP 地址，具体配置如图 3-8 所示。

```
root@yhy:/etc/sysconfig/network-scripts
DEVICE=eth0
HWADDR=00:0c:29:3d:9c:6a
TYPE=Ethernet
UUID=b67fc672-fba0-4417-9178-a7c0e6a9dbfb
ONBOOT=yes
NM_CONTROLLED=yes
BOOTPROTO=none
IPADDR=192.168.31.1
NETMASK=255.255.255.0
```

图 3-8 配置网卡的第一个 IP 地址

使用【cp ifcfg-eth0 ifcfg-eth0:1】命令，复制网卡信息，然后使用【vim / ifcfg-eth0:1】配置网卡的第二个 IP 地址，具体配置如图 3-9 所示。

```
root@yhy:/etc/sysconfig/network-scripts
DEVICE=eth0:1
HWADDR=00:0c:29:3d:9c:6a
TYPE=Ethernet
UUID=b67fc672-fba0-4417-9178-a7c0e6a9dbfb
ONBOOT=yes
NM_CONTROLLED=yes
BOOTPROTO=none
IPADDR=192.168.32.1
NETMASK=255.255.255.0
```

图 3-9 配置网卡的第二个 IP 地址

最后使用【service network restart】命令重新启动网络服务，使 IP 地址配置生效。

3. 修改 DHCP 配置文件

使用【vim /etc/dhcp/dhcpd.conf】命令编辑 DHCP 的主配置文件/etc/dhcp/dhcpd.conf，具

体内容如图 3-10 所示。

```
subnet 192.168.31.0 netmask 255.255.255.0 {
  range 192.168.31.2 192.168.31.253;
  option domain-name-servers 8.8.8.8,114.114.114.114;
  option domain-name "lan1.besryhy.com";
  option routers 192.168.31.1;
  option broadcast-address 192.168.31.255;
  default-lease-time 600;
  max-lease-time 7200;
}
host boss {
  hardware ethernet 12:34:56:78:AB:CD;
  fixed-address 192.168.31.188;
}
subnet 192.168.32.0 netmask 255.255.255.0 {
  range 192.168.32.2 192.168.32.253;
  option domain-name-servers 8.8.8.8,114.114.114.114;
  option domain-name "lan2.bestyhy.com";
  option routers 192.168.32.1;
  option broadcast-address 192.168.32.255;
  default-lease-time 600;
  max-lease-time 7200;
}
"/etc/dhcp/dhcpd.conf" 126L, 3950C written
```

图 3-10　DHCP 主配置文件内容

DHCP 主配置文件内容的具体释义如下：

```
subnet 192.168.31.0 netmask 255.255.255.0 {        #设置局部待分配网段 lan1
      range 192.168.31.2 192.168.31.2253;          #设置地址池
      option domain-name-servers 8.8.88,114.114.114.114;   #设要分配的 DNS 服务器地址
      option domain-name "lan1.besryhy.com";       #设置局域网域名
      option routers 192.168.31.1;                 #设置要分配的网关地址
      option broadcast-address 192.168.31.255;     #设置广播地址
      default-lease-time 600;                      #设置默认租约时间为 600s
      max-lease-time 7200;                         #设置客户端租用 IP 地址的最长时间为 7200s
}
host boss{                                         #设置保留地址固定分配 IP
hardware ethernet 12:34:56:78:AB:CD;               #设置要保留的主机 MAC 地址
fixed-address 192.168.23.123;                      #设置绑定的 IP 地址
}subnet 192.168.32.0 netmask 255.255.255.0 {       #设置局部待分配网段 lan2
      range 192.168.32.2 192.168.32.2253;          #设置地址池
      option domain-name-servers 8.8.88,114.114.114.114;   #设要分配的 DNS 服务器地址
      option domain-name "lan2.bestyhy.com";       #设置局域网域名
      option routers 192.168.32.1;                 #设置要分配的网关地址
      option broadcast-address 192.168.32.255;     #设置广播地址
      default-lease-time 600;                      #默认租约时间为 600s
      max-lease-time 7200;                         #客户端租用 IP 地址的最长时间为 7200s
}
```

4. 设置服务的启动

每次修改完配置文件后，都需要重启服务，修改的配置才能生效，命令如下：

【service dhcpd restart】重启服务；

【chkconfig dhcpd on】设置 DHCP 服务开机时自动启动。

四、配置 DHCP 的中继服务

任务说明

DHCP 客户端使用 IP 广播寻找同一网段的 DHCP 服务器。当服务器和客户端处在不同网段，即被路由器分割开时，路由器是不会转发这种广播包的。因此可能需要在每个网段上设置一个 DHCP 服务器，虽然 DHCP 只消耗很少资源，但多个 DHCP 服务器会给管理带来不方便。DHCP 中继的使用使一个 DHCP 服务器同时为多个网段服务成为可能。

为了实现路由器转发广播请求数据包，使用【ip help-address】命令。通过使用该命令，路由器可以配置为接收广播请求，然后将其以单播方式转发到指定 IP 地址。在 DHCP 广播情况下，客户在本地网段广播一个 DHCP 发现分组。网关获得这个分组，如果配置帮助地址，就将 DHCP 分组转发到特定地址。

现在企业在组网时，根据实际需要划分了两个 vlan，中间通过一台 Linux 服务器连接，具体的网络规划如图 3-11 所示。如何实现一个 DHCP 服务器同时为多个网段提供服务，是本节的任务。

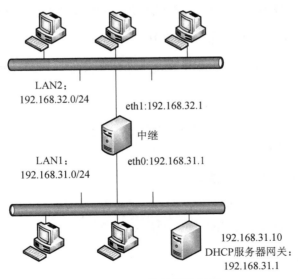

图 3-11　具体的网络规划

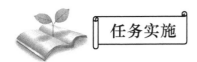任务实施

1. 配置 DHCP 服务器的两个网络的 IP 作用域

两个网络的 IP 作用域的配置文件与任务三相同。

2. 配置中继服务器的网卡 IP

配置中继服务器的两个网卡 IP 地址分别为 192.168.31.1 与 192.168.32.1。

3. 配置中继服务器的 DHCP 服务

① 中继服务器需要两块网卡，IP 为各网段的网关，并安装了 DHCP 软件，即 dhcrelay 配置文件。

② 编辑 DHCP 中继的配置文件。使用【vim /etc/sysconfig/dhcrelay】命令编辑/etc/sysconfig/dhcrelay 中继文件，具体内容如图 3-12 所示。

```
# Command line options here
DHCRELAYARGS=""
# DHCPv4 only
INTERFACES="eth0 eth1"          指定中继服务器监听的网卡
# DHCPv4 only
DHCPSERVERS="192.168.31.10"     指定DHCP服务器的IP地址
```

图 3-12　中继文件配置内容

其中具体的释义如下：

```
INTERFACES="eth0 eth1"          #指定中继服务器监听的网卡
DHCPSERVERS="192.168.31.10"     #指定 DHCP 服务器的 IP 地址
```

4. 开启 DHCP 中继服务器的路由转发功能

使用【vim /etc/sysctl.conf】命令编辑/etc/sysctl.conf 文件。找到【net.ipv4.ip_forward = 0】将 0 改成 1，即【net.ipv4.ip_forward = 1】。

或通过命令实现：

【echo "1" > /proc/sys/net/ipv4/ip_forward】开启服务器的路由转发功能；
【sysctl -p】更新修改的参数设置，使之立刻生效。

5. 配置两台服务器的 DHCP 服务

【servcie dhcpd restart】或【/etc/init.d/dhcpd restart】重启 DHCP 服务；
【chkconfig dhcpd on】设置 DHCP 服务开机时自动启动。

6. 配置 DHCP 客户端

使用客户端测试 IP 地址的获取情况，lan2 所在的主机能获取到正确的 IP 即代表本任务成功。

使用【vim /etc/sysconfig/network-scripts/icfg-eth0】编辑网卡 IP 设置文件，找到语句

【BOOTPROTO=none 或 BOOTPROTO=static】，将其改为【BOOTPROTO=dhcp】即可，DHCP
客户端设置如图 3-13 所示。

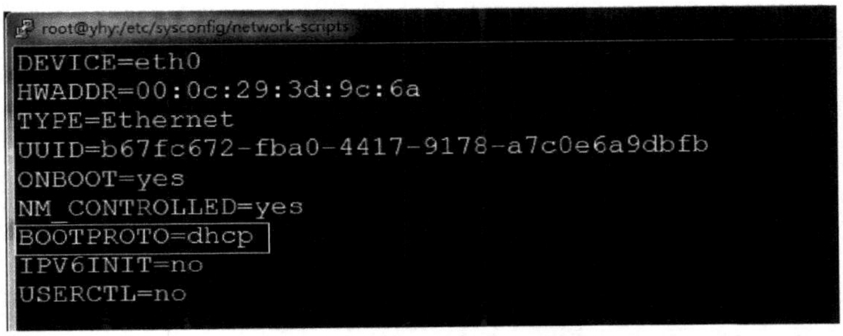

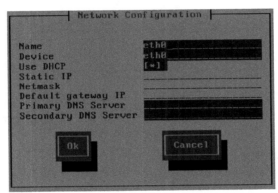

图 3-13　DHCP 客户端设置

或者通过【setup】命令，在 Use DHCP 后面的【[*]】中，按空格标注【*】，如图 3-14
所示。

图 3-14　DHCP 客户端设置对话框

7.　卸载 DHCP 软件

如果 DHCP 服务器不再使用，可以通过以下命令卸载 DHCP 软件：

【rmp -e dhcp】卸载 DHCP 软件；

【yumremove -y dhcp】卸载 DHCP 软件包；

【rpm -qa dhcp】查询 DHCP 是否还存在系统中。

课后习题

一、选择题

1. DHCP 是动态主机配置协议的简称，其作用是可以使网络管理员通过一台服务器来管理一个网络系统，自动地为一个网络中的主机分配（　　　）地址。

A. 网络　　　　　　　　　B. MAC　　　　　　　　　C. TCP　　　　　　　　　D. IP

2. 若需要检查当前 Linux 系统是否已安装了 DHCP 服务器，以下命令正确的是（　　　）。

A. rpm -q dhcp　　　　B. rpm -ql dhcp　　　　C. rpm -q dhcpd　　　　D. rpm -ql

3. DHCP 服务器的主配置文件是（　　　）。

A. /etc/dhcp.conf　　　　　　　　　　　B. /etc/dhcpd.conf

C. /etc/dhcp　　　　　　　　　　　　　D. usr/share/doc/dhcp-4.1.1/dhcpd.conf.sample

4. 启动 DHCP 服务器的命令有（　　　）。

A. server dhcp start　　　　　　　　　　B. server dhcp restart

C. server dhcp start　　　　　　　　　　D. server dhcp restart

5. 以下对 DHCP 服务器的描述中，错误的是（　　　）。

A. 启动 DHCP 服务的命令是 service dhcpd start

B. 对 DHCP 服务器的配置，均可通过配置/etc/dhcp.conf 来完成

C. 在定义作用域时，一个网段通常定义一个作用域，可通过 range 语句指定可分配的 IP 地址范围，使用 option routers 语句指定默认网关

D. DHCP 服务器必须指定一个固定的 IP 地址

二、简答题

1. 说明 DHCP 服务的工作过程。

2. 如何在 DHCP 服务器中为某一计算机分配固定的 IP 地址？

3. 如何将 Windows 和 Linux 系统计算机配置为 DHCP 客户端？

三、实操题

架设一台 DHCP 服务器，并按照下面的要求进行配置。

（1）为子网 192.168.1.0/24 建立一个 IP 作用域，并将在 192.168.1.20～192.168.1.100 范围内的 IP 地址动态分配给客户端。

（2）假设子网中的 DNS 服务器地址为 192.168.1.2，IP 路由器地址为 192.168.1.1，所在网络的域名为 example.com，将这些参数指定给客户端使用。

（3）为某台主机保留 192.168.1.50 这个 IP 地址。

单元4 配置 Samba 服务

单元说明

在一些中小型网络，或者企业的内部网中，利用 Linux 建立文件服务器是一个很好的解决方案。针对企业内部网中的绝大部分客户机采用 Windows 的情况，可以通过使用 Samba 来实现文件服务器功能。

Samba 是在 Linux 及 UNIX 系统实现 SMB（Server Message Block）协议的一个免费软件，由服务器端及客户端程序构成。本单元主要的内容是熟练地使用服务器端程序，创建和管理 samba 服务器。

一、认识 Samba 共享服务

早期的 UNIX 系统可以通过 NFS 让所有类 UNIX 系统之间实现资源共享，同样，微软为了实现 Windows（及当时的 DOS）系统间的资源共享，提出了一个不同于 NFS 的 SMB（Server Message Block）通信协议，使网络中的文件系统、打印机等可以实现资源共享。由于 Sun 公司将 NFS 协议完全公开，所以在许多类 UNIX 的系统中都可以使用 NFS 实现资源共享。但是，如果想在 UNIX 与 Windows 系统之间共享资源却很困难（由于微软公司没有将 SMB 协议公开），只能通过 FTP 实现。

直到 1991 年，Andrew Tridgwell 通过对数据包的分析，编写了 Samba 这个自由软件（Samba 官方网站：http://www.samba.org），只要在类 UNIX 系统中启用 Samba 服务，类 UNIX 系统就好像变为 Windows 系统，可利用 SMB 协议与 Windows 系统之间实现资源共享等相关功能。

Samba 是开放源代码的 GPL 自由软件，Samba 的出现彻底解决类 UNIX 系统与 Windows 系统之间的资源共享与访问，它以其简洁、实用、灵活配置、功能强大等优势受到越来越广泛的关注。也是因为这个原因现在大部分类 UNIX 都可以使用 Samba 服务。

由于 Samba 是类 UNIX 系统和 Windows 系统的通信的桥梁，因此需先简单了解下 Windows 网络的工作原理。Windows98 及 WindowsNT 系统中 SMB 使用 137（UDP）、138（UDP）及 139（TCP）端口，Windows2000 以后的版本中使用 445（TCP）端口。

Samba 服务主要提供以下功能。

① 共享类 UNIX 系统中的资源（目录、打印机）。

② 使用 Windows 系统中的共享资源（目录、打印机）。

③ 通过 Windows 对使用 Samba 资源的用户进行认证。

④ 使用 WINS 服务进行名称解析及浏览。

⑤ 通过 SSL 实现安全的数据传输。

Samba 服务主要由以下两个进程组成。

① nmbd：进行 NetBIOS 名称解析，并提供浏览服务显示网络上的共享资源列表。

② smdb：管理 Samba 服务器上的共享目录、打印机等。主要是管理网络上的共享资源进行。当要访问服务器时，要查找共享文件，这时要靠 smdb 这个进程来管理数据传输。

Samba 服务与 Samba 客户端的工作流程如下。

① 协议协商：客户端在访问 Samba 服务器时，发送 negprot 命令包，告知目标计算机其支持的 SMB 类型。Samba 服务器根据客户端情况，选择最优的 SMB 类型，并做出回应。

② 建立连接：当 SMB 类型确认后，客户端会发送 session setup 命令数据包，提交账号、密码，请求与 Samba 服务器建立连接。如果客户端通过身份验证，Samba 服务器会对 session setup 报文做出回应，并为用户分配唯一的 UID，在客户端与其通信。

③ 访问共享资源：客户端访问 Samba 共享资源时，发送 tree connect 命令数据包，通知服务器需要访问的共享资源名，如果设置允许，Samba 服务器会为每个客户与共享资源的连接分配 TID，客户端即可访问需要的共享资源。

④ 断开连接：共享完毕，客户端向服务器发送 treedisconnect 报文关闭共享。

106

二、安装 Samba 与共享用户家目录

Samba 是一种自由软件，为 UNIX 系列的操作系统与 Windows 系统的 SMB/CIFS（Server Message Block/Common Internet File System）网络协定做连接。目前的版本为 4.4.5，Samba 不仅可存取及分享 SMB 的资料夹及打印机，自身还可以整合 Windows Server 的网域，充当网域控制站（Domain Controller）及加入 Active Directory 成员。

本任务的主要内容是实现如下功能：员工可以在公司内流动办公，无论在哪一台机器上工作，都能将自己的文件放到服务器中，同时不能使用服务器上的 shell。

安装好 Samba 软件，SMB 中有关用户家目录已经设置好默认共享，只要安装完软件，启动服务，然后增加用户和指定不可用的 shell 即可。

1. Samba 软件的安装

使用如下命令安装 Samba 服务软件：

【mount /dev/cdrom /mnt】挂载光盘；

【cd /mnt/Packages】进入软件所在目录；

【rpm -ivh samba-3.6.9-164.e16.x86_64.rpm】通过 rpm 安装 samba 软件。

或者配置 yum 源，然后通过以下命令安装：

【yum install -y samba】通过 yum 源安装，前提是配置好 yum 源；

【rpm -qa samba】查询软件的安装情况。

2. 查看与备份 Samba 的配置文件

【cat /etc/samba/smb.conf】查看 Samba 的配置文件；

【cp /etc/samba/smb.conf /etc/samba/smb.conf.bak】备份配置文件。

3. 服务的启动与停止

【/etc/init.d/smb start】或【service smb start】启动 Samba 服务；

【/etc/init.d/smb stop】或【service smb stop】停止 Samba 服务；

【/etc/init.d/smb restart】或【service smb restart】重启 Samba 服务；

【chkconfig smb on】设置开机后 smb 服务自动启动。

4. 新建 Samba 用户

通过如下命令建立 Samba 用户：

【useradd yhy -s /dev/null】新建 yhy 用户并指定不能从本地登录的 shell 环境；

【smbpasswd -a yhy】设置 yhy 用户的 Samba 访问密码，并使能 yhy 用户具有 Samba 访问权限，注意输入密码时没有任何显示。

5. Windows 客户端访问

在 Windows 的客户端地址栏输入【\\服务器 IP】，然后输入上一步中建立好的账号及密码。即可访问服务器上的 Samba 服务，通过 XP 客户端访问的效果如图 4-1 所示。

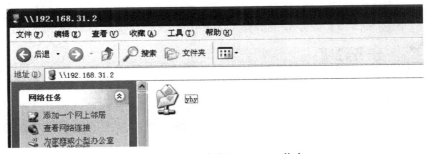

图 4-1　XP 系统访问 Samba 共享

双击 yhy 文件夹，发现里面是 yhy 的家目录。也就是说，samba 服务器不用任何配置，只需安装软件后启动服务就已经共享 Samba 用户的家目录，用户家目录如图 4-2 所示。

图 4-2　用户家目录

6. Linux 客户端访问

Linux 客户端通过【smbclient //192.168.31.2/yhy -U yhy】命令访问，按 Enter 键后输入 Samba 用户 yhy 的密码，即可访问 Samba 服务器上的资源，具体步骤如图 4-3 所示。

```
[root@yhy Packages]# smbclient //192.168.31.2/yhy -U yhy
Enter yhy's password:
Domain=[MYGROUP] OS=[Unix] Server=[Samba 3.6.9-164.el6]
smb: \> dir
  .                                   D        0  Wed Aug   3 16:23:55 2016
  ..                                  D        0  Wed Aug   3 16:23:55 2016
  .gnome2                            DH        0  Fri Nov  12 09:04:19 2010
  .bash_profile                       H      176  Thu Jul  18 21:19:03 2013
  .mozilla                           DH        0  Wed Feb  17 15:29:44 2016
  .bashrc                             H      124  Thu Jul  18 21:19:03 2013
  .bash_logout                        H       18  Thu Jul  18 21:19:03 2013

           35292 blocks of size 524288. 26898 blocks available
smb: \>
```

图 4-3　Linux 客户端访问 Samba 服务

7.　卸载 Samba 软件

如果 Samba 服务器不再使用，可以通过以下命令卸载 Samba 软件：

【rmp -e samba】卸载 Samba 软件；

【yumremove -ysamba】卸载 Samba 软件包；

【rpm -qa samba】查询 Samba 是否还存在于系统中。

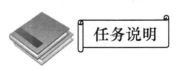 # 三、配置学校 Samba 服务器

配置学校 Samba
服务器

现学校需要配置一台 Samba 服务器，老师需要把学生的学习资料共享给学生，老师可将资源上传到服务器上，也可以删除文件，而学生只能下载资源，不能上传及删除服务器上的资源。

建立共享目录 student，它的本机路径为/home/student，只有 teachers 组的用户可以读写该目录，students 用户组只能读取。

此任务的关键是不同组对同一个目录的权限设置，student 这个目录属于 students 用户组，并设置它的其他人（OTHER）权限为 7，通过这个其他人 OTHER 权限实现 teachers 组对 student 目录的访问，通过 SMB 的配置文件来限制用户访问。

1. 建立用户及群组

【groupadd students】建立学生群组；

【groupadd teachers】建立教师群组；

【useradd -g students student1】建立学生用户并加入相应群组；

【useradd -g teachers teacher1】建立教师用户并加入相应群组。

2. 建立 Samba 用户

【smbpasswd -a student1】设置 student1 用户的 Samba 访问密码，并使 student1 用户具有 Samba 访问权限；

【smbpasswd -a teacher1】设置 teacher1 用户的 Samba 访问密码，并使 teacher1 用户具有 Samba 访问权限。

3. 建立共享目录及设置文件夹权限

【mkdir /home/student】建立共享目录；

【chgrp students /home/student】设置共享目录的所属组为 students；

【chmod 757 /home/student】设置共享目录的权限；

【chmod g+s /home/student】设置特殊文件权限，该目录下所建文件的所属组都会变成和该目录一样的权限。

4. 备份配置文件

【cp /etc/samba/smb.conf /etc/samba/smb.conf.bak】备份配置文件。

5. 编辑 Samba 配置文件的全局参数

通过【vim /etc/samba/smb.conf】命令编辑/etc/samba/smb.conf 配置文件，更改的内容如下所述，全局参数在【global】选项下设置，对所有共享都有效。

workgroup =MYGROUP	#设定 Samba Server 所要加入的工作组或者域
server string = Samba Server Version%v	#设定 Samba Server 的注释，可以是任何字符串，也可以不填。"%"表示显示 Samba 的版本号
interfaces = lo eth0 192.168.12.2/24 192.168.13.2/24	#设置 Samba Server 监听哪些网卡，可以写网卡名，也可以写该网卡的 IP 地址
hosts allow = 127.192.168.1.192.168.10.1	#表示允许连接 Samba Server 的客户端，多个参数以空格隔开。可以用一个 IP 表示，也可以用一个网段表示。hosts deny 与 hosts allow 刚好相反
hosts allow=172.17.2.EXCEPT172.17.2.50	#表示容许来自 172.17.2.*的主机连接，但排除 172.17.2.50 这台主机
hosts allow=172.17.2.0/255.255.0.0	#表示容许来自 172.17.2.0/255.255.0.0 子网中的所有主机连接

hosts allow=M1，M2	#表示容许来自 M1 和 M2 的两台计算机连接
hosts allow=@xq 9	#表示容许来自 xq 网域的所有计算机连接
max connections = 0	#max connections 用来指定连接 Samba Server 的最大允许连接数目。如果超出连接数目，则新的连接请求将被拒绝。0 表示无限制
deadtime = 0	#deadtime 用来设置关闭一个没有打开任何文件的连接的时间。单位是分钟，0 代表 Samba Server 不自动切断任何连接
log file = /var/log/samba/log.%m	#设置 Samba Server 日志文件的存储位置，以及日志文件名称。在文件名后加%m（主机名），表示对每台访问 Samba Server 的机器都单独记录一个日志文件。如果 pc1、pc2 访问过 Samba Server，就会在/var/log/samba 目录下留下 log.pc1 和 log.pc2 两个日志文件
max log size = 50	#设置 Samba Server 日志文件的最大容量，单位为 KB，0 代表无限制
security = user	#设置用户访问 Samba Server 的验证方式，一共有四种验证方式。①share：用户访问 Samba Server 不需要提供用户名和口令，安全性能较低。②user：Samba Server 共享目录只能被授权的用户访问，由 Samba Server 负责检查账号和密码的正确性。账号和密码要在本 Samba Server 中建立。③server：依靠其他 Windows 系统或 Samba Server 验证用户的账号和密码，是一种代理验证。在此种安全模式下，系统管理员可以把所有的 Windows 用户和口令集中在一个 Windows 系统上，使用 Windows 进行 Samba 认证，远程服务器可以自动认证全部用户和口令，如果认证失败，Samba 将使用用户级安全模式作为替代的方式。④domain：域安全级别，使用主域控制器（PDC）来完成认证

6. 编辑 Samba 配置文件的共享参数

通过【vim /etc/samba/smb.conf】命令编辑/etc/samba/smb.conf 文件，在最后增加如下内容：

[student]	
path = /home/student	#设置共享目录的路径
comment = student	#共享目录描述
write list = @teachers	#可写用户列表
valid users = @teachers @students	#访问用户列表

7. 启动服务

【/etc/init.d/smb restart】或【service smb restart】重启 Samba 服务；
【chkconfig smb on】设置 Samba 服务在服务器重启后自动启动。

四、配置企业级 Samba 权限

 任务说明

配置公司的 Samba 服务器。目录为/samba，/samba 内有 3 个文件夹，分别是：市场部的 market，要求只有市场部的员工才能读取修改，登录时需要验证；销售部的 sales，要求只有销售部的员工才能读取修改，登录时需要验证；pub 是公共文件夹，所有用户都能访问，允许所有登录者读取修改，登录时需要验证。user 可以修改所有的工作目录。

 任务实施

为了简化此任务的配置，分成以下几个子任务。

（一）配置企业一般文件权限

111

Samba 服务作为共享文件服务，经过简单的配置，即可实现企业最基本的需求。

1. 建立共享目录

通过如下命令建立共享目录：

【mkdir -p /samba/market　sales　pub】依次建立共享的 3 个文件夹。

2. 建立用户组

通过如下命令建立用户组：

【groupadd marketusers】建立市场部用户组；

【groupadd salesusers】建立销售部用户组；

【useradd user -s /sbin/nologin】建立 user 用户，并指明不可用的 shell。

3. 设置文件夹权限

通过如下命令设置文件夹权限：

【chmod 770 sales market】设置 sales 和 market 两个文件夹的权限为 770；

【chmod 777 pub】设置 pub 文件夹的权限为 777；

【chown :marketusers market】设置 market 文件夹的所属组为 marketusers 组；

【chown :salesusers sales】设置 sales 文件夹的所属组为 salesusers 组。

4. 备份配置文件

在修改任何配置文件之前请先备份原有配置文件。

【cp /etc/samba/smb.conf /etc/samba/smb.conf.bak】备份配置文件。

5. 编辑 Samba 配置文件的共享参数

通过【vim /etc/samba/smb.conf】命令编辑/etc/samba/smb.conf 文件，在最后增加如下内容：

```
[samba]
    comment = samba share file              #共享描述
    path = /samba                           #共享目录路径
    valid = @marketusers @salesusers user   #可访问用户列表
    read only = no                          #是否只读
    create mask = 666                       #上传文件权限
    directory mask = 777                    #上传文件夹权限
```

6. 建立 Samba 用户

【smbpasswd -a user】建立 Samba 用户。

7. 客户端的连接测试

在 Windows 系统的客户端通过【\\服务器 IP】形式访问共享目录，在 DOS 仿真窗口，可以通过【net use】命令查看当前正在会话的网络连接，通过【net use \\服务器 IP /del】命令中断当前正在会话的网络连接，在测试阶段，如果不中断当前正在会话的网络连接，就无法使用另一个用户访问 Samba。

（二）配置企业特殊文件权限

1. 分析企业需求

公司有销售部和市场部两个部门，每个部门想拥有单独的共享文件夹，每个部门的共享文件夹只允许相应部门内部的员工和总经理访问，其他部门的员工禁止访问非本部门的共享文件夹。

2. 建立共享目录

【mkdir /home/sales】建立销售部文件夹；
【mkdir /home/market】建立市场部文件夹。

3. 建立用户及群组

【groupadd sales】建立 sales 用户组；
【groupadd market】建立 market 用户组；
【useradd -g sales salesuser】建立 salesuser 用户并加入 sales 组中；
【useradd -g market marketuser】建立 marketuser 用户并加入 market 组中；
【useradd ceo】建立 ceo 账号。

4. 建立 Samba 访问账号

【smbpasswd -a salesuser】建立 Samba 用户 salesuser；

【smbpasswd -a marketuser】建立 Samba 用户 marketuser；

【smbpasswd -a ceo】建立 Samba 用户 ceo。

5. 设置文件夹的权限

【chgrp sales /home/sales】修改/home/sales 文件夹的所属组为 sales 组；

【chgrp market /home/market】修改/home/ market 文件夹的所属组为 market 组；

【chown ceo /home/sales】修改/home/sales 文件夹的所有者为 ceo 用户；

【chown ceo /home/market】修改/home/ market 文件夹的所有者为 ceo 用户；

【chmod 770 /home/sales】修改/home/sales 文件夹的权限为 770；

【chmod 770 /home/market】修改/home/ market 文件夹的权限为 770；

【chmod g+s /home/sales】为/home/sales 目录加上 setgid 标志；

【chmod g+s /home/market】为/home/ market 目录加上 setgid 标志。

　注意：

setgid 权限只对目录有效。目录被设置后，任何用户在此目录下创建的文件都具有和该目录所属的组相同的权限。

6. 备份配置文件

【cp /etc/samba/smb.conf /etc/samba/smb.conf.bak】备份配置文件。

7. 编辑 Samba 的主配置文件

通过【vim /etc/samba/smb.conf】命令编辑 smb.conf 配置文件，更改的内容如下：

```
security = user
[sales]
    path = /home/sales
    comment = sales
    write list = @sales ceo
    valid users = @sales ceo
    create mask = 0770
    directory mask = 0770
[market]
    path = /home/market
    comment = market
    write list = @market ceo
    valid users = @market ceo
    create mask = 0770
    directory mask = 0770
```

113

8. 配置 Samba 服务在系统中运行

【/etc/init.d/smb restart】或【service smb restart】重启 Samba 服务；

【chkconfig rpcbind on】设置 rpcbind 开机后自动启动；

【chkconfig smb on】设置 Samba 服务开机后自动启动。

（三）配置企业严格文件权限

该设置下用户在登录的时候只能看到自己的共享目录，不允许访问没有权限的共享文件。

1. 功能分析

通过加载独立的配置文件来实现，只要把独立的文件设置好相应的权限就可以，SMB 主配置文件中加入独立的配置文件，其他不用设置。

2. 复制配置文件

首先把原始的 smb.conf 复制出来，后面加上相应的用户或用户组，如 smb.conf.user、smb.conf.group。

3. 全局设置

主配置文件中关于用户认证方式的全局设置如下：

```
security = user
        include = /etc/samba/smb.conf.%G
        include = /etc/samba/smb.conf.%U
```

4. 各自的配置文件

smb.conf.ceo 配置文件的内容如下：

```
[sales]
        comment = sales
        path = /home/sales
        writeable = yes
        valid users = ceo
        create mask = 0770
        directory mask = 0770
[markets]
        comment = markets
        path = /home/markets
        writeable = yes
        valid users = ceo
        create mask = 0770
        directory mask = 0770
```

smb.conf.markets 配置文件的内容如下：

```
[markets]
```

```
        comment = markets
        path = /home/markets
        writeable = yes
        valid users = @markets
        create mask = 0770
        directory mask = 0770
```

smb.conf.sales 配置文件的内容如下：

```
    [sales]
        comment = sales
        path = /home/sales
        writeable = yes
        valid users = @sales
        create mask = 0770
        directory mask = 0770
```

其他不用设置，重新启动 SMB 服务，然后测试。

（四）Samba 服务器的特殊设置

Samba 服务器除了上面几个设置外，还有许多特殊的设置，熟悉这些功能语句，会让 Samba 服务器变得强大而灵活。

1. 熟悉 Samba 服务器的用户访问控制语句

```
public = no                      #不允许匿名用户访问
browseable = no                  #隐藏目录，知道目录同样可以访问，系统默认 yes
valid users ＝用户或列表或@用户组   #可访问的用户或列表或用户组
writable = yes                   #共享权限可写入，目录本身要可写入
write list = 用户或列表或@用户组     #可写入用户列表或用户组
readonly = yes                   #是否设置只读（系统默认 yes，可以不写）
create mask = 0744               #控制客户端创建文件的权限（系统默认 0744）
directory mask = 0744            #控制客户端创建目录的权限（系统默认 0755）
```

2. 配置 Samba 的几个关键字段

以下设置，可以根据需要添加在全局配置文件中。虽然简单，但功能不简单。

```
include = /etc/samba/%G.smb.conf     #调用用户组相关的配置文件
include = /etc/samba/%U.smb.conf     #调用用户相关的配置文件
username map = /etc/samba/smbusers   #调用映射用户账号的配置文件
```

3. 熟悉批量增加 SMB 用户命令

在 Samba 服务器建立初期，需要批量增加用户，工作量非常大，下面的代码会大大地简化运维人员的工作量。

```
# for user in 用户列表
>do
>useradd -g group -s shell $user
>smbpasswd -a $user
>done
```

4. 熟悉管理 SMB 的用户账号命令

建好 Samba 服务器以后，还需要对其账号进行维护与管理，以下是常用的命令及释义：

【smbpasswd -a】增加一个账号；

【smbpasswd -d】禁用一个账号；

【smbpasswd -e】启用一个账号；

【smbpasswd -x】删除一个账号；

【smbpasswd】更改用户密码；

【pdbedit -L】列出 SMB 中的账号；

【pdbedit -a】增加一个账号；

【pdbedit -x】删除一个账号。

5. 熟悉 Linux 客户端的访问测试

【smbtree】显示局域网中的所有共享主机和目录列表；

【smbtree -D】只显示局域网中的工作组或域名，后面可以加上【-U username%passwd】，则表示相关用户的访问权限；

【nmblookup】查看局域网的所有主机的 IP 地址及 netbios 主机名或工作组；

【smbclient -L //主机名或 IP -U 登录用户名】列出目标主机共享资源列表；

【smbclient //主机名或 IP/共享目录名 -U 登录用户名】使用共享资源；

【mount//目标 IP 或主机名/共享目录 挂载点 -o username=用户名】挂载共享；

【umount 挂载点】卸载共享；

【smbtar -s server -u user -p passwd -x shareneam -t output.tar】将远程的内容备份至本地。

课后习题

一、选择题

1. Samba 服务器的默认安全级别是（　　　）。

A. share　　　　　　　　B. user　　　　　　　C. server　　　　　　　D. domain

2. 以下启动 Samba 服务的命令有（　　　）。

A. service smb restart　　　　　　　　B. /etc/samba/smb start

C. service smb stop　　　　　　　　　D.　service smb start

3. Samba 的主配置文件是（　　　）。

A. /etc/smb.ini　　　　　　　　　　　B. /etc/smbd.conf

C. /etc/smb.conf　　　　　　　　　　D. /etc/samba/smb.conf

二、简答题

1. 简述 smb.conf 文件的结构。

2. Samba 服务器有哪几种安全级别？

3. 如何配置 user 级的 Samba 服务器？

三、实操题

1. 建立 Samba 服务器，并根据以下要求配置 Samba 服务器。

（1）Samba 服务器所属的群组名称为 student。

（2）设置可访问 Samba 服务器的子网为 192.168.16.0/24。

（3）设置 Samba 服务器监听的网卡为 eth0。

2. 在 Linux 系统用户"root"与 Windows 系统用户"teacher"和"monitor"之间建立映射。

3. 建立共享目录 student，它的本地路径为/home/student，只有 teacher 组的用户可以读、写和修改目录，student 用户只能读取。

4. 使用 smbclient 客户端程序登录 Samba 服务器，并尝试下载服务器中的某个共享资源文件。

单元 5　配置 NFS 服务

单元说明

一台 NFS 服务器如同一台文件服务器，NFS 采用客户端/服务器（C/S）工作模式，只要将其文件系统共享，NFS 客户端就可以将其挂载到本地系统，可以使用远程文件系统中的文件。这与 Samba 的文件共享有异曲同工之妙，下面具体看一下 Samba 与 NFS 的区别及联系。

Samba 是 DEC 开发的，用于在不同的 UNIX 系统间进行资源共享，采用 UDP 协议。后来基于 TCP 重新开发后，效率有了很大提高。它使用的协议是 SMB。NFS 是 SUN 开发的，用于 UNIX/Linux 系统之间的资源共享。其设置较容易，主要是配置/etc/exports 文件，然后运行【exportfs -a】命令。从实际的经验看，NFS 的效率要稍高一些。从配置来看，Samba 比较复杂，NFS 比较简单。

本单元的主要内容是配置与应用企业的 NFS 服务器。

一、配置简单的 NFS 服务器

任务说明

配置简单的
NFS 服务器

虽然 NFS 可以在网络中进行文件共享，但 NFS 在设计时并没有提供数据传输的功能，因此，它需借助 RPC（Remote Procedure Calls，远程过程调用）。RPC 定义了一种进程间通过网络进行交互通信的机制，它允许客户端通过网络向远程服务进程请求服务，而不需要了解服务器底层的通信协议的详细信息。

在一个 RPC 连接建立开始阶段，客户端建立过程调用（Procedure Call），将调用参数发送到远程服务器进程，并且等待响应。当请求到达时，服务器通过客户端请求的服务，调用指定的程序，并将结果返回客户端。当 RPC 调用结束，客户端将继续执行剩下的通信操作。

注册 NFS 服务时，需要先开启 RPC，才能保证 NFS 注册成功。并且如果 RPC 服务重新启动，其保存的信息会丢失，需要重新启动 NFS 服务进程，以注册端口信息，否则客户端将无法访问 NFS 服务器。

现在企业内部有一台 Linux server，其 IP 地址为 192.168.1.254，一台 Linux client，其 IP 地址为 192.168.1.100。现根据企业实际生产需要，配置实现如下需求：

① 将/root 共享给 192.168.1.100，客户端对共享可写，并采用同步方式传输数据，允许客户端以 root 权限访问。

② 将/usr/src 共享给 192.168.1.0/24 网段，客户端对共享可写，并采用异步方式传输数据。

③ 在以上要求基础上实现客户端的所有用户身份都映射成 nfsnobody。

任务实施

1. 查看 NFS 程序是否安装

【rpm -qa |grep nfs】查看 NFS 是否安装；

【rpm -qa |grep rpcbind】查看 RPC 是否安装。

通过查询发现系统已经默认安装好相应的软件，目前大部分 Linux 发行版本都默认安装了 NFS 服务，CentOS 也不例外。如果没有，可以通过下面的命令安装：

【yum -y install nfs-utils rpcbind】CentOS 6.x 使用 nfs4，不同于 nfs3，不再需要安装 portmap。

2. 备份 NFS 配置文件

在修改任何配置文件之前请先备份原有配置文件：

【cp /etc/exports /etc/exports.bak】备份主配置文件。

3. 编辑配置文件实现需求①②

使用【vim /etc/exports】命令编辑 NFS 的主配置文件，输入如下内容：

/root 192.168.1.100(rw,sync,no_root_squash)	#配置需求 1
/usr/src 192.168.1.0/24(rw,async)	#配置需要 2

　注意：

上面配置文件括号中的参数详细释义如下。

● rw：读/写权限，只读权限的参数为 ro。

● sync：数据同步写入内存和硬盘。

● async：数据会先暂存于内存中，而不立即写入硬盘。

● no_root_squash：共享目录用户的属性，如果用户是 root，那么对于这个共享目录来说就具有 root 的权限。

4. 重启服务并设置开机自动启动

【service rpcbind restart】重启 rpcbind 服务；

【service nfs restart】重启 NFS 服务；

【chkconfig nfs on】设置 NFS 开机时自动启动；

【chkconfig rpcbind on】设置 rpcbind 开机时自动启动。

5. 服务器端设置/usr/src 本地写权限

【chmod o+w /usr/src/】给/usr/src 目录增加其他人（other）的写（w）权限。

6. 在客户端查看 NFS 服务器上可共享的目录

【showmount -e 192.168.1.254】查看 NFS 服务器的可用共享目录。

7. 客户端测试

在客户端使用如下命令进行测试：

```
[root@client ~] # mkdir -p /data/root                           #建立本地挂载点；
[root@client ~] # mount 192.168.1.254: /root /data/root/         #挂载远程资源到本地；
[root@client ~] # mkdir -p /tmp/src                              #建立本地挂载点；
[root@client ~] # mount 192.168.1.254: /usr/src /tmp/src/        #挂载远程资源到本地；
[root@client ~] # mount |tail -2                                 #查看挂载的最后两行；
[root@client ~] # cd /data/root/                                 #root 用户进入挂载目录测试需求①；
[root@client root] # touch nfs                                   #建立挂载点；
[yhy@client src] $ cd /tmp/src                                   #yhy 普通用户进入挂载目录测试需求②；
[yhy@client src] $ touch yhy                                     #建立测试文件。
```

8. 把所有用户都映射成 nfsnobody

使用命令【cat /etc/exports】查看 NFS 主配置文件，内容如下：

```
/root 192.168.1.100(rw,sync,no_root_squash)
/usr/src 192.168.1.0/24(rw,async,all_squash)
```

【chmod o-w /usr/src】清除上面实验的权限；

【setfacl -m u:nfsnobody:rwx /usr/src/】设置访问控制列表。

9. 客户端测试

[yhy@client src] $ touch bestyhy（yhy 普通用户进入挂载目录测试需求③）

10. 客户端卸载 NFS 服务器

使用【umount 绝对路径】命令卸载不再使用的已挂载 NFS 输出目录：

```
[root@client ~] #umount /data/root/    #卸载不再使用的挂载目录/data/root/；
[root@client ~] #umount /tmp/src       #卸载不再使用的挂载目录/tmp/src。
```

二、搭建企业级 NFS 服务器

 任务说明

 搭建企业级
NFS 服务器

NFS 由 SUN 公司开发，采用客户端/服务器模式，NFS 可提高资源使用率，极大地省去本地硬盘空间。

现公司计划搭建一台 NFS 服务器，IP 地址为 192.168.1.254，实现如下目标。

① 共享文件夹/nfs/market，可供子网 192.168.185.0/24 的客户端访问，具有读写功能，其他子网只能读取。

② 共享文件夹/nfs/sales，只允许 IP 为 192.168.16.20 的计算机可以访问，可以进行读写操作。

③ 共享文件夹/nfs/root，gov.net 域中的所有客户端只拥有只读权限，并不将 root 用户映射到匿名（nfsnobody）用户。

④ 共享目录/mnt/cdrom，网段 192.168.16.0/24 子网均具有读取权限。

⑤ 配置客户端的自动挂载服务。

 任务实施

在设置权限时，不仅要考虑 NFS 的权限，还要考虑本地共享文件夹的权限。

1. 安装 NFS 服务

首先查询 NFS 软件是否安装，如果没有，可以通过 yum 源安装。

【rpm -qa nfs-utils rpcbind】检查与 NFS 服务相关的两个软件是否安装；

【yum -y install nfs-utils rpcbind】如果没有安装，通过此命令安装。

2. 备份 NFS 配置文件

【cp /etc/exports /etc/exports.bak】在修改配置文件前，要备份原有配置文件。

3. 编辑/etc/exports 文件

以 root 身份登录 Linux 服务器，编辑/etc 目录下的共享目录配置文件 exports，指定共享目录及权限等，具体内容如下：

```
/nfs/market 192.168.185.0/24(rw,async) *(ro)     #配置需求①
/nfs/sales 192.168.16.20(rw,sync)                #配置需求②
/nfs/root *.gov.net(ro,no_root_squash)           #配置需求③
/mnt/cdrom 192.1468.16.*(ro)                     #配置需求④
```

4. 建立共享文件夹

使用如下命令建立共享文件夹：

> 【mkdir -p /nfs/market】建立市场部共享目录；
> 【mkdir /nfs/sales root】建立销售部共享目录及 root 共享目录；
> 【mkdir -p /mnt/cdrom】建立光盘的挂载点目录。

5. 设置本地文件夹写权限属性

使用如下命令设置本地文件夹写权限属性：

> 【chmod 777 /nfs/market】修改共享目录 market 权限为最大权限；
> 【chmod 777 /nfs/sales】修改共享目录 sales 权限为最大权限。

6. 重启服务并设置开机时自动启动

> 【service nfs restart】重启 NFS 服务；
> 【service rpcbind restart】重启 rpcbind 服务；
> 【chkconfig nfs on】设置 NFS 开机时自动启动；
> 【chkconfig rpcbind on】设置 rpcbind 开机时自动启动。

7. 检查服务器的安全设置

在 NFS 服务器启动后，还需要检查 Linux 服务器的防火墙等设置（一般需要关闭防火墙服务），确保没有屏蔽掉 NFS 使用的端口和允许通信的主机，主要检查 Linux 服务器 iptables、seLinux 等选项的设置，以及/etc/hosts.deny，/etc/hosts.allow 文件。

8. 设置客户端 NFS 开机时自动挂载

在 192.168.185.0/24 所在的客户端设置：

> 【mkdir /mnt/market】在客户端建立本地挂载点；
> 【vim /etc/fstab】编辑开机读取的挂载文件，在文件最后添加如下内容：

```
192.168.1.254:/nfs/market   /mnt/market   nfs defaults   0   0
```

9. 重新读取/etc/fstab 文件

> 【mount -a】让内核重新读取/etc/fstab 文件。

10. 设置 NFS 客户端访问时自动挂载，不访问时自动断开

① 编辑/etc/auto.master 文件，在文件任意处添加如下内容：

```
/mnt /etc/auto.sales --timeout 5   #定义 auto.sales 辅助配置文件，辅助配置文件必须从 auto 开始
```

② 在/etc/目录下新建辅助配置文件 auto.sales，内容如下：

```
sales -fstype=nfs        192.168.1.254:/nfs/sales
```

③ 重新启动服务：【service autofs restart】重启 autofs 服务。
④ 测试配置，如图 5-1 所示。

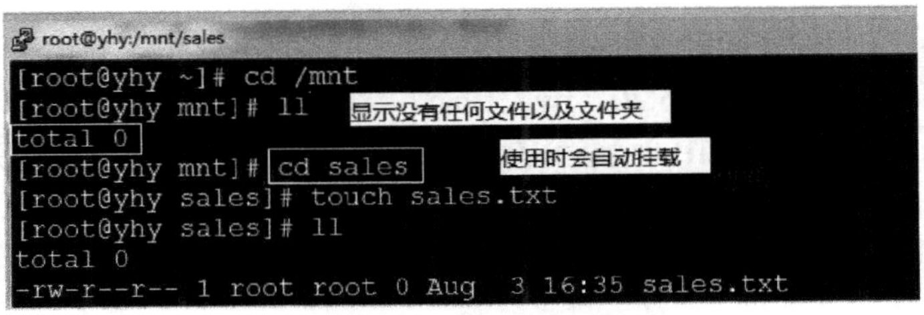

图 5-1　NFS 自动挂载测试

11. NFS 服务器的维护

每次维护/nfs/exports 文件后都需要重启 NFS 服务。

【exportfs -rv】重新输出共享目录，此命令可代替重启服务；

【exportfs -auv】停止输出共享目录；

【/etc/init.d/rpcbind status】检查 rpcbind 服务状态；

【/etc/init.d/nfs status】检查 NFS 服务状态。

12. 测试 NFS 服务的其他命令

【showmount -e】查看当前主机中 NFS 服务器上所有输出的共享目录；

【showmount -d】显示当前主机中 NFS 服务器上被挂载的所有输出目录；

【showmount -a】显示指定 NFS 服务器的所有客户端与其所连接的目录。

13. 卸载 NFS 服务器

用【mount 要卸载的目录路径】命令卸载不再使用的已挂载 NFS 输出目录。

14. 阅读 NFS 服务的配置实例

下面给出 NFS 主配置文件/etc/exports 的一个应用实例，然后对有关设置进行说明。

/nfs/public	192.168.1.0/24(rw,async) *(ro)
/nfs/student	192.168.16.20(rw,sync)
/nfs/root	*.fjjy.net(ro,no_root_squash)
/nfs/users	*.fjjy.net(rw,insecure,all_squash,sync,no_wdelay)
/mnt/cdrom	192.168.1.*(ro)

（1）/nfs/public　　192.168.1.0/24（rw，async）　　*（ro）

输出目录/nfs/public 可供子网 192.168.1.0/24 中的所有客户端进行读写操作，而其他网络中的客户端只能读取该目录的内容。

值得注意的是，当某用户使用子网 192.168.1.0/24 中的客户端访问该共享目录时，能否真正写入，还要看该目录对该用户有没有开放 Linux 文件系统权限的写入权限。

如果该用户是普通用户，那么只有当该目录对该用户开放写入权限时，该用户才可以在该共享目录下创建子目录及文件，且新建子目录及文件的所有者就是该用户（实际上是该用户的 UID）。

如果该用户是 root 用户，由于默认选项中有 root_squash，root 用户会被映射为 nfsnobody，因此只有该共享目录对 nfsnobody 开放写入权限时，该用户才能在共享目录中创建子目录及文件，且所有者将变成 nfsnobody。

（2）/nfs/student   192.168.16.20（rw，sync）

输出目录/nfs/student 只供 IP 地址为 192.168.16.20 的客户端进行读写操作。

（3）/nfs/root   *.fjjy.net（ro，no_root_squash）

对于输出目录/nfs/root，fjjy.net 域中的所有客户端都具有只读权限，并且不将 root 用户映射到匿名用户中。

（4）/nfs/users   *.fjjy.net（rw，insecure，all_squash，sync，no_wdelay）

对于输出目录/nfs/users 来说，fjjy.net 域中的所有客户端都具有可读可写的权限，并且将所有用户及所属的用户组都映射为 nfsnobody，数据同步写入磁盘。如果有写入操作则立即执行。

（5）/mnt/cdrom   192.168.1.*（ro）

对于输出目录/mnt/cdrom 来说，子网 192.168.1.0/24 中的所有客户端都具有只读权限。

课后习题

实操题

1. 构建一台 NFS 服务器，并按照以下要求配置输出目录。

（1）开放/nfs/shared 目录，供所有用户查阅资料。

（2）开放/nfs/upload 目录作为 192.168.1.0/24 网段的数据上传目录，并将所有用户及所属的用户组都映射为 nfs-upload，其 UID 与 GID 均为 210。

（3）将/home/tom 目录仅共享给 192.168.1.20 这台主机，并且只有用户 tom 可以完全访问该目录。

2. 试利用 Linux 客户端连接并访问 NFS 服务器上的共享资源。

单元 6　配置 DNS 服务

单元说明

在 Internet 中使用 IP 地址确定某台计算机的唯一地址，但 IP 地址不容易记忆。为了方便网络中计算机的访问，人们为计算机分配了一个名称，将每台计算机名称与 IP 地址建立一个映射关系，在访问计算机时可直接利用计算机名称。将计算机名称与 IP 地址的映射关系保存并提供相关查询功能的系统就称为名称解析系统。名称解析系统有很多类型，如 WINS、DNS 等。目前大部分操作系统使用的都是 DNS。

认识 DNS 域名解析服务

一、认识 DNS 域名解析服务

在早期 TCP/IP 网络中，名称解析工作由一台服务器负责，它通过 hosts 文件维护主机名称与 IP 地址映射关系。每当计算机通过主机名称与其他计算机通信前，都会先查询 hosts 文件以找出目标主机名称对应的 IP 地址。hosts 文件是一个纯文本文件，对于一个小型网络可以使用，但随着网络的扩大则不能满足需求，DNS（Domain Name System）应运而生，DNS 将海量信息按层次划分成多个部分，将每部分存储在不同的服务器上，形成层次性、分布式的特点。

DNS 是域名系统（Domain Name System）的缩写，该系统用于命名组织到域层次结构中的计算机和网络服务。在 Internet 上域名与 IP 地址之间是一对一（或者多对一）的，域名虽然便于人们记忆，但机器之间只能互相认识 IP 地址，它们之间的转换工作称为域名解析，域名解析需要由专门的域名解析服务器来完成，DNS 就是进行域名解析的服务器。DNS 命名用于 Internet 等 TCP/IP 网络中，通过用户名称查找计算机和服务。当用户在应用程序中输入 DNS 名称时，DNS 服务可以将此名称解析为与之相关的其他信息，如 IP 地址。其实，域名的最终指向是 IP 地址。

（一）DNS 的层次结构

目前，DNS 是 Internet 的一项核心服务，在 DNS 中采用分层结构，包括根域、顶级域、二级域及主机名称。域名空间的层次结构类似一棵倒置的树，最高级别是根，下一级级别是树枝，最低级别是树叶。每个区域都是 DNS 域名空间中的一部分，维护该域名空间的数据记录。在域名层次结构中，每一层称作一个域，每个域用一个点号分开。域又可以进一步划分成子域，每个域都有一个域名，最底层就是主机，域名空间结构如图 6-1 所示。

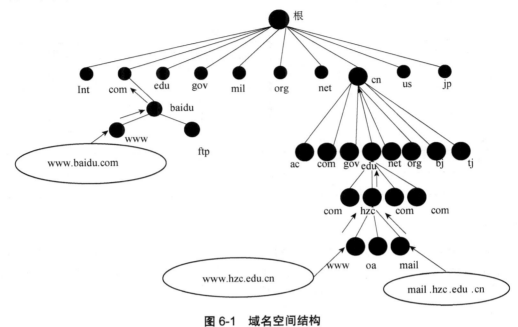

图 6-1　域名空间结构

1. 根

根（root）域就是"."，它由 Internet 名称注册授权机构管理，该机构把域名空间各部分的管理责任分配给 Internet 的各个组织。目前，全球共有 13 台服务器负责维护根域，根域服务器见表 6-1。

表 6-1　根域服务器

主机名	IPv4 地址	IPv6 地址	DNS 软件	所在国家
A.root-servers.net	198.41.0.4	2001:503:BA3E::2:30	BIND	美国
B.root-servers.net	192.228.79.2	2001:478:65::53	BIND	美国
C.root-servers.net	192.33.4.12		BIND	法国
D.root-servers.net	128.8.10.90		BIND	美国
E.root-servers.net	192.203.230.10		BIND	美国
F.root-servers.net	192.5.5.241	2001:500:2f::f	BIND	美国
G.root-servers.net	192.112.36.4		BIND	美国
H.root-servers.net	128.63.2.53	2001:500:l::803f:235	NSD	美国
I.root-servers.net	192.36.148.17	2001:7fe::53	BIND	瑞典
J.root-servers.net	192.58.128.30	2001:503:C27::2:30	BIND	美国
K.root-servers.net	193.0.14.129	2001:7fd::1	NSD	英国
L.root-servers.net	198.32.64.12	2001:500:3::42	NSD	美国
M.root-servers.net	202.12.27.33	2001:dc3::35	BIND	日本

2. 顶级域

DNS 根域下一级是顶级域，是由 Internet 名称授权机构管理。顶级域有 3 种类型：组织域、国家域或地区域，见表 6-2。

表 6-2　组织域、国家域或地区域

组织域	说明	国家域或地区域	说明
com	商业部门	Cn	中国
gov	政府部门	De	德国
org	民间团体组织	It	意大利
net	网络服务机构	uk	英国
edu	教育部门	jP	日本
mil	军事部门	kr	韩国

3. 二级域

二级域是注册到个人、公司或组织的名称。这些名称基于相关的顶级域，如"redhat.com"，就是基于顶级域".com"。二级域下可以包括主机或子域，如"hr.redhat.com"这样的子域，而该子域还可以包含如"oa.hr.redhat.com"这样的主机。

4. 主机名

主机名在域名空间中是最底层，由主机名和域名（DNS 后缀）共同组成 FQDN（Fully Qualified Domain Name，完全合格的域名。每个 FQDN 最多可以由 255 个字节组成）。主机名是 FQDN 最左端的部分。如 www.redhat.com 中 www 是主机名，redhat.com 是 DNS 后缀。

　注意：

一个域名的所有者可以通过查询 WHOIS 数据库而被找到，对于大多数根域名服务器，基本的 WHOIS 由 ICANN（Internet Corporation for Assigned Names and Numbers，互联网名称与数字地址分配机构）负责维护，而 WHOIS 的细节则由控制那个域的域注册机构负责维护。对于 240 多个国家代码顶级域名，通常由该域名权威注册机构负责维护 WHOIS，如中国互联网络信息中心（China Internet Network Information Center）负责 .cn 域名。

（二）DNS 的查询过程

DNS 的查询过程是指在客户端通过 DNS 服务器将一个 IP 地址转化为一个 FQDN、将一个 FQDN 转化为一个 IP 地址或查询一个区域的邮件服务器的过程。

1. 按查询方式分类

按查询方式 DNS 查询可分为以下两种。

① 递归查询（Recursive Query）：当 DNS 服务器接收到查询请求时，要么发出查询成功响应，要么发出查询失败的响应。递归查询一般发生在 DNS 客户端与 DNS 服务器之间。

② 迭代查询（Iterative Query）：DNS 服务器根据自己的高速缓存或区域的数据，以最佳结果响应。如果 DNS 服务器无法解析，它可能返回一个指针。指针指向有下级域名的 DNS 服务器，继续该过程，直到找到拥有所查询名称的 DNS 服务器，或直到出错、超时为止。迭代查询一般发生在 DNS 服务器之间。

2. 按查询内容分类

按查询内容 DNS 查询可分为以下两种。
① 正向查询：由域名查找 IP 地址。
② 反向查询：由 IP 地址查找域名。

3. DNS 查询过程实例

下面通过一个查询 www.qq.com 的例子来了解 DNS 查询的工作原理，如图 6-2 所示。

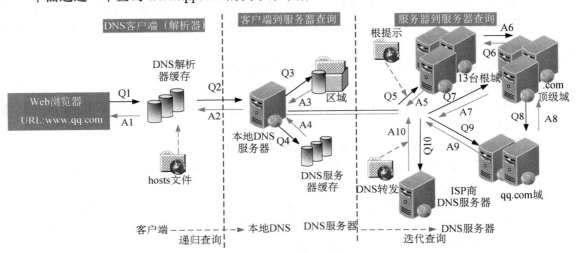

图 6-2　DNS 查询的工作原理

① 在浏览器中输入域名 www.qq.com，操作系统会先检查自己本地的 hosts 文件是否有映射关系，如果有，就调用这个 IP 地址映射，完成域名解析。

② 如果 hosts 里没有这个域名的映射，则查找本地 DNS 解析器缓存，是否有映射关系，如果有，直接返回，完成域名解析。

③ 如果 hosts 与本地 DNS 解析器缓存都没有相应的网址映射关系，首先会找 TCP/IP 参数中设置的首选 DNS 服务器，在此称为本地 DNS 服务器，此服务器收到查询时，如果要查询的域名包含在本地配置区域资源中，则返回解析结果给客户端，完成域名解析，此解析具有权威性。

④ 如果要查询的域名，不由本地 DNS 服务器区域解析，但该服务器已缓存了此网址映射关系，则调用这个 IP 地址映射，完成域名解析，此解析不具有权威性。

⑤ 如果本地 DNS 服务器本地区域文件与缓存解析都失效，则根据本地 DNS 服务器的设置（是否设置转发器）进行查询，如果未用转发模式，本地 DNS 就把请求发至 13 台根 DNS 服务器，根 DNS 服务器收到请求后会判断这个域名（.com）由谁来授权管理，并会返回一个负责该顶级域名服务器的一个 IP 地址。本地 DNS 服务器收到 IP 地址后，将会联系负责.com

域的这台服务器。这台负责.com 域的服务器收到请求后，如果自己无法解析，它就会找一个管理.com 域的下一级 DNS 服务器地址（qq.com）给本地 DNS 服务器。当本地 DNS 服务器收到这个地址后，就会找 qq.com 域服务器，重复上面的动作，进行查询，直至找到 www.qq.com 主机。

⑥ 如果使用转发模式，此 DNS 服务器就会把请求转发至上一级 DNS 服务器，由上一级服务器进行解析，上一级服务器如果不能解析，寻找根 DNS 服务器或将转请求转至再上一级，以此循环。不管是本地 DNS 服务器转发，还是根提示，最后都把结果返回给本地 DNS 服务器，由此 DNS 服务器再返回给客户端。

（三）DNS 的资源记录类型

DNS 服务器在提供名称解析服务时，会查询自己的数据库，在该数据库中包含 DNS 区域资源信息的资源记录（Resource Record，RR）。在 DNS 区域资源信息中常见的资源记录有以下几种。

① SOA：起始授权记录（Start of Authority Record）在一个区域内必须是唯一的，定义了区域的全局参数，进行整个区域的管理设置。

② NS：名称服务器（Name Server）记录在一个区域内至少有一条，记录了某个区域的授权服务器。

③ A：地址（Address）记录，将 FQDN 映射到 IP 地址。

④ CNAME：别名（Canonical Name）记录也称为规范名称，可以帮助用户隐藏网络实现细节。

⑤ PTR：反向地址（domian name PoinTeR）记录，将 IP 地址映射到 FQDN。

⑥ MX：邮件交换（Mail eXchanger）记录，指向一个邮件服务器，当电子邮件系统发邮件时根据收信人的地址后缀定位邮件服务器。

⑦ SRV：服务资源记录（Service Resource Record），资源记录将服务名称映射为提供服务的服务器名称。活动目录客户和域控制器使用 SRV 资源记录决定域控制器的 IP 地址。

⑧ TXT（Text）：注释或非关键的信息。

⑨ KEY（Public Key）：保存一个关于 DNS 名称的公钥。

⑩ NXT（Next）、DNSSEC：指出一个特定名称不在域中。

⑪ SlG（Signature）：指出带签名和身份认证的区信息。

（四）名称解析顺序

在 Linux 或 Windows 系统中输入一个 FQDN 后，两种平台会采用不同的顺序尝试将其解析为一个 IP 地址。

1. Linux 平台名称解析顺序

Linux 系统中名称解析顺序由/etc/host.conf、/etc/nsswitch.conf 两个配置文件决定。/etc/nsswitch.conf 文件由 SUN 公司开发，用于管理系统中多个配置文件查找的顺序，它比/etc/host.conf 文件提供了更多的功能。/etc/nsswitch.conf 中的每一行是一个参数，后跟冒号和解析顺序的方法（以#号开头是注释），其中的 hosts 参数负责 FQDN 解析顺序。

2. Windows 平台名称解析顺序

由于 Windows 系统中除了使用 FQDN 名外，还使用 NetBIOS 名，所以名称解析顺序更复杂。

① 检查所解析名称是否是本机。

② 尝试通过 DNS 缓存（可通过 ipconfig/display 查看 DNS 缓存内容，也可通过 ipcnfig /flushdns 清空 DNS 缓存）进行名称解析。

③ 尝试通过%systemroot%\system32\drivers\etc\hosts 文件进行名称解析。

④ 尝试将查询请求发送到指定的 DNS 服务器。

⑤ 尝试通过 NetBIOS 名称缓存（可通过 nbtstat-c 查看 NetBIOS 名称缓存内容，每隔 10 分钟 NetBIOS 名称缓存将自动清空）进行名称解析。

⑥ 尝试将查询请求发送到指定的 WINS 服务器。

⑦ 尝试通过广播进行名称解析。

⑧ 尝试通过%systemroot%\system32\drivers\etc\lmhosts 文件（lmhosts 格式和 hosts 相同，只在 lmhosts 文件中记录的是 NetBIOS 名称与 IP 地址对应关系）进行名称解析。

3. hosts 文件

Linux 和 Windows 系统中 hosts 文件所在的目录虽然不一样，但作用和语法都是相同的。在配置时对语法的要求如下。

① 每一项信息必须独立一行。

② IP 地址必须放在一行的第 1 列，其后对应 FQDN。

③ IP 地址与 FQDN 之间至少间隔一个空格。

131

配置 DNS
服务器

二、配置 DNS 服务器

20 世纪 80 年代，柏克莱加州大学计算机系统研究小组的 4 个研究生 Douglas BTerry、Mark Painter、David W. Riggle 和周松年（Songnian Zhou）共同编写了 BIND（Berkeley Internet Name Domain）的第一个版本，并随 BSD 4.3 发布。BIND 是 Internet 最常用的 DNS 服务器软件（不管是哪种 DNS 服务器都使用 UDP 端口 53 进行名称解析，TCP 端口 53 进行区域传输），Internet 使用 BIND 作为服务器软件的 DNS 服务器几乎占到所有 DNS 服务器的 90%。BIND 现在由互联网系统协会（Internet Systems Consortium）负责开发与维护。BIND 主要有 3 个版本：BIND 4、BIND 8 和 BIND 9。在 CentOS 6.5 系统中默认提供的是 BIND 9.8。

（一）安装 DNS 服务相关软件包

有关 DNS 服务的软件包有以下几种。

① bind：BIND 服务器端软件。

② bind-chroot：为 BIND 提供 chroot 机制的软件包，如果不使用 chroot 保护可以不安装

BIND，但是推荐安装。

③ caching-nameserver：BIND 配置文件例子，如果对 BIND 配置非常熟悉可以不安装，但推荐安装。

④ system-conflg-bind：Red Hat 公司专门为 BIND 服务器管理开发的图形界面管理工具，该工具是 Red Hat 系统管理工具中的一部分。

配置好 yum 源，挂载 CentOS 6.5 光盘，使用如下命令安装：

【yum install -y bind】安装 DNS 主程序 BIND 软件；

【yum install -y bind-chroot】安装 DNS 权限管理辅助软件 bind-chroot。

安装好以后，通过【rpm -qa |grep bind】命令即可查询到如图 6-3 所示的 4 个软件。

```
[root@yhy network-scripts]# rpm -qa |grep bind
bind-9.8.2-0.17.rc1.el6_4.6.x86_64
samba-winbind-clients-3.6.9-164.el6.x86_64
rpcbind-0.2.0-11.el6.x86_64
bind-chroot-9.8.2-0.17.rc1.el6_4.6.x86_64
bind-libs-9.8.2-0.17.rc1.el6_4.6.x86_64
samba-winbind-3.6.9-164.el6.x86_64
ypbind-1.20.4-30.el6.x86_64
bind-utils-9.8.2-0.17.rc1.el6_4.6.x86_64
PackageKit-device-rebind-0.5.8-21.el6.x86_64
[root@yhy network-scripts]#
```

图 6-3 BIND 相关的软件查询

【rpm -ivh bind-9.8.2-0.17.rc1.e16_4.6.x86_64】使用 rpm 方式安装 BIND 软件；

【rpm -e bind-9.8.2-0.17.rc1.e16_4.6.x86_64】使用 rpm 方式删除 BIND 软件；

【yum -y removebind.*】使用 yum 方式删除 BIND 软件。

（二）BIND chroot 机制

Linux 在安全性方面一直表现良好，这其中的原因有很多。Linux 系统提供了许多方式用来提高安全性，chroot 机制就是其中之一。

对于大部分服务都是侦听一些共用的端口，如 DNS 侦听 53 端口，SMTP 侦听 25 端口等。这些服务侦听的是小于 1024 的端口，这在 Linux 系统中一般只有 root 的权限才可运行。随着攻击者活动的日益频繁，尤其是缓冲区溢出漏洞数量的激增，服务器安全受到了更大的威胁。一旦某个网络服务存在漏洞，攻击者就能够访问并控制整个系统。因此，为了减缓这种攻击所带来的负面影响，现在服务器软件通常设计为以 root 权限启动，然后服务器进程自行放弃 root，再以某个低权限的系统账号来运行进程的方式。这种方式的好处在于一旦该服务被攻击者利用漏洞入侵，由于进程权限级别很低，攻击者得到的访问权限又基于这个较低权限，对系统造成的危害降低了许多。有些攻击者会试图找到系统其他的漏洞来提升权限，直至达到 mot。由于本地安全远低于远程安全保护，因此攻击者很有可能在系统中找到可以提升权限的信息。即使没有找到本地漏洞，攻击者也可能会造成其他损害，如删除文件、修改网页等。

为了进一步提高系统安全性，Linux 系统内核引入了 chroot 机制。chroot 是内核中的一个系统调用进程，软件可以通过调用库函数.chroot，来更改某个进程使用的根目录。如 BIND

全局配置文件在/etc 目录下，以 root 用户（或具有相同权限的其他账号）启动 BIND，这个 root 权限的父进程会派生数个以 nobody 权限运行的子进程（具体情况取决于个人设置）。父进程听请求自 53 端口的 TCP 数据流，然后根据内部算法将这个请求分配给某个子进程来处理。这时 BIND 子进程所处的目录继承父进程，即/etc。但是，一旦目录权限设定失误，被攻击的 BIND 子进程甚至可以访问整个文件系统，因为 BIND 进程所处的根目录仍是整个文件系统的根。如果能够利用 chroot 将 BIND 限制在某个非根的目录，如/var/named/chroot，那么 BIND 所能存取的文件都是/var/named/chroot 下的文件或其子目录下的文件。创建 chroot 的作用就是将进程权限限制在文件系统目录树中的某一子树中。

（三）搭建 DNS 服务器

任务说明

为公司搭建一台 DNS 服务器，IP 地址为 192.168.10.254，具体要求如下：

① 设置该区域的 SOA 记录，主域名服务器为 ns.yhy.com；维护该域的管理员邮箱地址为 admin@yhy.com；当前区域信息的版本号、刷新时间等为默认值。

② 该区域的 ns 记录：ns.yhy.com。

③ 该区域的 A 记录：主机名为 ns，对应的解析 IP 为 192.168.10.100。

④ 该区域的 A 记录：主机名为 web1，对应的解析 IP 为 192.168.10.100。

⑤ 该区域的 A 记录：主机名为 web2，对应的解析 IP 为 192.168.10.100。

⑥ 该区域的 nx 记录：对应的解析 IP 为 mail.yhy.com，优先级为 5。

⑦ 该区域的别名记录：别名为 mail，对应的主机名为 ns。

⑧ 该区域的别名记录：别名为 www，对应的主机名为 ns。

⑨ 该区域的别名记录：别名为 ftp，对应的主机名为 ns。

⑩ 实现反向解析。

任务实施

1. 设置服务器的 IP 地址

DNS 服务器需要为客户端提供域名解析服务，为了让客户端能够定位到自己，DNS 服务器需要一个固定的 IP 地址。

使用【setup】命令配置 IP 地址或直接修改网卡的配置文件 vim /etc/sysconfig/network-scripts/ ifcfg-eth0，配置 DNS 服务器的 IP 地址，配置完成后，需要使用命令【service network restart】重启网络服务。

2. 安装 BIND 服务软件

配置好 yum 源，挂载 CentOS 6.5 光盘，使用如下命令安装：

【yum install -y bind】安装 DNS 主程序 BIND 软件；
【yum install -y bind-chroot】安装 DNS 权限管理辅助软件 bind-chroot。

安装好以后，通过【rpm -qa |grep bind】命令即可查询到安装的软件。

3. 备份主要配置文件

【cp -p /etc/named.conf /etc/named.conf.bak】给 cp 添加-p 参数，代表权限不变的复制操作。

4. 编辑主要配置文件

直接修改/etc/named.conf 文件，不用修改/var/named/chroot/etc/named.conf。在这个文件中，主要定义跟服务器环境有关的设定，以及各个领域及数据库所在文件名。因为使用了 forwarding（转发）机制，所以此 DNS 服务器并没有区域，所以只要设置跟服务器有关的权限即可。

使用【vim /etc/named.conf】命令修改/etc/named.conf 配置文件，如图 6-4 所示。

```
// named.conf
//
// Provided by Red Hat bind package to configure the ISC BIND named
// server as a caching only nameserver (as a localhost DNS resolver
//
// See /usr/share/doc/bind*/sample/ for example named configuration
//

options {
        listen-on port 53 { any; };
        listen-on-v6 port 53 { any; };
        directory       "/var/named";
        dump-file       "/var/named/data/cache_dump.db";
        statistics-file "/var/named/data/named_stats.txt";
        memstatistics-file "/var/named/data/named_mem_stats.txt";
        allow-query     { any; };
        recursion yes;
        forwarders {
                        114.114.114.114;
                        };
        dnssec-enable yes;
        dnssec-validation yes;
        dnssec-lookaside auto;
```

图 6-4 /etc/named.conf 配置文件

参数说明：

（1）listen-on port 53 { any; }；；

监听此 DNS 服务器的某个网络接口。预设是监听 localhost，即只有本机可以对 DNS 服务器进行查询，当然不合理。因此将大括号内的数据改写成 any。因为可以监听多个接口，any 后面要加上分号才算结束。另外，这个参数如果忘记写也没有关系，因为默认是对整个主机系统的所有接口进行监听。

（2）allow-query { any; }；

这是针对客户端的设定，表示谁可以对 DNS 服务提出查询请求。最初文件内容预设针对 localhost 开放，这里改成对所有的用户开放，对防火墙也要开放。但是，默认 DNS 就是对所有用户开放，所以这个设定值也可以不写。

（3）forwarders { 114.114.114.114; }；

指定上层进行传递的 DNS 服务器 IP 地址。

5. 备份与编辑区域文件

【cp -p /etc/named.rfc1912.zones/etc/named.rfc1912.zones.bak】备份源配置文件，记得加-p 参数；

【vim /etc/named.rfc1912.zones】编辑区域配置文件。

复制最后 10 行，再粘贴到文档最后面，然后修改如图 6-5 所示。

```
zone "yhy.com" IN {
        type master;
        file "yhy.z";
        allow-update { none; };
};
zone "10.168.192.in-addr.arpa" IN {
        type master;
        file "yhy.f";
        allow-update { none; };
};
```

图 6-5　编辑区域文件内容

如图 6-5 所示，定义区域名称为 yhy.com 的正向查找区域文件 yhy.z，以及反向查找区域文件 yhy.f。

6. 建立正向查找区域文件

【cd /var/named/】进入配置文件目录；

【cp -p named.localhost yhy.z】复制样本区域文件，记得加-p 参数，连同权限一起复制；

【vim yhy.z】编辑正向查找区域文件。

正向查找区域文件如图 6-6 所示。

```
root@yhy:/var/named
$TTL 1D
@       IN SOA  ns.yhy.com.     admin.yhy.com. (
                                        45      ; serial
                                        2M      ; refresh
                                        1M      ; retry
                                        1W      ; expire
                                        3H )    ; minimum
        IN      NS      ns.yhy.com.
ns      IN      A       192.168.10.100
web1    IN      A       192.168.10.100
web2    IN      A       192.168.10.100
@       IN      MX  5   mail.yhy.com.
mail    IN      CNAME   ns
www     IN      CNAME   ns
ftp     IN      CNAME   ns
```

图 6-6　正向查找区域文件

7. 建立反向查找区域文件

【cp -p yhy.z yhy.f】复制建立反向查找区域文件，记得加-p 参数；

【vim yhy.f】编辑反向查找区域文件。

反向查找区域文件如图 6-7 所示。

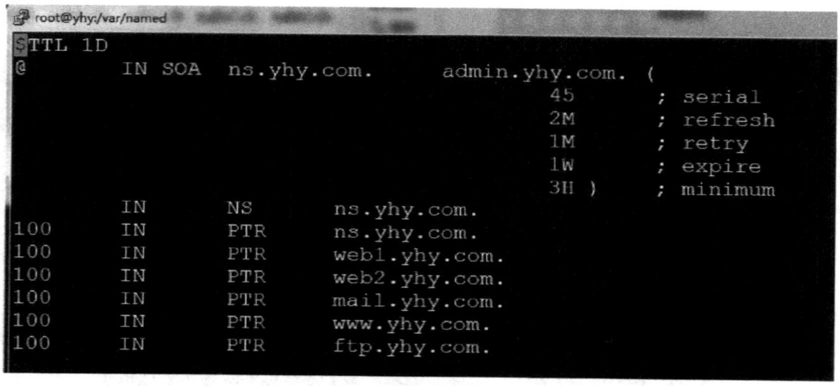

图 6-7 反向查找区域文件

8. 重新启动服务

【service named restart】重新启动 DNS 服务；

【chkconfig named on】设置 DNS 服务开机时服务自动启动。

9. 客户端验证

在客户端中配置 DNS 指向 DNS 服务器，使用【vim /etc/resolv.conf】命令配置客户端的 DNS，在文档末添加如下内容：

nameserver192.168.10.254　　　#指定 DNS 服务器地址

通过 nslookup 测试工具测试 DNS 是否能正常解析。

正向查找区域验证结果，如图 6-8 所示。

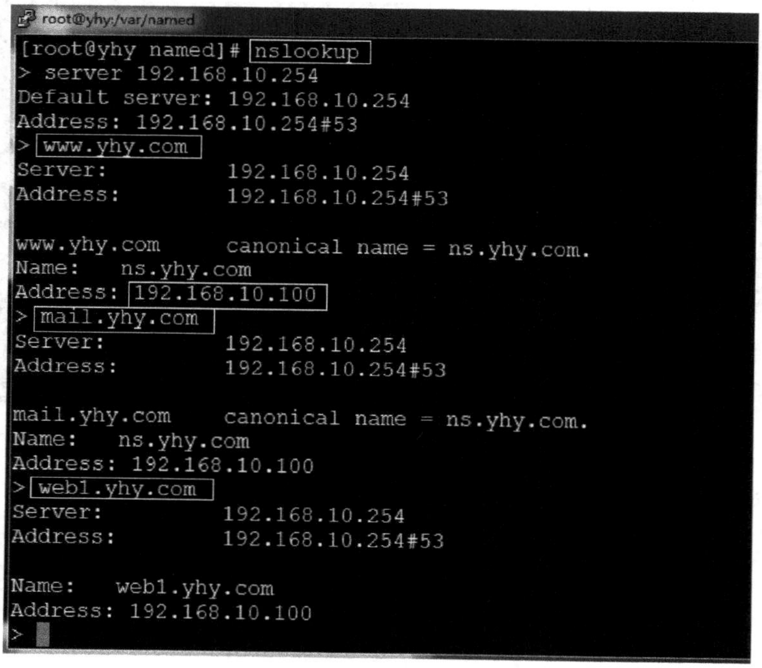

图 6-8 正向查找区域验证结果

反向查找区域验证结果，如图6-9所示。

```
root@yhy:/var/named
[root@yhy named]# nslookup
> server 192.168.10.254
Default server: 192.168.10.254
Address: 192.168.10.254#53
> 192.168.10.100
Server:          192.168.10.254
Address:         192.168.10.254#53

100.10.168.192.in-addr.arpa       name = ns.yhy.com.
100.10.168.192.in-addr.arpa       name = web1.yhy.com.
100.10.168.192.in-addr.arpa       name = web2.yhy.com.
100.10.168.192.in-addr.arpa       name = mail.yhy.com.
100.10.168.192.in-addr.arpa       name = www.yhy.com.
100.10.168.192.in-addr.arpa       name = ftp.yhy.com.
>
```

图 6-9　反向查找区域验证结果

至此，DNS 服务器搭建完成，并测试完毕。

（四）搭建 DNS 辅助作用域服务器

 **任务说明**

搭建 DNS 辅助
作用域服务器

137

DNS 辅助服务器（slave）是一种容错设计，一旦 DNS 主服务器出现故障或因负载太重无法及时响应客户端请求，辅助服务器将挺身而出为主服务器排忧解难。辅助服务器的区域数据都是从主服务器复制而来的，因此辅助服务器的数据都是只读的，当然，如果有必要，可以将辅助服务器升级为主服务器。

使用辅助域名服务器的优势：

① 辅助 DNS 服务器提供区域冗余，能够在这个区域的主服务器停止响应的情况下为客户端解析这个区域的 DNS 名称。

② 创建辅助 DNS 服务器可以减少 DNS 网络通信量，采用分布式结构，在低速广域网链路中添加 DNS 服务器能有效地管理和减少网络通信量。

③ 辅助服务器可用于减少区域的主服务器的负载。

本次任务的主要工作是为企业搭建一台 DNS 辅助服务器，具体的配置参数如下：域名为 yhy.com；主区域服务器 IP 地址为 192.168.10.254；辅助区域 IP 地址为 192.168.10.253。

任务实施

1. 设置服务器的 IP 地址

DNS 服务器需要为客户端提供域名解析服务，为了让客户端能够定位到自己，DNS 服务器需要一个固定的 IP 地址。

配置完成后，需要使用命令【service network restart】重启网络服务。

2. 安装 DNS 服务软件

配置好 yum 源，挂载 CentOS 6.5 光盘，采用如下命令安装相关软件。

【yum install -y bind】安装 DNS 主程序 BIND 软件；

【yum install -y bind-chroot】安装 DNS 权限管理辅助软件 bind-chroot。

3. 备份主要配置文件

【cp -p /etc/named.conf /etc/named.conf.bak】给 cp 加-p 参数，代表权限不变的复制。

4. 编辑主要配置文件

使用【vim /etc/named.conf】命令修改/etc/named.conf 配置文件，如图 6-10 所示。

图 6-10　/etc/named.conf 配置文件

通过 allow-transfer 语句指定辅助服务器的 IP 地址。

5. 备份与编辑区域文件

【cp -p /etc/name.rfc1912.zones /etc/name.rfc1912.zones.bak】备份将要修改的配置文件；

【vim /etc/name.rfc1912.zones】编辑定义区域文件，复制最后 10 行并输入【12yy】，再按 P 键粘贴，然后修改如图 6-11 所示。

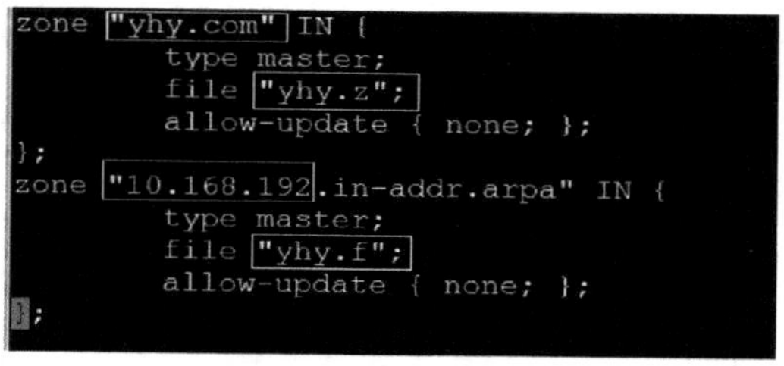

图 6-11　定义区域文件内容

定义区域名称为 yhy.com 的正向查找区域文件 yhy.z，以及反向查找区域文件 yhy.f。

6. 建立正向查找区域文件

【cp -p named.localhost yhy.z】根据样本建立正向查找区域文件，一定加-p 参数；

【vim yhy.z】编辑正向查找区域文件，正向查找区域文件如图 6-12 所示。

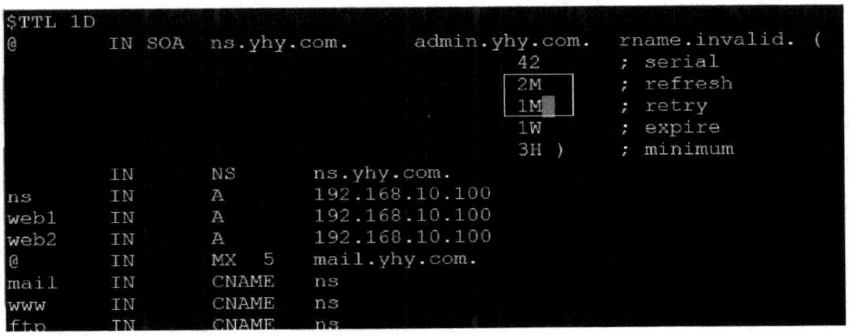

```
$TTL 1D
@       IN SOA  ns.yhy.com.      admin.yhy.com.  rname.invalid. (
                                        42      ; serial
                                        2M      ; refresh
                                        1M      ; retry
                                        1W      ; expire
                                        3H )    ; minimum
        IN      NS      ns.yhy.com.
ns      IN      A       192.168.10.100
web1    IN      A       192.168.10.100
web2    IN      A       192.168.10.100
@       IN      MX  5   mail.yhy.com.
mail    IN      CNAME   ns
www     IN      CNAME   ns
ftp     IN      CNAME   ns
```

图 6-12　正向查找区域文件

7. 完成主服务器 DNS 服务的配置，重启服务

【service named restart】重启 DNS 服务，使最新修改的配置生效。

8. 配置辅助服务器的区域文件

辅助服务器的区域文件/etc/named.conf 基本和主服务器的区域文件配置相同，其中，辅助服务器不再需要在 options 块中加【allow-transfer {};】。

在辅助服务器上使用【vim/etc/named.conf】命令编辑/etc/named.conf 文件，如图 6-13 所示。

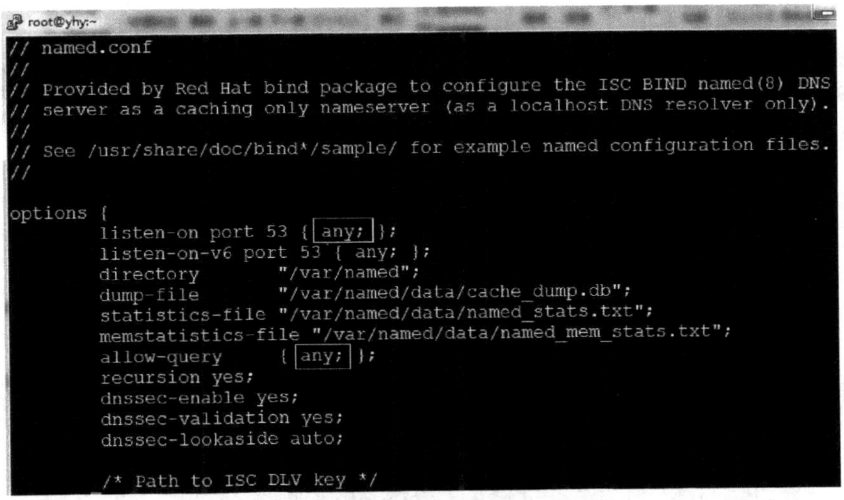

```
// named.conf
//
// Provided by Red Hat bind package to configure the ISC BIND named(8) DNS
// server as a caching only nameserver (as a localhost DNS resolver only).
//
// See /usr/share/doc/bind*/sample/ for example named configuration files.
//

options {
        listen-on port 53 { any; };
        listen-on-v6 port 53 { any; };
        directory       "/var/named";
        dump-file       "/var/named/data/cache_dump.db";
        statistics-file "/var/named/data/named_stats.txt";
        memstatistics-file "/var/named/data/named_mem_stats.txt";
        allow-query     { any; };
        recursion yes;
        dnssec-enable yes;
        dnssec-validation yes;
        dnssec-lookaside auto;

        /* Path to ISC DLV key */
```

图 6-13　配置辅助服务器的区域文件

9. 编辑辅助服务器的区域文件

编辑辅助服务器的 named.rfc1912.zones 文件，在文档最后添加如图 6-14 所示的内容。

```
zone "yhy.com" IN {
        type slave;
        masters { 192.168.10.254;};
        file "slaves/yhy.z";
};
```

图 6-14 编辑辅助服务器的区域文件

 注意：

一定要将默认的【allow-update {none; };】删除，文件默认存放在 slaves 目录下，也可以存放在其他目录中，但必须保证存放的目录所有者和所属组是 named，否则 BIND 将无法将从主要区域传入的 DNS 信息写入文件中。

10. 查看辅助服务器的复制结果

在辅助服务器上使用【service named restart】命令重启 DNS 服务，使用命令【cd /var/named/slaves/】进入相应目录，然后使用【ll】命令查看系统自动生成的文件，如图 6-15 所示。

```
[root@yhy slaves]# cd /var/named/slaves/
[root@yhy slaves]# ll
total 4
-rw-r----- 1 root named 300 Jul 13 08:13 yhy.z
[root@yhy slaves]#
```

图 6-15 查看辅助服务器的复制结果

会发现在/var/named/slaves 下生成了 yhy.z 文件，此文件是从主 DNS 服务器上复制的，但又不完全一样。

11. 修改主服务器的区域配置文件

在主服务器区域配置文件中添加几条记录，如图 6-16 所示，观察辅助 DNS 服务器的相关变化。注意：主要区域每次修改完其中数据后，需要将 SOA 记录中的序列号增大，否则辅助区域将无法得知主要区域中记录已发生改变。

```
$TTL 1D
@       IN SOA  ns.yhy.com.     admin.yhy.com.  rname.invalid. (
                                        45      ; serial
                       一定要将其序号增大      2M      ; refresh
                                        1M      ; retry
                                        1W      ; expire
                                        3H )    ; minimum
        IN      NS      ns.yhy.com.
ns      IN      A       192.168.10.100
web1    IN      A       192.168.10.100
web2    IN      A       192.168.10.100
@       IN      MX  5   mail.yhy.com.
mail    IN      CNAME   ns
www     IN      CNAME   ns
ftp     IN      CNAME   ns
pop     IN      CNAME   ns      新增加的记录
smtp    IN      CNAME   ns
```

图 6-16 修改主服务器的区域配置文件

12. 客户端测试

将客户端的 DNS 设为辅助 DNS 服务器的 IP 地址：192.168.10.253。用 nslookup 测试，发现新添加记录并没有正确解析，因为 DNS 设置的 refresh 刷新时间为 2 分钟，过一段时间后，就可以看到/var/named/slaves/下的 yhy.z 文件已经增长了，查询辅助 DNS 服务器 yhy.z 文件如图 6-17 所示，而且增加的记录也已经添加到辅助区域配置文件内。

```
[root@clent slaves]# ll
total 4
-rw-r--r-- 1 named named 448 Feb 11 03:23 yhy.z
[root@clent slaves]# _
```

图 6-17　查询辅助 DNS 服务器 yhy.z 文件

打开辅助区域配置文件，可以看到添加到主服务的记录已经更新了，更新后的辅助区域配置文件如图 6-18 所示。

```
$ORIGIN .
$TTL 86400          ; 1 day
yhy.com             IN SOA  ns.yhy.com.     admin.yhy.com.  rname.invalid. (
                                            45        ; serial
                                            120       ; refresh(2 minutes)
                                            60        ; retry(1 minute)
                                            604800    ; expire(1 week)
                                            10800 ) ; minimum(3 hours)
            IN      NS      ns.yhy.com.
            IN      MX   5  mail.yhy.com.
$ORIGIN yhy.com.
ftp         IN      CNAME   ns
mail        IN      CNAME   ns
ns          IN      A       192.168.10.100
pop         IN      CNAME   ns
smtp        IN      CNAME   ns
web1        IN      A       192.168.10.100
web2        IN      A       192.168.10.100
www         IN      CNAME   ns
```

图 6-18　更新后的辅助区域配置文件

（五）搭建转发与委派 DNS 服务器

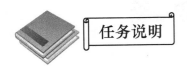
任务说明

某公司总部在北京，主域名为 yhy.com，北京的子域 bj.yhy.com 也建在主域的 DNS 服务器上，而要实现上海的子域 sh.yhy.com 正常解析主区域的域名，则需要通过转发，而北京的主机实现通过主 DNS 查询子域的域名则需要通过委派，转发与委派 DNS 服务器工程拓扑如图 6-19 所示。

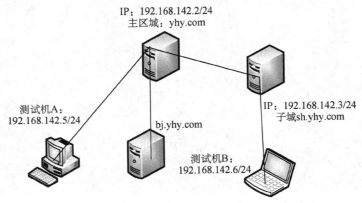

图 6-19　转发与委派 DNS 服务器工程拓扑

注意：

① 转发。a.完全转发：将客户端所有 DNS 查询以递归的方式转发到指定 DNS 服务器。

b.条件转发：将指定 DNS 后缀的查询转发到指定的 DNS 服务器。

② 委派：在 BIND 中可以将某个子域的查询工作委派给另一个 DNS 服务器完成。

任务实施

1. 修改主配置文件

修改 DNS 主配置文件/etc/named.conf，使其能够对外提供 DNS 查询服务。

2. 定义正向查找区域文件

在 named.rfc1912.zones 文件中添加如图 6-20 所示的内容，用以定义主域 yhy.com 的正向查找区域文件 yhy.z 及子域 bj.yhy.com 的正向查找区域文件 bj.yhy.z。

```
zone "yhy.com" IN {
        type master;
        file "yhy.z";
        allow-update { none; };
};
zone "bj.yhy.com" IN {
        type master;
        file "bj.yhy.z";
        allow-update { none; };
};
-- INSERT --
```

图 6-20　定义正向查找区域文件

3. 新建区域文件

使用【vim /var/named/yhy.z】命令新建北京主域 yhy.com 的正向查找区域文件 yhy.z，如图 6-21 所示。

```
$TTL 1D
@       IN SOA  ns.yhy.com.     admin.yhy.com. (
                                        45      ; serial
                                        2M      ; refresh
                                        1M      ; retry
                                        1W      ; expire
                                        3H )    ; minimum
        IN      NS      ns.yhy.com.
ns      IN      A       192.168.142.100
web1    IN      A       192.168.142.100
web2    IN      A       192.168.142.100
@       IN      MX  5   mail.yhy.com.
mail    IN      CNAME   ns
www     IN      CNAME   ns
ftp     IN      CNAME   ns
pop     IN      CNAME   ns
smtp    IN      CNAME   ns
```

图 6-21　北京主域 yhy.com 的正向查找区域文件 yhy.z

使用【vim /var/named/bj.yhy.z】命令新建北京子域的正向查找区域文件 bj.yhy.z，如图 6-22
所示。

图 6-22　北京子域的正向查找区域文件 bj.yhy.z

4. 重启 DNS 服务

【service named restart】重启 DNS 服务，使最新修改的配置生效。

5. 为子域设置转发

以下为上海子域 DNS 的配置。

为子域设置转发，在主配置文件 named.conf 中添加【forwareders {192.168.142.2; };】，实现完全转发，上海子域 DNS 的配置如图 6-23 所示。

图 6-23　上海子域 DNS 的配置

也可以在 named.rfc1912.zones 文件中添加如下语句，实现条件转发。

```
zone "yhy.com" IN {
        type forward；
forwarders { 192.168.142.2;};
    };
```

6. 子域的测试机配置

修改测试机 B 的 IP 地址为 192.168.142.6/24，DNS 改为 192.168.142.3，即子域的 DNS 服务器的 IP 地址，具体配置如图 6-24 所示。

7. 子域的查询测试

在 DOS 仿真窗口下运行【nslookup】命令，进行验证，客户端验证结果如图 6-25 所示。

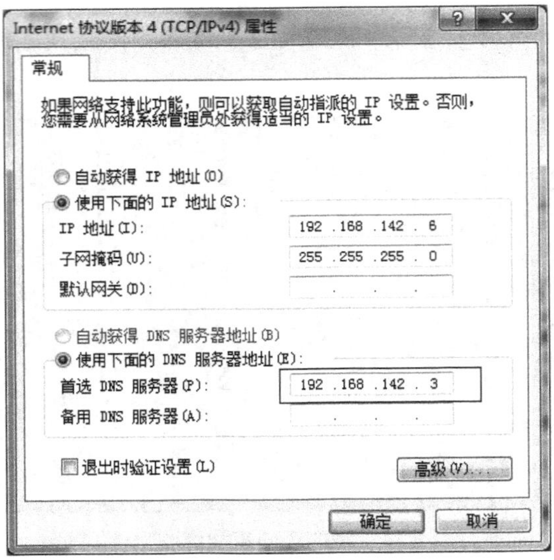

图 6-24　测试机 B 的 IP 地址配置

图 6-25　客户端验证结果

8. 委派配置

在主区域的正向查找区域文件内添加如图 6-26 所示的委派配置内容，即对 sh.yhy.com 域的查询委派给上海子域 192.168.142.3。

9. 委派测试机设置

修改测试机 A 的 IP 地址为 192.168.142.5，DNS 为主 DNS:192.168.142.2，如图 6-27 所示。

10. 测试机测试

在 cmd 下用【nslookup】命令测试，委派测试结果如图 6-28 所示。

```
$TTL 1D
@       IN SOA  ns.yhy.com.      admin.yhy.com. (
                                          45    ; serial
                                          2M    ; refresh
                                          1M    ; retry
                                          1W    ; expire
                                          3H )  ; minimum
        IN      NS      ns.yhy.com.
ns      IN      A       192.168.142.100
web1    IN      A       192.168.142.100
web2    IN      A       192.168.142.100
@       IN      MX  5   mail.yhy.com.
mail    IN      CNAME   ns
www     IN      CNAME   ns
ftp     IN      CNAME   ns
pop     IN      CNAME   ns
smtp    IN      CNAME   ns
sh.yhy.com.     IN      NS      ns.sh.yhy.com.      设置委派
ns.sh.yhy.com.  IN      A       192.168.142.3
```

图 6-26　委派配置内容

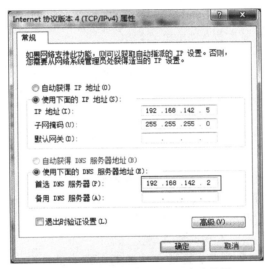

图 6-27　委派测试机的 IP 地址设置

图 6-28　委派测试结果

测试正常，任务结束。

课后习题

一、选择题

1. 若需检查当前 Linux 系统是否已安装了 DNS 服务器，以下命令正确的是（　　　）。

A. rpm -q dns
B. rpm -q bind
C. rpm -aux | grep bind
D. Rpm ps aux | grep dns

2. 启动 DNS 服务的命令是（　　　）。

A. service bind restart
B. service bind start
C. service named state
D. Service named restart

3. 以下对 DNS 服务的描述正确的是（　　　）。

A. DNS 服务的主要配置文件是/etc/named.config/nds.conf
B. 配置 DNS 服务，只需配置/etc/named.conf
C. 配置 DNS 服务，通常需要配置/etc/named.conf 和对应的区域文件
D. 配置 DNS 服务时，正向和反向查找区域文件都必须配置

4. 检验 DNS 服务器配置是否成功，解析是否正确，最好采用（　　　）命令实现。

A. ping
B. netstat
C. ps -aux | bind
D. nslookup

二、简答题

1. Linux 系统中的 DNS 服务器主要有哪几种类型？
2. 如何启动、关闭和重启 DNS 服务？
3. BIND 的配置文件主要有哪些？每个文件的作用是什么？
4. 测试 DNS 服务器和配置主要有哪几种方法？
5. 正向查找区域文件和反向查找区域文件分别由哪些记录组成？

三、实操题

1. 安装基于 chroot 的 DNS 服务器，并根据以下要求配置主要名称服务器。

（1）设置根区域并下载根服务器信息文件 named.ca，以便 DNS 服务器在本地区域文件不能进行查询的解析时，能转到根 DNS 服务器查询。

（2）建立 xyz.com 主区域，设置允许区域复制的辅助服务器的地址为 192.168.7.17。

（3）建立以下 A 资源记录。

dns.xyz.com.	IN	A	192.168.16.177
www.xyz.com.	IN	A	192.168.16.9
mail.xyz.com.	IN	A	192.168.16.178

（4）建立以下别名 CNAME 资源记录。

bbs	IN	A	192.168.16.177

（5）建立以下邮件交换器 MX 资源记录。

xyz.com.	IN	MX	10	mail.xyz.com.

（6）建立反向解析区域 16.168.192.in-addr.arpa，并为以上 A 资源记录建立对应的指针 PTR 资源记录。

2. 安装基于 chroot 的 DNS 服务器，并根据以下要求配置辅助名称服务器。

（1）建立正向解析区域 xyz.com，设置主要名称服务器的地址为 192.168.16.177。

（2）建立反向解析区域 16.168.192.in-addr.arpa，设置主要名称服务器的地址为 192.168.16.177。

3. 安装基于 chroot 的 DNS 服务器，并将其配置成缓存 Cache-only 服务器，然后将客户端的查询转发到 61.144.56.101 这台 DNS 服务器。

单元 7　配置 Web 服务

单元说明

Web 服务采用浏览器/服务器（B/S）模型，浏览器用于解释和显示 Web 页面，响应用户输入请求，并通过 HTTP 协议将用户请求传递给 Web 服务器。Web 服务器默认使用 80 端口为客户端的浏览器提供服务，浏览器使用 HTTP 发送请求，浏览器与服务器建立连接后，服务器查找到文档后将文档回传给客户端的浏览器。

Web 服务器是企业、政府部门、科研院所、院校等必备的对外宣传工具，他们都在建设自己的 Web 网站，Web 服务器是实现信息发出、资源查询、数据处理、视频点播、办公处理等诸多应用的基础性平台，所以建设 Web 服务器是运维工程师必备的技能。本单元的主要工作是用 Linux 系统的 Apache 软件构建企业的 Web 服务器。

Apache 是世界使用排名第一的 Web 服务器软件。它可以运行在绝大多部广泛使用的计算机平台上，由于其跨平台特性和安全性被广泛使用，是最流行的 Web 服务器端软件之一。它快速、可靠并且可通过简单的 API 扩充，将 Perl/Python 等解释器编译到服务器中。

一、认识 Web 服务器

Web 服务器也称为 WWW 服务器，主要功能是提供网上信息浏览服务。WWW 是 Internet 的多媒体信息查询工具，是 Internet 发展出来的服务，也是发展最快和目前使用最广泛的服务。正是因为有了 WWW 工具，才使 Internet 迅速发展，用户数量飞速增长。

（一）WWW 简介

WWW（World Wide Web，环球信息网）也可以简称为 Web，中文名字为"万维网"。它起源于 1989 年 3 月，由欧洲量子物理实验室 CERN 发展出来的主从结构分布式超媒体系统。通过万维网，人们只要使用简单的方法，就可以很迅速方便地获取丰富的信息。由于用户在通过 Web 浏览器访问信息资源的过程中，无须关心技术性的细节问题，并且用户界面非常友好，因而 Web 在 Internet 推出后受到了热烈的欢迎，走红全球并迅速得到发展。

（二）WWW 的发展和特点

长期以来人们只是通过传统的媒体（如电视、报纸、杂志和广播等）获得信息，但随着计算机网络的发展，人们想要获取信息，已不再满足于传统媒体全部传输和获取的方式，而希望实现主观选择。现在，网络上提供各种类别的数据库系统，如文献期刊、产业信息、气象信息、新闻信息、娱乐信息、体育信息等。由于计算机网络的发展，信息的获取变得非常及时、迅速和便捷。

1993 年，WWW 技术有了突破性的进展，它解决了远程信息服务中的文字显示、数据连接及图像传递的问题，使得 WWW 成为 Internet 上最流行的信息传播方式。现在，Web 服务器成为 Internet 上最大的计算机群，Web 文档之多、链接的网络之广，令人难以想象，可以说 Web 为 Internet 的普及迈出了开创性的一步。

WWW 采用的是客户端/服务器结构，其作用是整理和存储各种 WWW 资源，并响应客户端软件的请求，将客户所需的资源传送到客户端。

（三）HTTP 协议简介

HTTP（Hyper Text Transfer Protocol，超文本传输协议）是 Internet 应用最广泛的一种网络协议，所有的 WWW 文件都必须遵守这个标准。开发 HTTP 是为了提供一种发布和接收 HTML 页面的方法。

HTTP 的发展是万维网协会（World Wide Web Consortium）和 Internet 工作小组（Internet Engineering Task Force）合作的结果，他们最终发布了一系列的 RFC，其中最著名的就是 RFC 2616。RFC 2616 定义了 HTTP 协议普遍使用的一个版本——HTTP 1.1。

HTTP 是一个客户端和服务器请求和应答的标准（HTTP 使用 TCP 而不是 UDP，因为一个网页必须传送很多数据，而 TCP 协议提供传输控制，按顺序组织数据，并进行错误纠正）。客户端是终端用户，服务器是网站。通过使用 Web 浏览器或其他的工具，由 HTTP 客户端使用 URL 发起一个请求，建立一个到服务器指定端口（默认是 80 端口）的 TCP 连接。HTTP 服务器则在那个端口侦听客户端发送的请求。一旦收到请求，服务器向客户端发回一个状态码，如"HTTP/2.0500 0K"和响应的消息，响应的消息可能是请求的文件、错误消息或其他一些信息。在 HTTP 客户端和服务器中间可能存在多个中间层（如代理、网关、隧道等）。尽管 TCP/IP 协议是互联网最流行的应用，HTTP 协议并没有规定必须使用它和基于它支持的层。HTTP 只假定其下层协议提供可靠的传输，任何能够提供这种保证的协议都可以被其使用。

 注意：

URL（Uniform/Universal Resource Locator，统一资源定位符）是 Internet 上标准的资源地址。URL 最初是由蒂姆·伯纳斯·李发明用来作为万维网的地址。现在它已经被万维网联盟编制为因特网标准 RFC 1738。统一资源定位符的语法是可扩展的，它使用 ASCII 代码的一部分表示因特网的地址，统一资源定位符的起始部分，一般标志一个计算机网络所使用的网络协议。

HTTP 1.1 协议共定义了 8 种动作（方法）表明 Request-URL 指定的资源的不同操作方式。

① OPTIONS：返回服务器针对特定资源所支持的 HTTP 请求方法，也可以利用向 Web 服务器发送的请求来测试服务器的功能性。

② HEAD：向服务器索要与 GET 请求相一致的响应，只不过响应体将不会被返回。这一方法可以在不必传输整个响应内容的情况下，就可以获取包含在响应消息头中的元信息。

③ GET：向特定的资源发出请求。

④ POST：向指定资源提交数据进行处理请求（如提交表单或者上传文件）。数据被包含在请求体中。POST 请求可能会导致新的资源的建立或已有资源的修改。

⑤ PUT：向指定资源位置上传最新内容。

⑥ DELETE：删除指定资源。

⑦ TRACE：回显服务器收到的请求。

⑧ CONNECT：HTTP 1.1 协议中预留的能够将连接改为管道方式的代理服务器。HTTP 1.1 协议中的动作名称是区分大小写的，当某个请求所针对的资源不支持对应的请求方法的时候，服务器应当返回状态码 405，当服务器不认识或不支持对应的请求方法的时候，应当返回状态行 501。HTTP 服务器至少应该实现 GET 和 HEAD 方法，其他方法都不是必须的。

（四）HTTPS 协议简介

150

HTTPS（Hyper Text Transfer Protocol over Secure Socket Layer，基于 SSL 的 HTTP 协议）使用了 HTTP 协议，但 HTTPS 使用不同于 HTTP 协议的默认端口及一个加密、身份验证层（HTTP 与 TCP 之间）。这个协议最初由网景公司研发，提供身份验证与加密通信方法，现在它被广泛用于互联网上的保密通信。在访问 HTTPS 网站时，客户端输入的 URL 路径中的 HTTP 必须改为 HTTPS。

客户端在使用 HTTPS 协议与 Web 服务器通信时有以下几个步骤。

① 客户端使用 HTTPS 的 URL 访问 Web 服务器，要求与 Web 服务器建立 SSL 连接。

② Web 服务器收到客户端请求后，会将网站的证书信息（证书中包含公钥）传送一份给客户端。

③ 客户端的浏览器与 Web 服务器开始协商 SSL 连接的安全等级，也就是信息加密的等级。

④ 客户端的浏览器根据双方同意的安全等级，建立会话密钥，然后利用网站的公钥将会话密钥加密，并传送给网站。

⑤ Web 服务器利用自己的私钥解密会话密钥。

⑥ Web 服务器利用会话密钥加密与客户端之间的通信。

二、搭建 Apache 服务器

Apache HTTP Server（以下简称 Apache）是 Apache 软件基金会（http://www.apache.org/）的一个开源的 Web 服务器，可以在大多数操作系统中运行，由于其多平台和安全性被广泛使用，是最流行的 Web 服务器端软件之一。

（一）Apache 概述

Apache 最初由伊利诺伊大学香槟分校的国家超级电脑应用中心（NCSA）开发。此后 Apache 被开放源代码团队的成员不断地发展和加强。Apache 服务器稳定可靠，已在超过半数的网站中使用。

Apache 最初只是作为 Netscape Web 服务器（后来的 Sun ONE）之外的一个选择，但随着 Apache 的不断发展，它开始在功能和速度上超越其他的基于 UNIX 平台的 HTTP 服务器。Apache 一直是 Internet 最流行的 Web 服务器，市场占有率最高。

Apache 支持许多特性，大部分通过编译模块实现。Apache 从服务器的编程语言到身份认证方案等包括目前所有流行的 Web 服务器应用。由于 Apache 良好的开放性，目前也有很多非官方的模块用以满足某些特殊的应用，在 Apache2.x 中默认包含了很多模块。

Apache2.x 版本在 Apache1.x 版本上做出了改进。比如：线程，更好地支持非 UNIX 平台（如 Windows），新的 Apache API，以及对 IPv6 支持。

（二）配置 LAMP 服务器

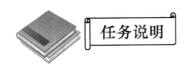 任务说明

配置 LAMP
服务器

151

LAMP（Linux+Apache+MySQL+Perl/PHP/Python）是一组常用的搭建动态网站或者服务器的开源软件，各软件都是各自独立的程序，但是因为常被放在一起使用，拥有了越来越高的兼容度，共同组成了一个强大的 Web 应用程序平台。随着开源技术的快速发展，开放源代码的 LAMP 已经与 J2EE 和.Net 商业软件形成三足鼎立之势，并且该软件开发的项目在软件方面的投资成本较低，因此受到整个 IT 行业的关注。从网站的流量来看，70%以上的访问流量是 LAMP 提供的，LAMP 是最强大的网站解决方案。

假设公司现因业务发展，需搭建一台自己的 Web 服务器，用以存放公司的门户网站。要求服务器能支持 MySQL 数据库及 PHP 动态网站。服务器 IP 地址为 192.168.1.254。

 任务实施

1. 安装 Apache

Apache 软件已经包含在 CentOS 系统软件光盘中，因此挂载光盘，配置好 yum 源，使用下面的命令就能轻松安装。

【yum install -y httpd】安装 httpd 服务器软件。

2. 设置 Apache 在系统启动时运行

【chkconfig --levels 235 httpd on】设置 Apache 服务开机立即自动启动；

【/etc/init.d/httpd start】或【service httpd start】启动 httpd 服务。

此时可以使用浏览器在地址栏中输入服务器的 IP 地址：http://192.168.1.254，打开 CentOS 的 Apache 测试页面，如图 7-1 所示。

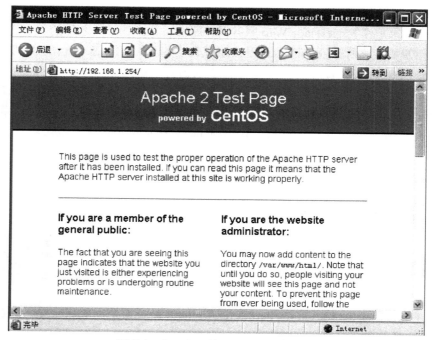

图 7-1 CentOS 的 Apache 测试页面

 注意：

Apache 启动之后会提示错误，但不影响正常访问。

3. 排除 Apache 启动错误提示

【cp /etc/httpd/conf/httpd.conf /etc/httpd/conf/httpd.conf.bak】备份配置文件；

使用【vim /etc/httpd/conf/httpd.conf】命令编辑主配置文件。

找到【ServerName】，在此行下面添加如下一行内容：

```
ServerName localhost:80
```

然后使用【/etc/init.d/httpd restart】命令重启 httpd 服务，系统将不再提示错误信息。

4. 发布一个简单网页

【mkdir -p /www/yhy】创建存放网站的文件夹，使用【echo "This is a test page" > /www/yhy/index.htm】命令新建网站的主页文件，使用【vim /etc/httpd/conf/httpd.conf】命令编辑/etc/httpd/conf/httpd.conf 配置文件，在该文件的最后添加如下几行代码，用以指定网站的主目录。

```
<VirtualHost *:80>
    DocumentRoot /www/yhy
</VirtualHost>
```

5. 测试网站

再次使用浏览器输入服务器的 IP 地址：http://192.168.1.254，可以打开网站的测试页面，如图 7-2 所示。

http://192.168.1.254/ - Microsoft Internet Explorer
文件(F) 编辑(E) 查看(V) 收藏(A) 工具(T) 帮助(H)
后退 搜索 收藏夹
地址(D) http://192.168.1.254/ 转到 链接
This is a test page
完毕
Internet

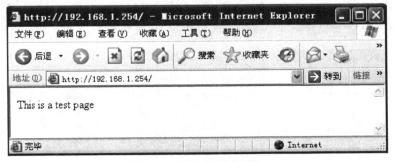

图 7-2 网站的测试页面

6. 快速安装 PHP 支持

【yum install -y php】以快速且最小化安装 PHP5；
【/etc/init.d/httpd start】重新启动 Apache。

7. 测试 PHP5

（1）编辑主配置文件

【cp /etc/httpd/conf/httpd.conf /etc/httpd/conf/httpd.conf.bak】备份配置文件；
【vim /etc/httpd/conf/httpd.conf】编辑主配置文件。

找到【DirectoryIndex】所在行，在最后添加【index.php】（默认网站主页文件），如图 7-3 所示。

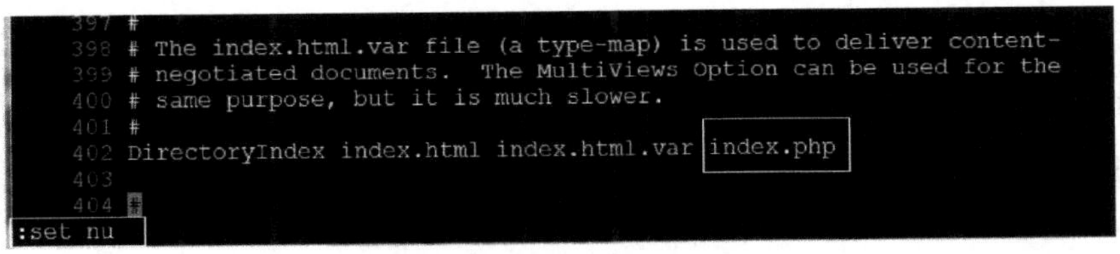

397 #
398 # The index.html.var file (a type-map) is used to deliver content-
399 # negotiated documents. The MultiViews Option can be used for the
400 # same purpose, but it is much slower.
401 #
402 DirectoryIndex index.html index.html.var index.php
403
404 #
:set nu

图 7-3 添加默认网站主页文件

（2）重命名 index.html 主页为 index.php

【mv /www/yhy/index.html /www/yhy/index.php】

（3）编辑 index.php 主页文件

```
<?php phpinfo(); ?>
```

PHP 中 phpinfo（）函数用来显示 PHP 的具体信息，在浏览器中输入服务器的 IP 地址：

http://192.168.1.254，打开 PHP 的支持页面，如图 7-4 所示。

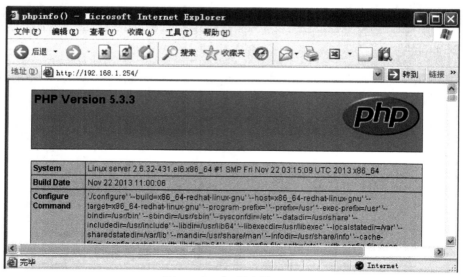

图 7-4　PHP 的支持页面

从图 7-4 能看到，PHP 5 已经正常工作，常用的功能模块已经启动。

8. 安装 MySQL

【yum install mysql-server】安装 MySQL 服务器；

【yum install -y mysql】安装 MySQL 客户端；

【yum install -y mysql-devel】安装 MySQL 库文件。

　注意：

安装 MySQL 时并不是安装了客户端就相当于安装了数据库，还需要安装 mysql-server 服务端，CentOS 系统中安装完 MySQL 默认是不启动的，而且系统随机启动项也不会自动添加 MySQL，但可通过以下命令实现。

【chkconfig --levels 235 mysqld on】设置 mysqld 服务开机时自动启动；

【/etc/init.d/mysqld start】或【service mysqld start】启动 mysqld 服务。

如果第一次启动 MySQL 服务，MySQL 服务器首先会进行初始化的配置，会提示一系列的初始化信息，属于正常现象。

【rpm -qi mysql-server】查看刚安装好的 mysql-server 的版本。

9. 配置 MySQL 的 root 密码

MySQL 数据库安装完以后只有一个 root 管理员账号，并未设置密码，在第一次启动 MySQL 服务时，会进行数据库的一些初始化工作，在输出的信息中，可以看到以下信息：

【/usr/bin/mysqladmin -u root password 'new-password'（为 root 账号设置密码）】

所以可以通过该命令为 root 账号设置密码，需要注意的是这个 root 账号是 MySQL 的 root

账号，非 Linux 系统的 root 账号。

【mysqladmin -u root password 'root'】给 root 账号设置密码为 root；

【mysql -u root -p】登录 MySQL 数据库。

登录 MySQL 数据库如图 7-5 所示。

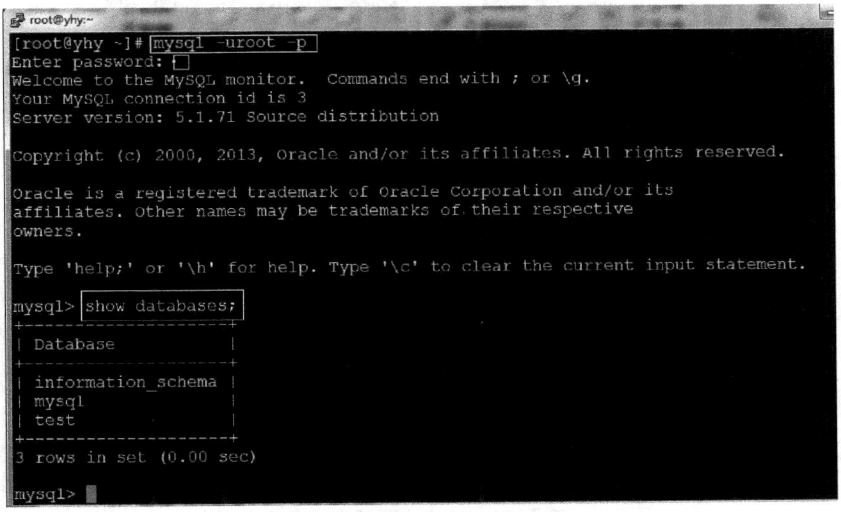

图 7-5 登录 MySQL 数据库

10. 查看 MySQL 数据库的主要配置文件

① 通过【cat /etc/my.cnf】命令可以看到 MySQL 的主配置文件。

② MySQL 的数据库文件存放位置为/var/lib/mysql，MySQL 数据库文件查看如图 7-6 所示。

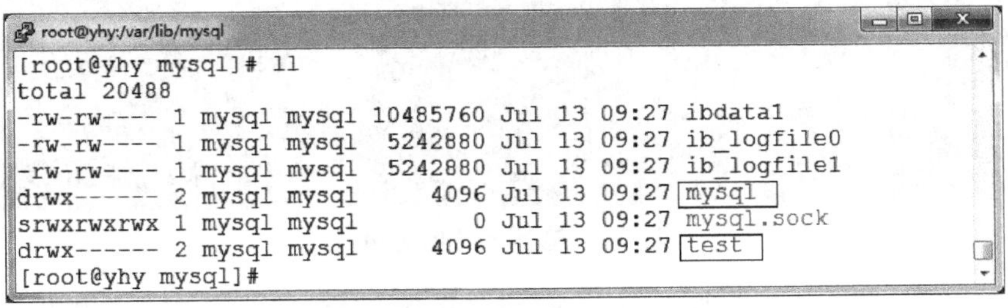

图 7-6 MySQL 数据库文件查看

③ 创建一个数据库，验证该数据库文件的存放位置。

【create database yhy;】命令创建 yhy 数据库；

【show database;】查看创建的数据库，如图 7-7 所示。

【ll /var/lib/mysql】查看 MySQL 的数据库文件存放位置，如图 7-8 所示。

④ MySQL 数据库的日志存放位置：/var/log。

其中，mysqld.log 文件存放 MySQL 数据库操作的日志信息，通过查看该日志文件，可以从中获得很多信息。

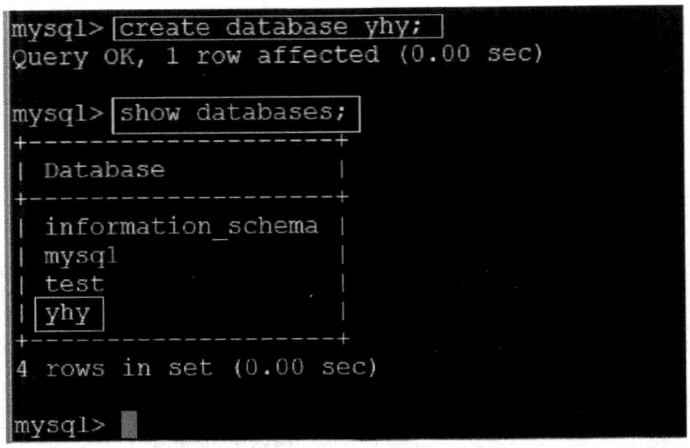

图 7-7　查看创建的数据库

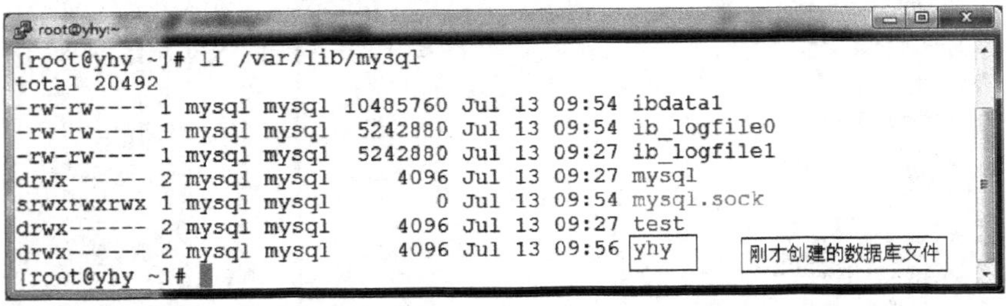

图 7-8　查看 MySQL 的数据库文件存放位置

⑤ MySQL 数据库是可以通过网络访问的，其中使用的协议是 TCP/IP 协议，MySQL 数据库绑定的端口号是 3306，可以通过【netstat -anp |more】命令查看 Linux 系统是否在监听 3306 这个端口号，如图 7-9 所示。

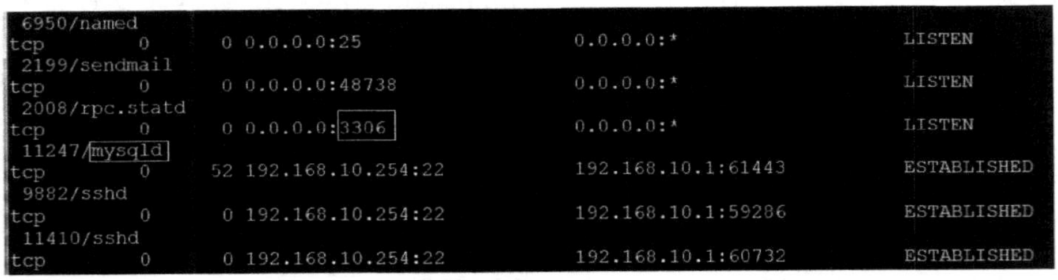

图 7-9　查看系统监听端口

如图 7-9 所示，Linux 系统监听的 3306 端口号就是 MySQL 数据库，提供给远程登录的端口号。

11. 安装 php–mysql 安装包

为了让 PHP 支持 MySQL 数据库，还要安装 php-mysql 安装包：【yum install -y php-mysql】。安装好后，需要重启 httpd 服务：【service httpd restart】或【etc/init.d/httpd restart】。

在浏览器中输入服务器 IP 地址：http://192.168.1.254，打开测试页面，即可找到 PHP 支持 MySQL 的信息，测试页面如图 7-10 所示。

在安装 php-mysql 软件包之前，可以先查看所需要的 PHP 支持模块是否已经安装，CentOS 也提供对软件包进行查找的命令：【yum search php】。

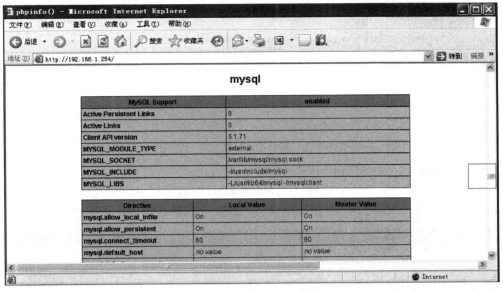

图 7-10 测试页面

通过【yum search php】命令可以检索出所有与 php 相关的软件包,从中选出需要的安装。

12. 安装 phpMyAdmin

phpMyAdmin 是一个以 PHP 为基础,以 Web-Base 方式架构在网站主机上的支持 MySQL 的数据库管理工具。它可以管理整个 MySQL 服务器(需要超级用户),也可以管理单个数据库。

① 直接从 phpMyAdmin 官网 (http://www.phpmyadmin.net/download/) 下载最新版的 phpMyAdmin 包,选择下载扩展名为"tar.gz"的文件,且解压存放在/www/yhy 目录中, phpMyAdmin 官网下载页面如图 7-11 所示。

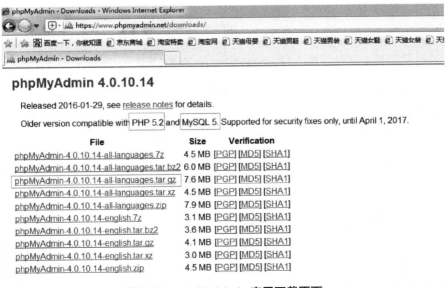

图 7-11 phpMyAdmin 官网下载页面

② 进入网站根目录,解压程序压缩包。

【cd /www/yhy】进入网站根目录；

【tar xvfz phpMyAdmin-4.0.10.14-all-languages.tar.gz】解压程序压缩包；

【mv phpMyAdmin-4.0.10.14-all-languages phpmyadmin】将目录 phpMyAdmin-4.0.10.14-all-languages 改名为 phpmyadmin。

③ 进入 phpMyAdmin 目录，建立 config.inc.php 文件。

【cd phpmyadmin】进入 phpMyAdmin 目录；

【cp config.sample.inc.php config.inc.php】复制样本配置文件为 config.inc.php 文件。

④ 重启 Apache：【service httpd restart】。

⑤ 验证 phpMyAdmin 是否安装成功。启动浏览器，在地址栏中输入：【http://192.168.1.254/phpmyadmin/】，如果安装成功，将会看到 phpMyAdmin 的管理页面，如图 7-12 所示。

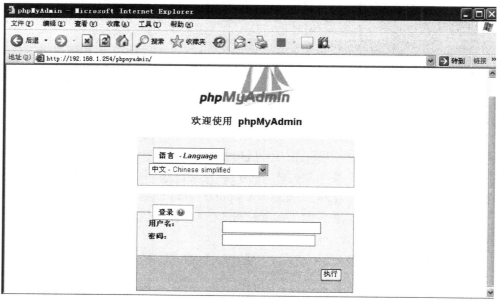

图 7-12 phpMyAdmin 的管理页面

⑥ 添加允许访问端口{21:ftp，80:http}，命令如下：

【iptables -I RH-Firewall-1-INPUT -m state -state NEW -m tcp -p tcp -dport 21 -j ACCEPT】

【iptables -I RH-Firewall-1-INPUT -m state -state NEW -m tcp -p tcp】

⑦ 如果报错，根据错误提示运行【yum install -y php-mbstring】，安装 php-mbstring 的支持软件。

（三）配置多个虚拟主机

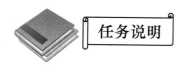

配置多个
虚拟主机

使用 10.0.0.8 和 10.0.0.9 两个 IP 地址创建基于 IP 地址的虚拟主机，其中，IP 地址为 10.0.0.8

的虚拟主机对应的主目录为/usr/www/web1；IP 地址为 10.0.0.9 的虚拟主机对应的主目录为/usr/www/web2。

在 DNS 服务器中建立 web1.yhy.com 和 web2.yhy.com 两个域名，使它们解析到同一个 IP 地址 10.0.0.8 上。然后创建基于域名的虚拟主机，其中，域名为 web1.yhy.com 的虚拟主机对应的主目录为/usr/www/web1；域名为 web2.yhy.com 的虚拟主机对应的主目录为/usr/www/ web2。

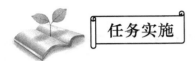 任务实施

1. 给单网卡配置多 IP 地址

① 使用【setup】命令配置 eth0 的 IP 地址。

② 【cd /etc/sysconfig/network-scripts/】进入网卡的配置目录；

【cp ifcfg-eth0 ifcfg-eth0:1】复制网卡文件；

【vim /etc/sysconfig/network-scripts/ifcfg-eth0:1】编辑复制的网卡文件，修改以下两项为：

```
DEVICE=eth0:1
IPADDR=10.0.0.9
```

③ 重启网络服务：【service network restart】或【/etc/init.d/network restart】。

2. 安装 Apache

使用命令【yum install -y httpd】安装 Apache。

3. 建立网站的目录与主页文件

命令如下：

【mkdir -p /usr/www/web1】创建存放网站的文件夹；

【mkdir /usr/www/web2】创建存放网站的文件夹；

【echo "web111" >/usr/www/web1/index.htm】新建网站 web1 的主页文件；

【echo "web222" >/usr/www/web2/index.htm】新建网站 web2 的主页文件。

4. 发布网站

使用【vim /etc/http/conf/httpd.conf】命令编辑主配置文件，在最后添加如下内容：

```
<VirtualHost 10.0.0.8:80>
    ServerAdmin webmaster@localhost.com
    DocumentRoot /usr/www/Web1
    ErrorLog logs/web1-error_log
    CustomLog logs/web1-access_log common
</VirtualHost>
<VirtualHost 10.0.0.9:80>
    ServerAdmin webmaster@localhost.com
    DocumentRoot /usr/www/Web2
```

```
        ErrorLog logs/web2-error_log
        CustomLog logs/web2-access_log common
    </VirtualHost>
```

【service httpd restart】编辑完成后重启 httpd 服务；

【chkconfig --levels 235 httpd on】设置 Apache 服务开机时立即自动启动。

注意：

这里的 httpd.conf 配置文件其他配置采用默认即可。如果这两个 IP 端口不同，就要在 Listen 80 下面增加相应的监听端口。

5. 测试网站

再次使用浏览器打开网站 http://10.0.0.8，可以看到 web1 的测试页面，如图 7-13 所示。

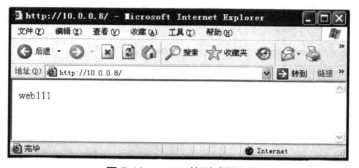

图 7-13　web1 的测试页面

再次使用浏览器打开网站 http://10.0.0.9，可以看到 web2 的测试页面，如图 7-14 所示。

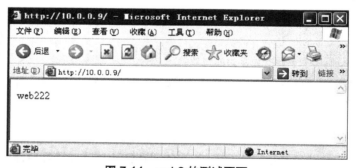

图 7-14　web2 的测试页面

6. 熟悉 httpd.conf 配置文件组成部分

httpd.conf 配置文件分为三大部分。

① 全局变量（Global Environment）部分。

② 主服务器配置（Main Server Configuration）部分。

③ 虚拟主机（Virtual Host）部分。

7. 熟悉 Web 服务器的基本配置

① 设置主目录的路径：DocumentRoot "/var/www/html"。系统默认为/var/www/html，如

果你发布的网站不在此目录下，可以改成你自己的发布目录。

② 默认文档设置 DirectoryIndex index.html index.html.var，如果发布的网页扩展名为 htm 或 php 等，需要在其后添加 index.php index.htm 内容。

③ 设置 Apache 监听的 IP 地址和端口号 Listen 80，如果发布的网站授权别人通过其他端口访问，可在此处修改。

④ 设置相对根目录的路径：ServerRoot "/etc/httpd"。通常用于存放日志文件，其中有 conf 与 logs 两个文件夹。

⑤ 设置日志文件：错误日志 Errorlog logs /error_log；访问日志 Customlog logs /access_log combined。

⑥ 设置管理员 E-MAIL ServerAdmin baikp@sohu.com。

⑦ 设置服务器主机名称 ServerName 192.168.85.183:80（若有域名，也可以写域名）。

⑧ 设置默认字符集 AddDefaultCharset UTF-8 为西欧 UTF-8，若网页中中文无法显示，则将其改为 GB2312。

（四）配置 Web 服务器证书

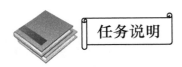

配置 Web
服务器证书

Web 服务器在默认的情况下，使用纯文本协议 HTTP。与其名称描述的一样，纯文本协议不会对传输中的数据进行任何形式的加密，其在安全方面有重大缺陷。恶意用户甚至可以在传输路径中设置一个 Web 服务器冒名顶替实际的目标 Web 服务器。在这种情况下，用户与假冒服务器进行通信。这样，恶意用户可以获取用户名密码等重要信息。

为了解决 HTTP 协议存在的安全隐患，很多站点如网上银行、购物网站、金融证券交易网站、政府机构网站等在 Web 服务器部署 SSL 证书应用 HTTPS 加密协议。HTTPS 加密协议是 HTTP 的安全版本，由 SSL+HTTP 协议构建，可进行加密传输和身份认证，比 HTTP 协议更加安全。HTTPS 能够为站点至少提供以下两点保障。

① 确保所有经过服务器传输的数据包都是经过加密的。

② 对网站服务器的真实身份进行认证，避免被假冒。

如何在 CentOS 6.5 系统中配置 Apache 的 HTTPS 服务，是本节的重点内容，这里以自签证书（仅用于测试）为例搭建一个基于 HTTPS 访问的网站。

如果 CentOS 已经安装了 Apache Web 服务器，需要使用 OpenSSL 生成自签名证书。如果尚未安装 OpenSSL，它可以使用 yum 安装。

1. 设置服务器的 IP 地址

Web 服务器需要为客户端提供 Web 服务，为了让客户端能够定位到自己，Web 服务器需要一个固定的 IP 地址（192.168.1.254）。

使用【setup】命令配置 IP 地址或直接修改网卡的配置文件；配置 Web 服务器的 IP 地址：【vim /etc/sysconfig/network-scripts/ifcfg-eth0】；配置完成后，需要重启网络服务：【service network restart】。

2. 搭建 DNS 服务

DNS 解析这里不再赘述。

3. 安装 Apache，建立主页测试文件

【yum install -y httpd】安装 Apache；

【echo"This is a www.yhy.com's https test webpage">/var/www/html/index.html】建立网站主页测试文件。

4. 安装 Apache SSL 支持模块

【yum install -y mod_ssl】默认 yum 安装 httpd 是没有安装 Apache SSL 模块的，安装后自动生成 /etc/httpd/conf.d/ ssl.conf 文件。

5. 生成证书

（1）生成服务器私钥

使用命令生成一个 2048 位的服务器私钥。

【openssl genrsa -out ca.key 2048】命令运行如图 7-15 所示。

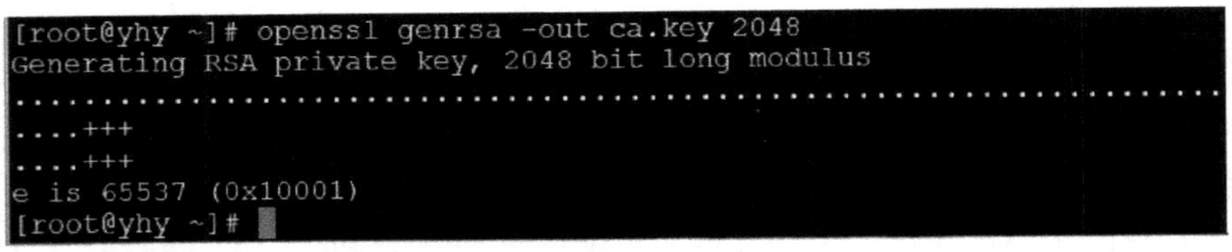

图 7-15　建立服务器私钥

（2）为网站申请自签名的公钥证书

【make server.csr】命令运行，如图 7-16 所示。

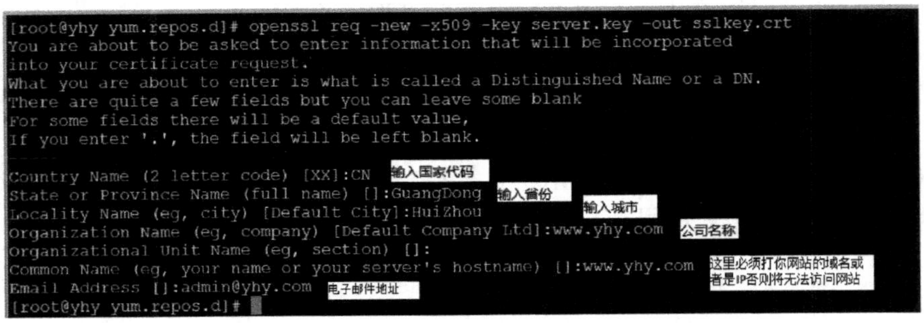

图 7-16　建立自签名证书

（3）建立网站私钥证书

通过【openssl x509 -in server.csr -out server.pem -req -signkey server.key -days 365】命令建立网站私钥证书，如图 7-17 所示。

```
[root@server certs]# openssl x509 -in server.csr -out server.pem -req -signkey s
erver.key -days 365
Signature ok
subject=/C=CN/ST=GuangDong/L=HuiZhou/O=www.yhy.com/CN=www.yhy.com/emailAddress=a
dmin@yhy.com
Getting Private key
[root@server certs]# _
```

图 7-17　建立网站私钥证书

（4）【chmod 400 server.*】修改证书权限为 400，只有可读权限

（5）将创建的证书文件复制到对应目录

命令如下：

【cp server.crt /etc/pki/tls/certs/】

【cp server.key /etc/pki/tls/private/】

【cp server.csr /etc/pki/tls/private/】

6. 设置 SSL 配置 Apache 支持 HTTPS

使用【vim /etc/httpd/conf.d/ssl.conf】命令修改 SSL 的配置文件，设置 www.abc.com 站点 HTTPS 访问时的相关信息，如图 7-18 所示。

```
##
## SSL Virtual Host Context
##

<VirtualHost www.yhy.com:443>
DocumentRoot     "var/www/html"
ServerName www.yhy.com:443

SSLCertificateFile /etc/pki/tls/certs/server.crt

SSLCertificateKeyFile /etc/pki/tls/private/server.key

ErrorLog logs/ssl_error_log
TransferLog logs/ssl_access_log
LogLevel warn
```

图 7-18　修改 SSL 的配置文件

通过【vim /etc/httpd/conf/httpd.conf】命令配置网站支持 HTTPS 协议，具体内容如下：

```
NameVirtualHost *:443
SSLEngine on
SSLCertificateFile /etc/pki/tls/certs/server.crt
SSLCertificateKeyFile /etc/pki/tls/private/server.key
ServerAdmin email@yhy.com
DocumentRoot /var/www/html/
ServerName www.yhy.com
```

需要按照上面的配置，定义每个虚拟主机。

7. 设置 Apache 在系统启动时运行

【/etc/init.d/httpd start】或【service httpd start】立即启动 httpd 服务；

【chkconfig --levels 235 httpd on】设置 Apache 服务开机时立即启动。

8. 测试 HTTPS 访问的结果

在客户端的浏览器中通过 HTTPS 访问服务器网站，如图 7-19 所示。

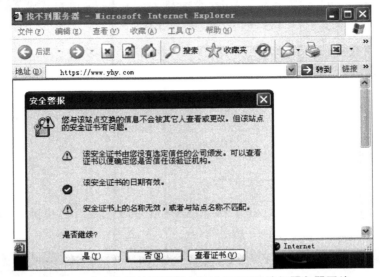

图 7-19　在客户端的浏览器中通过 HTTPS 访问服务器网站

在此可以查看证书信息和自建证书信息是否一致，单击【是】，出现测试页面，如图 7-20 所示。

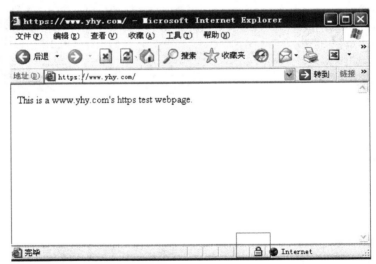

图 7-20　客户端通过 HTTPS 访问服务器网站的测试页面

如图 7-20 所示是通过 HTTPS 的方式访问服务器网站的最终结果，还可以通过 HTTP 方式访问。

9. 强制 Apache Web 服务器始终使用 HTTPS

如果由于某种原因，公司需要站点的 Web 服务器仅使用 HTTPS，服务器需要将所有 HTTP 请求（端口 80）重定向到 HTTPS（端口 443）。

（1）强制网站使用 HTTPS 访问

使用【vim /etc/httpd/conf/httpd.conf】命令编辑服务主配置文件，添加如下语句：

```
ServerName www.yhy.com:80
Redirect permanent / https://www.yhy.com
```

（2）强制虚拟主机使用 HTTPS

使用【vim /etc/httpd/conf/httpd.conf】命令编辑服务主配置文件，添加如下语句：

```
ServerName www.yhy.com
Redirect permanent / https://www.yhy.com/
```

（3）重启服务【service httpd restart】或【/etc/init.d/httpd restart】

总之，假如站点存在用户注册登录、购买支付等交互行为时，推荐使用 HTTPS 访问，可以提高服务器的安全性。另外，服务器 SSL 证书也可根据自己的需求选择。

（五）配置服务器别名与用户认证

 任务说明

配置服务器别名与用户认证

165

建立 Web 服务器，并根据以下要求配置 Web 服务器。

① 设置主目录的路径为/var/www/web。

② 添加 index.jsp 文件作为默认文档。

③ 设置 Apache 监听的端口号为 8888。

④ 设置默认字符集为 GB2312。

⑤ 建立一个名称为 temp 的虚拟目录，其对应的物理路径是/usr/local/temp，并配置 Web 服务器允许该虚拟目录具备目录浏览和允许内容协商的多重视图特性。仅允许来自 10.0.0.0 网段客户端的访问。

⑥ 建立一个名称为 private 的虚拟目录，其对应的物理路径是/usr/local/private，并配置 Web 服务器对该虚拟目录启用用户认证，只允许用户名为 abc 和 xyz 的用户访问。

 任务实施

1. 安装 Apache 软件

挂载光盘，配置好 yum 源，使用如下命令安装 Apache 软件：

```
【yum install -y httpd】
```

2. 建立网站目录、别名目录及认证目录

命令如下：

```
【mkdir /var/www/web】建立网站目录；
```

【mkdir /usr/local/temp】建立别名目录；

【mkdir /usr/local/private】建立认证目录。

3. 建立允许访问认证网站的用户

命令如下：

【htpasswd -c /etc/httpd/mycreatpwd abc】创建允许访问认证网站的用户 abc，第一个用户需加 -c 参数；

【htpasswd /etc/httpd/mycreatpwd xyz】创建允许访问认证网站的用户 xyz。

建立允许访问认证网站的用户如图 7-21 所示。

```
[root@yhy ~]# htpasswd -c /etc/httpd/mycreatpwd abc
New password:
Re-type new password:
Adding password for user abc
[root@yhy ~]# htpasswd /etc/httpd/mycreatpwd xyz
New password:
Re-type new password:
Adding password for user xyz
[root@yhy ~]#
```

图 7-21　建立允许访问认证网站的用户

 注意：

mycreatpwd 的文件的权限，只需设置成 Apache 用户能访问即可，而且尽可能不要放在网站的目录下，防止被下载。

4. 配置 httpd.conf 主文档

使用【vim /etc/httpd/conf/httpd.conf】命令修改 httpd.conf 主文档，增加如下内容：

Litsen 8888	#在第 136 行定义服务器监听的端口号
DocumentRoot "/var/www/web"	#在第 292 行定义网站根目录路径
DirectoryIndex index.jsp	#在第 402 行定义网站的默认主页文件名
AddDefaultCharset GB2312	#在第 759 行定义网站编码

 注意：

在 vim 编辑器中，打开文件后，按 Esc 键后输入【:set nu】（即冒号后跟 set nu 命令）设置文档的行号。

在文档最后，增加如图 7-22 所示的代码。

5. 设置 Apache 在系统启动时运行

命令如下：

【chkconfig --levels 235 httpd on】设置 Apache 服务开机时立即启动；

【/etc/init.d/httpd start】或【service httpd start】启动服务。

```
1031 <VirtualHost www.yhy.com:80> 网站跟目录
1032    DocumentRoot var/www/web
1033    ServerName www.yhy.com
1034    ErrorLog logs/dummy-host.example.com-error_log
1035    CustomLog logs/dummy-host.example.com-access_log common
1036  Alias /tmp "/usr/local/temp/" temp虚拟目录的真实路径
1037      <Directory "/usr/local/temp">
1038      Options Indexes MultiViews
1039      Order allow,deny
1040      Allow from 10.0.0.0/8
1041      </Directory>
1042  Alias /private "/usr/local/private/" 需要认证的文件夹路径
1043      <Directory "/usr/local/private">
1044      Authtype basic 认证类型，一般都是basic类型
1045      AuthName "This is private directory,please login:"
1046      AuthUserFile /etc/httpd/mycreatpwd 认证用户以及密码的存放文件
1047      Require user abc xyz 认证用户名
1048      AllowOverride None
1049      Order allow,deny
1050      Allow from 10.0.0.0/8
1051      </Directory>
1052 </VirtualHost>
```

图 7-22　配置 httpd.conf 主文档

6. 验证测试

① 在客户端中输入：【http://www.yhy.com:8888】。访问创建好的网站，可以看到网站根目录/var/www/web 下的主页面，测试主页面如图 7-23 所示。

图 7-23　测试主页面

② 在客户端中输入：【http://www.yhy.com:8888/temp】。可以访问/usr/local/temp 下的主页面，虚拟目录测试主页面如图 7-24 所示。

图 7-24　虚拟目录测试主页面

③ 在客户端中输入：【http://www.yhy.com:8888/private】。访问需要验证的虚拟目录，页面需要输入账号和密码才能登录，认证界面如图 7-25 所示。

单元 7　配置 Web 服务

图 7-25　认证界面

　　输入 abc 或 xyz 的账号与密码即可访问/usr/local/private 下的主页面，认证测试页面如图 7-26 所示。

图 7-26　认证测试页面

创建虚拟目录的优点：

- 便于访问，比真实目录路径要短；
- 能灵活加载磁盘空间；
- 安全性好；
- 便于移动站点目录。

课后习题

一、选择题

1. 以下（　　）是 Apache 的基本配置文件。

A. http.conf　　　　B. srm.conf　　　　C. mime.type　　　　D. apache.conf

2. 以下关于 Apache 的描述（　　）是错误的。

A. 不能改变服务端口　　　　　　　　B. 只能为一个域名提供服务

C. 可以给目录设定密码　　　　　　　D. 默认端口是 8080

3. 启动 Apache 服务器的命令是（　　）。

A. server apache start　　　　　　　　B. server http start

C. server httpd start　　　　　　　　　D. server httpd reload

4. 若要设置 Web 站点根目录的位置，应在配置文件中通过（　　）语句实现。

A ServerRoot　　　　B. ServerName　　　　C. DocumentRoot　　　　D. DirectoryIndex

5. 若要设置站点的默认主页，可在配置文件中通过（　　）选项实现。

A. RootIndex　　　　B. ErrorDocument　　　　C. DocumentRoot　　　　D. DirectoryIndex

二、简答题

1. 试述启动和关闭 Apache 服务器的方法。

2. 简述 Apache 配置文件的结构及其关系。

3. Apache 服务器可搭建哪几种类型的虚拟主机？各有什么特点？

三、实操题

1. 建立 Web 服务器，并根据以下要求配置 Web 服务器。

（1）设置主目录的路径为/var/www/web。

（2）添加 index.jsp 文件作为默认文档。

（3）设置 Apache 监听的端口号为 8888。

（4）设置默认字符集为 GB2312。

2. 在 Web 服务器中建立一个名称为 temp 的虚拟目录，其对应的物理路径是/usr/local/temp，并配置 Web 服务器允许该虚拟目录具备目录浏览和允许内容协商的多重视图特性。

3. 在 Web 服务器中建立一个名称为 private 的虚拟目录，其对应的物理路径是/usr/local/private，并配置 Web 服务器对该虚拟目录启用用户认证，只允许用户名为 abc 和 xyz 的用户访问。

4. 在 Web 服务器中建立一个名为 test 的虚拟目录，其对应的物理路径是/usr/local/test，并配置 Web 服务器仅允许来自网络 192.168.16.0/24 客户端的访问。

5. 使用 192.168.1.17 和 192.168.1.18 两个 IP 地址创建基于 IP 地址的虚拟主机，其中 IP 地址为 192.168.1.17 的虚拟主机对应的主目录为/usr/www/web1，IP 地址为 192.168.1.18 的虚拟主机对应的主目录为/usr/www/web2。

6. 在 DNS 服务器中建立 www.example.com 和 www.test.com 两个域名，使它们解析到同一个 IP 地址 192.168.16.17 上，然后创建基于域名的虚拟主机。其中域名为 www.example.com 的虚拟主机对应的主目录为/usr/www/web1，域名为 www.test.com 的虚拟主机对应的主目录为/usr/www/web2。

单元 8 配置磁盘配额与管理 RAID 卷

单元说明

当 Linux 根分区的磁盘空间耗尽时，系统将无法再建立新的文件，从而出现服务程序崩溃、系统无法启动等故障。为了避免在服务器中出现磁盘空间不足等问题，可以设置启用磁盘配额功能，对用户在指定文件系统（分区）中使用的磁盘空间、文件数量进行限制，以防个别用户恶意或无意间占用大量磁盘空间、保持系统存储空间的稳定性和持续可用性。在服务器管理中此功能非常重要，但对单机用户来说意义不大。

本项目的主要内容是配置 CentOS 系统的磁盘配额，实现有效控制用户使用磁盘空间大小，同时，为了保证数据的安全，用软件实现磁盘的冗余 RAID5 卷的管理。

一、配置用户的基本磁盘配额限制

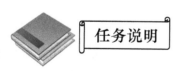

任务说明

配置用户的基本
磁盘配额限制

配额允许用户控制用户或者组织的磁盘，它能防止个体用户和组织使用文件系统中超过系统所允许的磁盘空间，避免造成系统堵塞。磁盘配额限制了一个项目所能使用的磁盘空间大小，配额必须由 root 用户或者有 root 权限的用户启用和管理。

公司现有用户名为 yhy 的邮件用户，经常上传大量的邮件附件，占用服务器的硬盘资源，邮件存放路径为/mail 目录，挂载的分区为/dev/sdb1（分区总大小为 10GB），现在需要限制 yhy 用户磁盘的最大使用磁盘空间为 10MB，超过 7MB 则发出警告，超出 10MB 就不能再在/mail 目录中存储数据。

任务实施

1. 确认 quota 软件包的安装情况

通过以下命令，确认 quota 软件包的安装情况，并查看 quota 软件包安装的磁盘配额管理程序。

【rpm -qa|grep quota】确认软件安装；

【rpm –ql quota|grep sbin】列表查看安装的磁盘配额管理程序。

通过查询，CentOS 6.x 在系统安装时已经安装。

2. 创建测试用户 yhy

【useradd　yhy】创建测试用户；

【passwd yhy】为用户设置密码。

3. 创建文件夹，并设置权限

创建/mail 目录，修改/mail 目录的权限为 777，便于验证用户 yhy 的磁盘配额。

【mkdir /mail】创建挂载磁盘的文件夹挂载点；

【chmod 777 /mail】修改文件夹权限。

4. 进行磁盘分区，并格式化磁盘

① 添加一块新的硬盘，通过【fdisk –l/dev/sdb】命令查看磁盘 sdb 相关信息，如图 8-1 所示。

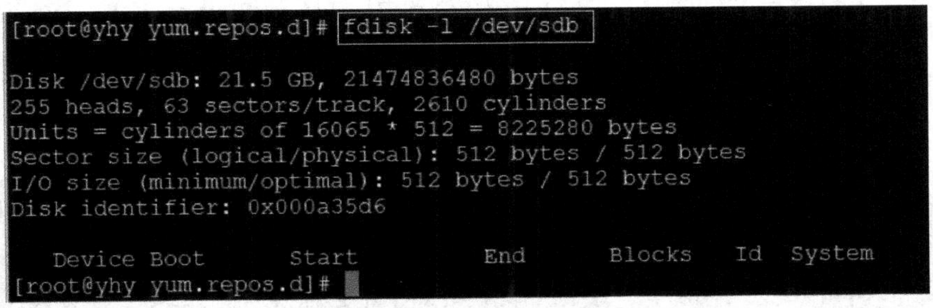

```
[root@yhy yum.repos.d]# fdisk -l /dev/sdb

Disk /dev/sdb: 21.5 GB, 21474836480 bytes
255 heads, 63 sectors/track, 2610 cylinders
Units = cylinders of 16065 * 512 = 8225280 bytes
Sector size (logical/physical): 512 bytes / 512 bytes
I/O size (minimum/optimal): 512 bytes / 512 bytes
Disk identifier: 0x000a35d6

   Device Boot      Start         End      Blocks   Id  System
[root@yhy yum.repos.d]#
```

图 8-1　查看磁盘 sdb 相关信息

② 磁盘分区：使用【fdisk /dev/sdb】命令给磁盘分区，磁盘分区过程如图 8-2 所示。

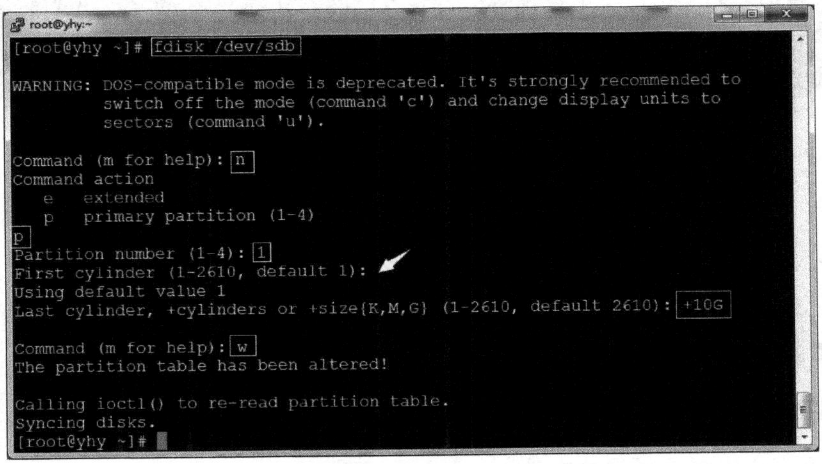

```
root@yhy:~
[root@yhy ~]# fdisk /dev/sdb

WARNING: DOS-compatible mode is deprecated. It's strongly recommended to
         switch off the mode (command 'c') and change display units to
         sectors (command 'u').

Command (m for help): n
Command action
   e   extended
   p   primary partition (1-4)
p
Partition number (1-4): 1
First cylinder (1-2610, default 1):
Using default value 1
Last cylinder, +cylinders or +size{K,M,G} (1-2610, default 2610): +10G

Command (m for help): w
The partition table has been altered!

Calling ioctl() to re-read partition table.
Syncing disks.
[root@yhy ~]#
```

图 8-2　磁盘分区过程

如图 8-2 所示,【n】代表新建分区(new),【p】表示新建主分区(primary),【1】代表分区编号,【+10G】表示新建磁盘空间的大小为 10G,【w】表示写入配置并退出(write)。

③ 使用【mkfs.ext4 /dev/sdb1】命令格式化磁盘分区。

5. 挂载/dev/sdb1 到/mail 目录下

【mount –o usrquota /dev/sdb1 /mail】挂载磁盘,挂载时必须带用户配额属性【–o usrquota】;
【tail /etc/mtab】查看系统挂载的分区,如图 8-3 所示。

```
[root@yhy yum.repos.d]# mount -o usrquota /dev/sdb1 /mail
[root@yhy yum.repos.d]# tail /etc/mtab
devpts /dev/pts devpts rw,gid=5,mode=620 0 0
tmpfs /dev/shm tmpfs rw 0 0
/dev/sda1 /boot ext4 rw 0 0
none /proc/sys/fs/binfmt_misc binfmt_misc rw 0 0
/dev/sr0 /mnt iso9660 ro 0 0
sunrpc /var/lib/nfs/rpc_pipefs rpc_pipefs rw 0 0
nfsd /proc/fs/nfsd nfsd rw 0 0
/nfs/sales /mnt/sales none rw,bind 0 0
/dev/sr0 /mnt iso9660 ro 0 0
/dev/sdb1 /mail ext4 rw,usrquota 0 0
[root@yhy yum.repos.d]#
```

图 8-3　查看系统挂载的分区

6. 设置开机后自动挂载/dev/sdb1 分区到/mail 目录下

① 如果要让系统启动的时候就自动挂载/dev/sdb1 分区到/mail 目录下,需要编辑/etc/fstab 文件。

使用【vim /etc/fstab】命令打开/etc/fstab 文件,并在此文件中添加如图 8-4 所示的最后一行。

```
# /etc/fstab
# Created by anaconda on Wed Feb 17 15:29:18 2016
#
# Accessible filesystems, by reference, are maintained under '/dev/disk'
# See man pages fstab(5), findfs(8), mount(8) and/or blkid(8) for more info
#
/dev/mapper/vg_yhy-lv_root /                       ext4    defaults        1 1
UUID=7dd18f6c-0bea-4ee4-9a56-7dd0635e77db /boot            ext4    defaults
 1 2
/dev/mapper/vg_yhy-lv_swap swap                     swap    defaults        0 0
tmpfs                   /dev/shm                tmpfs   defaults        0 0
devpts                  /dev/pts                devpts  gid=5,mode=620  0 0
sysfs                   /sys                    sysfs   defaults        0 0
proc                    /proc                   proc    defaults        0 0
/dev/sdb1               /mail           ext4    defaults,usrquota,grpquota 0 0
```

图 8-4　/etc/fstab 文件内容

如图 8-4 所示,参数【usrquota】表示增加用户配额属性,参数【grpquota】表示增加组配额属性。

② 重新挂载/dev/sdb1 到/mail 目录下

【mount –o remount /dev/sdb1】重新挂载;
【mount】查看挂载分区情况。

7. 检测磁盘配额并生成配额文件

通过如下命令生成配额属性文件:

【quotacheck –ugcv /dev/sdb1】检测配额并生成配额文件；

【ls –l /mail/】查看并确认/mail 文件系统中的用户配额文件、组配额文件。可以看到在/mail/文件夹下会自动生成 aquota.group 与 aquota.user 两个配置文件。

 注意：

在上面的命令中带有-ugcv 参数，这些参数的具体含义如下：

- -u 检测用户配额信息；
- -g 检测组配额信息；
- -c 创建新的配额文件；
- -v 显示命令执行过程中的细节信息。

8. 编辑用户 yhy 的磁盘配额

【setquota –u yhy   7000 10000 0 0 /dev/sdb1】配置 yhy 用户的磁盘配额；

【edquota –u yhy】查看或修改磁盘配额文件，如图 8-5 所示。

```
Disk quotas for user yhy (uid 500):
  Filesystem                blocks        soft        hard      inodes        soft        hard
  /dev/sdb1                      0        7000       10000           0           0           0
```

图 8-5　磁盘配额文件内容

如图 8-5 所示，磁盘配额文件的各项参数具体释义如下：

第一列 Filesystem 为要处理的分区；

第二列 blocks 为硬盘的当前 blocks 状态，不能改变（硬盘存储文件要写入 block，同时占用一个 inode），单位为 KB；

第三列 soft 为软限制磁盘空间，当所占空间大小超过这个值时就会报警，单位为 KB；

第四列 hard 为硬限制磁盘空间，比 soft 的值大，单位为 KB；

第五列及后面的两列对 inode 数目进行限制，单位为个数。

9. 激活配额功能

配置完磁盘配额后，还需要激活该功能：

【quotaon /dev/sdb1】激活磁盘配额功能。

10. 验证磁盘配额

① 创建文件，把文件所有权给用户。

【mkdir /mail/quotayhy】创建文件夹；

【chown yhy /sdb1/quotayhy】修改文件夹的拥有者。

② 切换用户，查看结果。

【su – yhy】切换到用户，以 yhy 用户身份登录；

【cd /mail/quotayhy/】进入配额磁盘；

【quota】查看磁盘配额使用情况，如图 8-6 所示。

```
[yhy@bestyhy quotayhy]$ quota
Disk quotas for user yhy (uid 505):
     Filesystem  blocks   quota   limit   grace   files   quota   limit
      /dev/sdb1       4    7000   10000               1       0       0
```

图 8-6　查看磁盘配额使用情况

如图 8-6 所示，显示使用 4 个块 1 个文件，Quotayhy 文件占用了 4 个块。

③ 新建几个文件，查看具体的情况。

使用【dd if=/dev/zero of=fileyhy2 bs=1k count=1024】命令建立一个文件名为 yhyfile 每块大小为 bs=100KB、块数 count=200 的占用磁盘空间大小 20MB 大文件，命令运行结果如图 8-7 所示。

```
[yhy@bestyhy quotayhy]$ dd if=/dev/zero of=yhyfile bs=100K count=200
sdb1: warning, user block quota exceeded.
sdb1: write failed, user block limit reached.
dd: writing `yhyfile': Disk quota exceeded
100+0 records in
99+0 records out
10235904 bytes (10 MB) copied, 0.0789023 s, 130 MB/s
```

图 8-7　新建大文件过程

通过如图 8-7 所示的结果，提示超出磁盘配额限制，只能新建最大空间为 10MB 的文件最终的文件大小为 10MB，如图 8-8 所示。

```
[yhy@bestyhy quotayhy]$ ll
total 9996
-rw-rw-r-- 1 yhy yhy 10235904 Feb 12 06:44 yhyfile
```


图 8-8　新建最大空间文件

④ 新建一个 1k*200 的文件。

使用【dd if=/dev/zero of=fileyhy2 bs=1k count=200】命令新建一个 1k*200 的空文件，命令运行结果如图 8-9 所示。

```
[yhy@bestyhy quotayhy]$ dd if=/dev/zero of=yhyfile1 bs=1K count=200
dd: writing `yhyfile1': Disk quota exceeded
1+0 records in
0+0 records out
0 bytes (0 B) copied, 0.00230598 s, 0.0 kB/s
[yhy@bestyhy quotayhy]$
```

图 8-9　新建空文件过程

使用【ll】命令查看文件大小，发现文件大小为 0k，如图 8-10 所示。

```
[yhy@bestyhy quotayhy]$ ll
total 9996
-rw-rw-r-- 1 yhy yhy 10235904 Feb 12 06:50 yhyfile
-rw-rw-r-- 1 yhy yhy        0 Feb 12 06:50 yhyfile1
[yhy@bestyhy quotayhy]$ _
```

图 8-10　查看空文件大小

11. 关闭磁盘配额

在 root 权限下，退出目录磁盘配额所在的分区，使用【quotaoff /dev/sdb1】命令关闭磁盘配额。使用【rm /etc/mtab】命令删除配置文件，以及删除/etc/fstab 文件最后一行。

二、配置 Samba 文件服务器配额

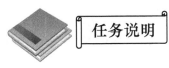任务说明

公司有多个部门，有时候多个部门要共享一个硬盘空间，而文件服务器的空间是有限的。为了避免一个部门过多占用共享空间而其他部门的文件无法存放的现象，需要给共享硬盘设置一个配额，规定某一个部门最多占用的空间。

为了能让 Windows 系统也能访问，所以采用 Samba 文件系统。企业需要限制市场部的用户使用服务器的磁盘空间大小，设置用户 yhy 最大使用量为 100MB，超过 70MB 警告。

任务实施

1. 查询 quota 安装包

【rpm -qa | grep quota】查询 quota 安装包。

2. 重新设置/etc/fstab 挂载选项，并重启完成挂载

修改开机自动挂载文件/etc/fstab，设置配额挂载选项【usrquoata,grpquota】，如图 8-11 所示。

```
# /etc/fstab
# Created by anaconda on Wed Feb 17 15:29:18 2016
#
# Accessible filesystems, by reference, are maintained under '/dev/disk'
# See man pages fstab(5), findfs(8), mount(8) and/or blkid(8) for more info
#
/dev/mapper/vg_yhy-lv_root /                       ext4    defaults,usrquota,grpquota  1 1
UUID=7dd18f6c-0bea-4ee4-9a56-7dd0635e77db /boot    ext4    defaults                    1 2
/dev/mapper/vg_yhy-lv_swap swap                    swap    defaults                    0 0
tmpfs                      /dev/shm               tmpfs    defaults                    0 0
devpts                     /dev/pts               devpts   gid=5,mode=620              0 0
sysfs                      /sys                   sysfs    defaults                    0 0
proc                       /proc                  proc     defaults                    0 0
```

图 8-11　修改/etc/fstab 文件

【reboot】重新启动系统完成自动挂载；

【mount】查看磁盘挂载情况，如图 8-12 所示。

```
[root@yhy ~]# mount
/dev/mapper/vg_yhy-lv_root on / type ext4 (rw,usrquota,grpquota)
proc on /proc type proc (rw)
sysfs on /sys type sysfs (rw)
devpts on /dev/pts type devpts (rw,gid=5,mode=620)
tmpfs on /dev/shm type tmpfs (rw)
/dev/sda1 on /boot type ext4 (rw)
```

图 8-12　查看磁盘挂载情况

3. 创建测试用户或组

【useradd yhy】创建用户；

【passwd　yhy】为用户创建密码。

4. 建立磁盘配额文件，分别对应用户和用户组

执行【quotacheck -cmug/】命令，系统自动在根目录下建立“aquota.group”和“aquota.user”两个配额文件。

5. 给用户 yhy 添加磁盘配额

【edquota -u yhy】(-u 参数为配置用户，如果为给组配置，参数为-g）编辑磁盘配额文件，磁盘配额文件内容如图 8-13 所示。

Disk quotas for user yhy (uid 505):
Filesystem blocks soft hard inodes soft hard
/dev/mapper/vg_bestyhy-lv_root 36 70000 100000 10 0 0

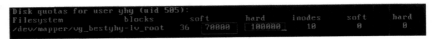

图 8-13　磁盘配额文件内容

以上文件的参数具体释义如下：

- 第一列 Filesystem 为要处理的分区；
- 第二列 blocks 为硬盘的当前 blocks 状态，不能改变（硬盘存储文件要写入 block，同时占用一个 inode），单位为 KB；
- 第三列 soft 为软限制磁盘空间，当所占空间大小超过这个值时就会报警，单位为 KB；
- 第四列 hard 为硬限制磁盘空间，要比 soft 的值大，单位同为 KB；
- 第五列及后面两列对 inode 数目进行限制，单位为个数。

如图 8-13 所示设置软限制磁盘空间为 70MB，硬限制磁盘空间为 100MB。

6. 启动磁盘配额项

运行【quotaon –avug】命令，启动磁盘配额功能，显示如图 8-14 所示的内容，证明磁盘配额启动成功。

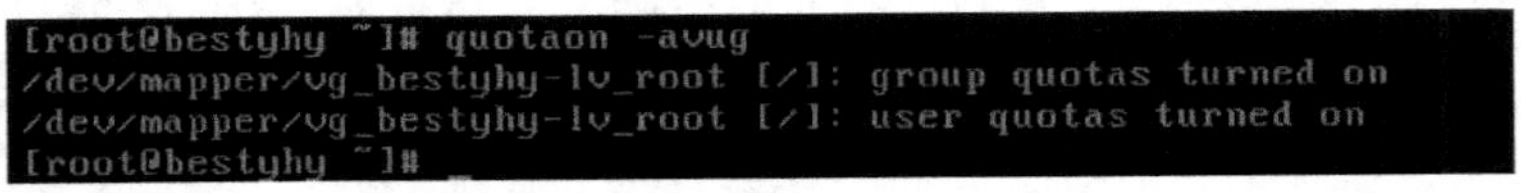

[root@bestyhy ~]# quotaon -avug
/dev/mapper/vg_bestyhy-lv_root [/]: group quotas turned on
/dev/mapper/vg_bestyhy-lv_root [/]: user quotas turned on
[root@bestyhy ~]#

图 8-14　启动磁盘配额信息提示

7. 修改磁盘配额项

磁盘配额项的修改必须首先使用【quotaoff –a】命令停止配额功能，再修改配置文件，最后使用【quotaon –avug】命令启动配额功能，使修改生效。

8. 磁盘配额测试

磁盘配额有没有成功，可以通过 dd 命令建立大文件的方式进行测试：

【su -　yhy】切换用户；

【dd if=/dev/zero of=yhy1 bs=1M count=20】建立一个 20MB 的大文件 yhy1；

【dd if=/dev/zero of=yhy2 bs=1M count=20】建立一个 20M 的大文件 yhy2；

【dd if=/dev/zero of=yhy3 bs=1M count=20】建立一个 20M 的大文件 yhy3；

【dd if=/dev/zero of=yhy4 bs=1M count=20】建立一个 20M 的大文件 yhy4。

当建立第 4 个文件时，4 个文件总空间达到 80MB，超过 70MB，系统给出警告信息【warning, user block quota exceeded】，磁盘配额警告信息如图 8-15 所示。

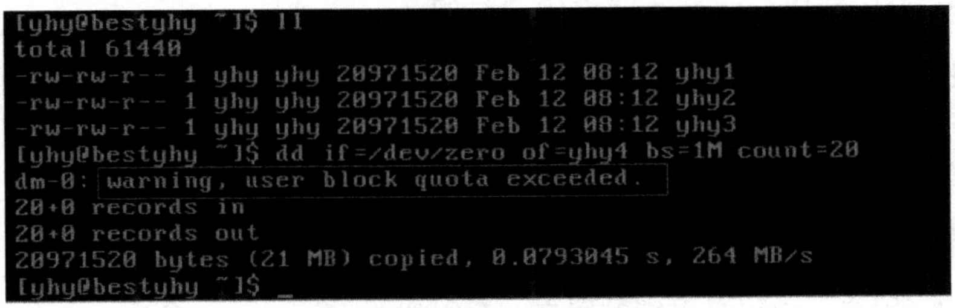

图 8-15 磁盘配额警告信息

如图 8-15 所示，当用户建立文件空间大小达到 70MB 时，系统会发出警告信息；再次使用命令【#dd if=/dev/zero of=yhy5 bs=1M count=50】建立一个 50MB 的大文件 yhy5，系统会提示超出磁盘配额限制信息，如图 8-16 所示。

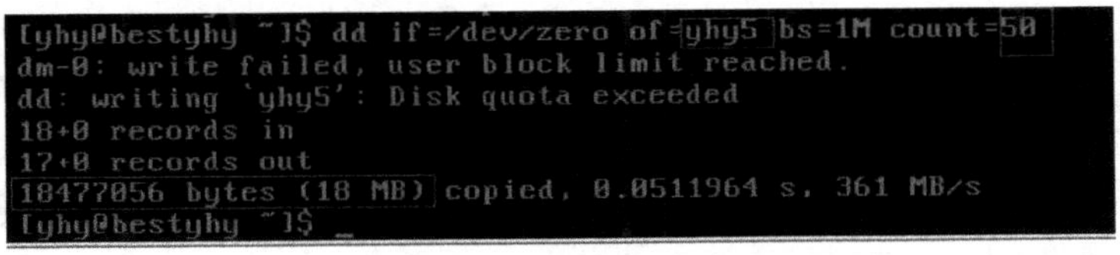

图 8-16 超出磁盘配额限制信息

如图 8-16 所示，第 5 个文件 yhy5 的实际大小只有 18MB，由于磁盘配额限制，并没有达到 50M。可以通过【du-sh】命令查看用户使用的磁盘空间。

单用户的硬盘配额配置成功，下面与 Samba 文件服务器结合配置用户组的磁盘配额。

9. 安装 Samba 包

挂载光盘，配置 yum 源文件，使用如下命令安装 Samba 软件包：

【yum install –y samba*】

10. 配置 Samba 文档

【vim /etc/samba/smb.conf】主配置文件如下：

```
[global]
        workgroup = MYGROUP
        security = user                    #用户访问模式，如果为非用户模式为 share
        passdb backend = tdbsam
        load printers = yes
        cups options = raw
[disk]
```

177

path = /disk	#共享目录
browseable = yes	#可进行浏览器访问
writable = yes	#可写
guest ok = no	#不能匿名访问
valid users = yhy	#可访问的用户，前提是系统用户

11. 创建/disk 目录，并设置所属用户与组

【mkdir /disk】创建挂载点；

【chown yhy.yhy /disk】改变文件夹所有者及所属组；

【chmod 700 /disk】改变文件夹权限。

12. 创建 Samba 用户

创建 Samba 用户，前提是系统的用户，记得加-a（newuser）参数，命令如下：

【smbpasswd -a yhy】

13. 重启 smb 服务

修改 Samba 的配置文件后，需要重新启动 smb 服务，使之生效：

【service smb restart】

14. 测试

在一台与此 smb 机器能连通的机器上映射此 Samba 文件系统，使用命令【\\ServerIP\disk】，发现此分区的可用空间为 100MB。

15. 配置企业 quota 的 group 限定

实际工作中，不会单独给某个用户进行限定，而是限定一个组。如一个部门，每人都有自己的用户名，能同时访问属于这个部门的共享空间。只要把这些用户名设置为属于同一个组，然后对这个组进行限定就可以。

（1）建立用户组及用户

【groupadd markets】建立市场部所在的组 markets；

【useradd -g markets mk1】建立 markets 组下的用户 mk1；

【useradd -g markets mk2】建立 markets 组下的用户 mk2；

【useradd -g markets mk3】建立 markets 组下的用户 mk3。

（2）设定 quota

使用【edquota -g markets】命令编辑用户组 markets 的磁盘配额文件，如图 8-17 所示。

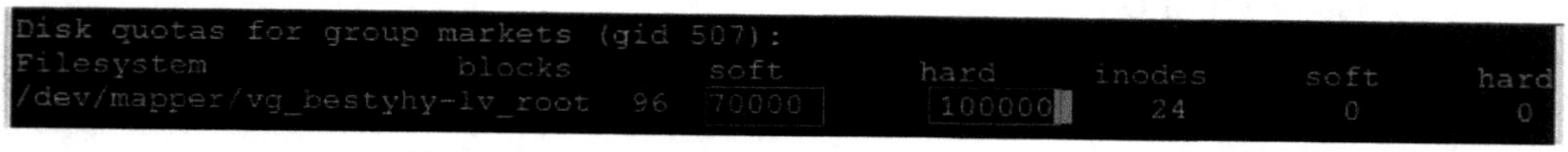

```
Disk quotas for group markets (gid 507):
Filesystem                    blocks       soft         hard        inodes      soft        hard
/dev/mapper/vg_bestyhy-lv_root  96        70000        100000         24          0           0
```

图 8-17　编辑用户组 markets 的磁盘配额文件

首先使用【quotaoff –a】命令关闭磁盘配额功能，然后使用命令【quotaon –avug】开启磁

盘配额。

（3）设定 Samba 用户

（4）配置 smb.conf 文件

使用【vim /etc/samba/smb.conf】命令编辑 Samba 主配置文件，内容如下：

```
[global]
    workgroup = MYGROUP
    security = user                 #用户访问模式，如果为非用户模式为 share
    passdb backend = tdbsam
    load printers = yes
    cups options = raw
[disk]
    path = /disk                    #共享目录
    browseable = yes                #可进行浏览器访问
    writable = yes                  #可写
    guest ok = no                   #不能匿名访问
    valid users = kaka,martin,roben #可访问的用户，前提是系统用户
```

（5）改变共享目录所属组与权限

（6）重启 Samba

（7）如果对组限定后，并对属于此组的某个用户也进行限定，但限定空间大小不同，经过测试，系统将采用最小化原则，限定空间最小的设置成功

三、配置系统用户的磁盘空间限制

任务说明

Linux 系统是一个多任务多用户的操作系统，一般情况下，Linux 系统的每个用户都有一个家目录，每个用户对自己的家目录都具有读写权限。如果管理员不对用户的家目录进行磁盘限制，用户就有可能将硬盘空间占满，因此，本任务将采用 quota 来实现对系统用户使用磁盘空间的限制。

1. 明确 quota 的使用条件

quota 针对分区使用，所以在安装 Linux 系统的时候单独分成一个/home 区。

2. 文件与权限

所有的用户家目录都在/home 下，在 home 目录下建立两个文件：

【cd /home】进入/home 目录；

【touch quota.user】建立用户配额文件；

【touch quota.group】建立用户组配额文件；

【chmod 600 quota.user】修改用户配额文件的权限，只允许 root 对这个文件进行读写操作；

【chmod 600 quota.group】修改用户组配额文件的权限，只允许 root 对这个文件进行读写操作。

3. quota 启动脚本

在/etc/rc.d/rc.local 文件末尾加入 quota 启动脚本，内容如下：

```
if [ -x /sbin/quotacheck ]
then
echo "Checking quotas. This may take some time..."
/sbin/quotacheck -avug
echo "Done"
fi
if [ -x /sbin/quotaon ]
then
echo "Turning on quota"
/sbin/quotaon -avug
echo "OK"
fi
```

4. 修改/etc/fstab 文件

修改/etc/fstab 文件中定义/home 分区的一行内容。

原内容：/dev/hda3 /home ext3 defaults 1 2

新内容：/dev/hda3 /home ext3 defaults,usrquota,grpquota 1 2

在 defaults 后面添 usrquota,grpquota 挂载属性。

 注意：

挂载属性是 usrquota 而不是 userquota，若是修改错误，系统将启动不起来。

5. 重启服务器

【reboot】重启服务器。

在启动过程中出错，因为 quota 在/home 目录下找不到 aquota.user 和 aquota.group 两个文件，采用后面的措施解决。

6. 生成配额文件

首先使用 root 身份登录，然后使用如下命令生成 aquota.user 和 aquota.group 两个配额文件。

【convertquota -u /home】在/home 目录下生成 aquota.user 配额文件；
【convertquota –g /home】在/home 目录下生成 aquota.group 配额文件。

使用【ls /home –al】命令可以看到 aquota.user、aquota.group 两个文件。

7. 再此重启服务器

【reboot】重启服务器，系统将不再报错。进入系统后可以对用户 home 目录进行限制。如一个 yhy 用户，对它进行限制：

【edquota –u yhy 】进入 vim 编辑模式，如图 8-18 所示。
【edquota -u yhy】（-u 参数为配置用户，如果为组配置，参数为-g）

```
Disk quotas for user yhy (uid 505):
Filesystem              blocks       soft       hard      inodes      soft      hard
/dev/mapper/vg_bestyhy-lv_root   36      70000     100000      10         0         0
```

图 8-18　进入 vim 编辑模式

限制 yhy 用户使用空间为 100MB，最大不能超过 120MB，文件总数为 2000 个，最多不能超过 2500 个，设置如下：

Filesystem	blocks	soft	hard	inodes	soft	hard
/dev/hda3	0	100000	120000	0	2000	2500

　注意：

空间限制以 KB 为单位。

8. 测试

以 yhy 用户登录，进入自己的 home 目录，然后拷贝文件，若超过 120MB，就不允许再写入，证明磁盘配额成功。

9. 其他命令

【edquota –p yhy –u user1 user2 user3 user4…】复制 yhy 用户的配置至 user1、user2、user3、user4 等用户；
【quota –v username】显示某个用户当前磁盘的使用情况；
【repquota –a】显示所有用户当前磁盘的使用情况。

四、RAID5 卷的配置与应用

任务说明

RAID5 卷的
配置与应用

RAID 全称为 Redundant Array of Inexpensive Disks，中文名称为廉价磁盘冗余阵列。RAID 可分为软 RAID 和硬 RAID，软 RAID 通过软件实现多块硬盘冗余，而硬 RAID 一般通过 RAID 卡实现 RAID。软 RAID 配置简单，管理也比较灵活。对于中小企业来说是最佳选择。硬 RAID 虽然价格高，但在性能方面具有一定优势。

RAID 种类与意义，见表 8-1。

表 8-1　RAID 种类与意义

RAID 0	存取速度最快，没有容错功能（带区卷）
RAID 1	完全容错，成本高，硬盘使用率低（镜像卷）
RAID 3	写入性能最好，没有多任务功能
RAID 4	具备多任务及容错功能，但奇偶检验磁盘驱动器会造成性能瓶颈
RAID 5	具备多任务及容错功能，写入时有额外开销 overhead
RAID 0+1	速度快、完全容错，成本高

为了保障公司数据的安全，公司为服务器购置了 5 块硬盘，计划配置成 RAID5 卷，硬盘编号分别为/dev/sdb，/dev/sdc，/dev/sdd，/dev/sde，/dev/sdf。

任务实施

1. 磁盘分区

利用【fdisk /dev/sdb】命令给磁盘分区，【n】表示新建分区，【p】表示主分区，【t】表示转换磁盘分区格式，【fd】表示转换成 RAID 卷格式。

2. 创建 RAID5 卷

使用命令【mdadm】创建 RAID5 卷，如果没有 mdadm 软件包请先安装。
安装命令如下：

【mdadm --create --auto=yes /dev/md0 --level=5 --raid-devices=4 --spare-devices=1 /dev/sd[b-f]】

【mdadm】命令后面跟了很多参数，mdadm 命令参数及释义见表 8-2。

表 8-2 mdadm 命令参数及释义

--create	创建 RAID
--auto=/yes /dev/md0	新建立的软件磁盘陈列设备为 md0，md 序号可以为 0～9
--level=5	磁盘阵列的等级，这里是 RAID5
--raid-devices	添加作为预备（spare）磁盘的块数
/dev/sd[b-f]	磁盘阵列所使用的设备，还可以写成 "/dev/sdb/dev/sdd /dev/sde /dev/sdf"

该命令还可以缩写为：【mdadm –C /dev/md0 –l5 –n4 –x1 /dev/sd[b-f]】

3. 查看 RAID5 卷

查看 RAID5 卷是否创建成功及是否正常运行，有以下两种方法。

（1）查看详细信息

使用【mdadm --detail/dev/md0】命令查看 RAID5 卷的详细信息，如图 8-19 和 8-20 所示。

图 8-19 查看 RAID5 卷的详细信息（一）

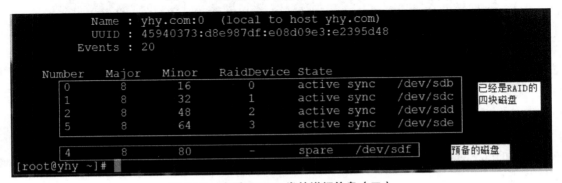

图 8-20 查看 RAID5 卷的详细信息（二）

（2）查看简单信息

使用【cat/proc/mdstat】命令可以查看 RAID5 卷的简单信息，如图 8-21 所示。

```
[root@yhy ~]# cat /proc/mdstat
Personalities : [raid6] [raid5] [raid4]
md0 : active raid5 sde[5] sdf[4][(S)] sdd[2] sdc[1] sdb[0]     [S代表预备的磁盘]
      62863872 blocks super 1.2 level 5, 512k chunk, algorithm 2 [4/4] [UUUU]
                                                                 [4个U代表正常]
                                                                 [如果出现 "—" 下划线时，表示有故障盘]
unused devices: <none>
[root@yhy ~]#
```

图 8-21 查看 RAID5 卷的简单信息

4. 格式化并挂载和使用创建的 RAID5 卷

使用如下命令格式化并挂载和使用创建的 RAID5 卷：

【mkfs.ext3 /dev/md0】格式化 raid5 磁盘为 mkfs.ext3；

【mkdir /mnt/raid5】在/mnt 下创建/raid5 文件夹，用于挂载 md0；

【mount /dev/md0 /mnt/raid5】将 md0 挂载到 raid5。

使用【df -hT】命令查看挂载情况，如图 8-22 所示。

```
[root@yhy mnt]# df -hT
Filesystem                Type     Size  Used Avail Use% Mounted on
/dev/mapper/vg_yhy-lv_root ext4      18G  3.3G   14G  20% /
tmpfs                     tmpfs    936M   76K  936M   1% /dev/shm
/dev/sda1                 ext4     485M   40M  421M   9% /boot
/dev/sr0                  iso9660  4.2G  4.2G     0 100% /media/CentOS_6.5_Final
/dev/md0                  ext3      60G  180M   56G   1% /mnt/raid5    [已经挂载到/mnt/raid5 这个文件夹上]
[root@yhy mnt]#
```

图 8-22 查看 RAID5 卷的挂载情况

5. 设置开机自动启动 RAID5 卷

设置 RAID5 卷开机自动启动，RIAD5 卷配置文件名称为 mdadm.conf，这个文件默认情况下是不存在的，需要建立。该配置文件的主要作用是系统启动的时候能够自动加载软 RAID，同时也方便日后管理。

【mdadm --detail --scan > /etc/mdadm.conf】建立/etc/mdadm.conf 文件；

【vim/etc/mdadm.conf】然后对此文件进行修改，将【spares=1】删去，如图 8-23 所示。

```
root@yhy:/mnt
ARRAY /dev/md0 metadata=1.2 [spares=1] name=yhy.com:0 UUID=45940373:d8e987
df:e08d09e3:e2395d48               [将它去掉]
```

图 8-23 修改/etc/mdadm.conf 文件

注意：

mdadm.conf 文件主要由以下部分组成：

● DEVICES 选项指定组成 RAID 卷的所有设备；

● ARRAY 选项指定阵列的设备名、RAID 级别、阵列中活动设备的数目，以及设备的UUID 号。

6. 设置开机自动挂载

修改/etc/fstab 文件，使用【vim /etc/fstab】命令在该文件的最后添加如下内容：

```
/dev/md0     /mnt/raid5      ext3        defaults      0    0
```

7. 模拟 RAID5 卷中的磁盘损坏，验证 spare 磁盘的功能

在 RAID5 卷中允许一块磁盘损坏，在这种情况下 spare 磁盘会立即替换损坏磁盘进行 RAID 卷的重建，保障数据的安全性。下面将模拟一块磁盘损坏后，spare 盘取代坏盘工作的过程。

【mdadm --manage/dev/md0 --fail/dev/sdd】设置 sdd 磁盘成为出错状态；

【mdadm --detail/dev/md0】查看 RAID5 卷磁盘详细信息，如图 8-24 所示。

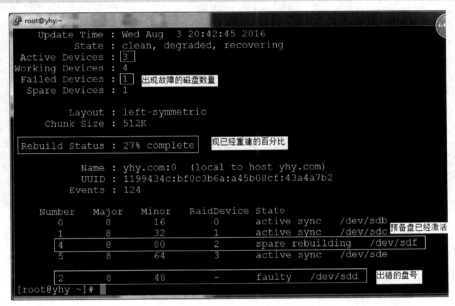

图 8-24　查看 RAID5 卷磁盘详细信息

【cat /proc/mdstat】查看 RAID5 卷的简单情况，如图 8-25 所示。

图 8-25　查看 RAID5 卷的简单情况

通过查看 RAID5 卷的简单情况，可知 RAID5 卷已恢复正常。

将出错的磁盘移除并将新磁盘作为备用的 spare 磁盘，首先删除损坏的磁盘 sdd：

【mdadm --manage /dev/md0 --remove /dev/sdd】将坏掉的磁盘 sdd 从 raid 中除。

再添加一块新磁盘作为 spare 磁盘：

【mdadm --manage /dev/md0 --add /dev/sdg】添加新磁盘作为 sdg。

【mdadm --detail /dev/md0】查看 RAID5 卷磁盘信息，如图 8-26 所示。

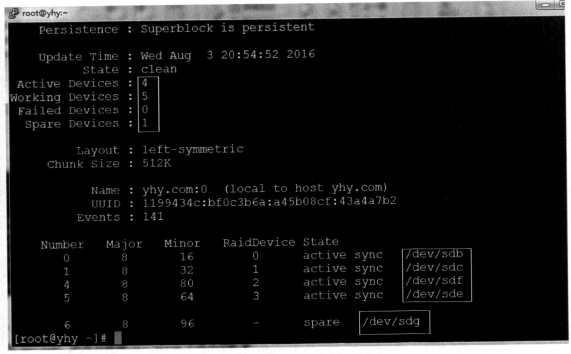

图 8-26　查看 RAID5 卷磁盘信息

8. 关闭 RAID

直接卸载/dev/md0，并且取消/etc/fstab 文件中的配置。

【umount /dev/md0】解除挂载；

【vi /etc/fstab】将 fstab 文件的开机自动挂载功能取消，即在程序最后行前面加【#】号：

#/dev/md0	/mnt/raid5	exit3	defaults	0	0

单元 9　配置与管理 FTP 服务

单元说明

FTP（File Transfer Protocol，文件传送协议）用于从一台主机传送文件到另一台主机。

FTP 和 HTTP 都是文件传送协议，它们有许多共同的特征，如都运行在 TCP 协议基础上，但这两个应用层协议之间存在重要的差别。最重要的差别是 FTP 使用两个并行的 TCP 连接，一个是控制连接，另一个是数据连接。控制连接用于在客户机和服务器之间发送控制信息，如用户名和密码、改变远程目录的命令、存取文件的命令；数据连接用于发送文件。在整个会话期间 FTP 服务器必须维护关联用户的状态。具体地说，服务器必须把控制连接与特定的用户关联起来，必须跟踪用户在远程目录树中的当前目录，为每个活跃的用户会话保持这些状态信息，极大地限制了 FTP 能够同时维护的会话数。HTTP 却不必维护任何用户状态信息。

在 FTP 的使用中，用户经常遇到两个概念："下载"（Download）和"上传"（Upload）。"下载"文件就是从远程主机拷贝文件至自己的计算机；"上传"文件就是将文件从自己的计算机中拷贝至远程主机。

本项目的主要内容是熟悉功能强大的 vsftp 服务器软件的配置与管理，以及服务器的安全与虚拟用户的实现方法。

一、认识 FTP 服务

（一）FTP 服务工作的两种模式

FTP 服务可以工作在主动模式（Active）和被动模式（Passive）两种模式下。

1. 主动模式

在 FTP 的主动模式下，FTP 客户端开启一个随机选择的 TCP 端口，用于请求连接 FTP

服务器的 21 端口。当完成 Three-Way Handshake 后，连接就成功建立，但这仅是控制连接的建立。当两端需要传送数据时，客户端通过控制连接发送一个 port command 告诉服务器，客户端可以用另一个 TCP 端口作为数据通道，然后服务器用 20 端口和刚才客户端所通知的 TCP 端口建立数据连接，这时连接方向从服务器到客户端，TCP 分组中会有一个 SYN flag，然后客户端会返回一个带 ACK flag 的确认分组，并再次完成 Three-Way Handshake 过程。这时数据连接才成功建立，开始数据传送，主动模式如图 9-1 所示。

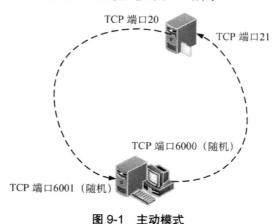

图 9-1 主动模式

2. 被动模式

在 FTP 的被动模式下，FTP 客户端开启一个随机选择的 TCP 端口，用于请求连接 FTP 服务器的 21 端口，完成控制连接的建立。当两端需要传送数据时，客户端通过命令通道发送一个 PASV command 给服务器要求进入被动传输模式，然后服务器随机选择一个 TCP 端口，并用控制连接告诉客户端，客户端用另一个 TCP 端口连接刚才服务器指定的 TCP 端口建立数据通道，此时分组中带有 SYN flag。服务器确认后回送一个 ACK 分组，并完成所有握手过程，成功建立数据通道，开始数据传送，被动模式如图 9-2 所示。

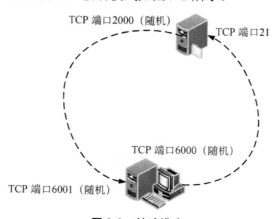

图 9-2 被动模式

目前可以实现 FTP 服务的软件非常多，如支持 Windows 平台的 IIS、Serv-U,支持 Linux 平台的 ProFTPd、vsftpd 等。

（二）vsftp 服务器

1. vsftp 服务器简介

系统用户与匿名用户的访问

通过本地数据文件实现虚拟用户访问

vsftp（Very Secure FTP，非常安全的 FTP）是一个基于 GPL 发布的类 UNIX 系统上使用的 FTP 服务器软件。vsftp（vsftp 官方网站：http://vsftpd.beasts.org/）目前已经被许多大型 FTP 站点所采用（如 CentOS、Suse、Debian、OpenBSD）。

vsftp 除了安全特性外，还包括高速与高稳定性两个重要特点。在速度方面，在千兆位以太网上的下载速度可达 86Mbit/s。在稳定性方面 vsftp 更加出色，vsftp 在单机上支持 4000 个以上的并发用户同时连接。很多著名的网站都使用 vsftp，根据 Red Hat 的 FTP 服务器（ftp.redhat.com）的数据，vsftp 服务器可以支持 15000 个并发用户，vsftp 也是 CentOS 默认的 FTP 服务提供软件。

2. 多种用户认证方式配置

在 vsftp 中可访问的用户有以下几种。

① 匿名用户：vsftp 允许匿名用户以只读方式（可以下载）登录。

② 授权用户：授权用户是指当用户访问 vsftp 时，必须输入有效的用户及密码，有效用户有以下两种。

● 本地用户：以 vsftp 所在主机中/etc/passwd 中的用户及密码作为认证用户来源，这也是默认配置。

● 虚拟用户：vsftp 支持将用户及密码保存在本地数据文件、数据库（MySQL）或 LDAP 中。对于 FTP 的本地用户形式来说，虚拟用户只是 FTP 服务器的专有用户，虚拟用户只能访问 FTP 服务器所提供的资源，这大大增强系统本身的安全性。对于匿名用户而言，虚拟用户需要用户名和密码才能获取 FTP 服务器中的文件，增加了对用户和下载的可管理性。对于需要提供下载服务，但又不希望所有人都可以匿名下载同时考虑主机安全和管理方便的 FTP 站点来说，虚拟用户是一种很好的解决方案。

通过以下 3 种方式实现授权用户访问 vsftp 服务功能。

（1）通过系统用户访问

vsftp 在默认情况下允许系统账户（/etc/passwd）访问，本地内置的账户都可以登录 FTP 服务器。

在一些情况下使用 FTP 服务的时候，只为了让用户通过 FTP 方式访问服务器，而不需要登录系统，可以采用以下命令（在建立用户的时候指定使用 nologin 脚本）实现：

【useradd yhy -s /sbin/nologin】

（2）通过本地数据文件实现虚拟用户访问

通过本地数据文件实现虚拟用户访问时，首先需要建立一个文件，将所有用户和密码保存到该文件中，这种方法主要适用于用户比较少及变化不频繁的情况，配置方法如下。

① 使用如下命令安装用于生成数据库的软件包 db4-mils:

【yum install –y db4-utils*】

② 使用如下命令创建本地映射用户，修改本地映射用户家目录权限：

【useradd -d /var/ftp/vuserdir -s /sbin/nologin vuser】
【chmod o=rwx /var/ftp/vuserdir】

③ 修改/etc/vsftpd/vsftpd.conf 文件，内容如下：

guest_enable=YES	#允许虚拟用户登录
guest_username=vuser	#将虚拟用户映射为本地的 vuser 用户

④ 生成虚拟用户文件，在该文件中用户及密码各一行。

touch /etc/vsftpd/vftpuser.txt 文件，内容如下：

abc	#虚拟用户 abc
password1	#虚拟用户 abc 的密码
xyz	#虚拟用户 xyz
password2	#虚拟用户 xyz 密码

⑤ 生成虚拟用户数据文件：

【db_load -T -t hash -f /etc/vsftpd/vftpuser.txt /etc/vsftpd/vftpuser.db】

⑥ 处于安全考虑应修改生成的用户数据文件权限：

【chmod 600 /etc/vsftpd/vftpuser.db】

⑦ 修改 PAM 认证文件/etc/pam.d/vsftpd，将原有内容注释并加入以下内容。通过以下配置内容可以将认证用户及用户其他检查工作的数据来源改变为本地数据文件（/etc/vsftpd/vftpuser）。

auth required /lib/security/pam_userdb.so db:/etc/vsftpd/vftpuser
account required /lib/security/pam_userdb.so db=/etc/vsftpd/vftpuser

⑧ 使用如下命令重新启动 vsftpd 后，即可使 abc 和 xyz 登录 FTP 服务器。

【service vsftpd restart】重新启动 vsftp 服务；
【chkconfig vsftpd on】下次启动时自动加载 vsftp 服务。

（3）通过 MySQL 实现虚拟用户访问

对于访问 FTP 服务器的虚拟用户数量非常多或变化比较频繁时（如对 Internet 开放的 FTP 服务），使用第 2 种方法比较烦琐。使用 MySQL 数据库实现虚拟用户访问的方式，可以发挥数据库操作灵活等优势，配置方法如下。

① 安装 MySQL 时需要安装的软件包比较多，推荐直接使用 yum 方式安装：

【yum -y install mysql-devel.i* yum -y install mysql-server.i*】

② 启动 mysqld 服务，并设置为下次启动时自动加载：

【service mysqld restart】启动 mysqld 服务；
【chkconfig mysqld on】下次启动时自动加载 mysqld 服务。

CentOS 系统配置与管理

③ 使用 mysqladmin 创建 MySQL 管理员及密码：

【mysqladmin -u root password centos】建立用户名为 root 的 MySQL 管理员，并将密码设置为 centos。

④ 使用 root 用户登录 MySQL 数据库，建立虚拟用户的数据库、表，并加入虚拟用户。任务建立了 abc、xyz 两个用户，将它们的密码都设置为 111，在设置密码时使用了 MySQL 的加密函数 password（），可对存入数据库的用户和密码进行加密。

具体的代码如下：

mysqladmin -u root password centos	#设置用号和密码
mysql –u root –p	#登录数据库，接着输入 root 用户的密码 centos
create database vftpuser;	#创建数据库 vftpuser
use vftpuser;	#进入 vftpuser 数据库
create table users (name char(16)　binary ,pwd char(16) binary);	#在数据库中建立表 users
insert into users(name,pwd) values ('abc',password('1111'));	#在表中插入 abc 用户信息的记录
insert into users(name,pwd) values ('xyz',password('1111'));	#在表中插入 xyz 用户信息的记录
select 　* from users;	#查询数据库中的用户信息，保存用户和密码字段，在插入记录时对该字段进行了加密处理，所以这里显示为密文

　注意：

处于安全考虑，在 vsftpd 读取 MySQL 数据库时，不应使用 root 用户，通过以下方式在 MySQL 中建立一个专门用于读取 vftpuser 数据库中 users 表的用户，在 MySQL 环境中输入以下语句，让 vsqluser 用户使用 centos 作为密码。

grant select on vftpuser.users to vsqluser@localhost identified by centos;
flush privileges;

查看 users 表，如果可以查看内容，则说明 vsqluser 可以访问。

⑤ 创建本地映射用户，修改本地映射用户家目录权限：

【useradd -d /var/ftp/vuserdir -s /sbin/nologin vuser】

【chmod o+rw /var/ftp/vuserdir】

⑥ 修改/etc/vsftpd/vsftpd.conf 文件，内容如下：

guest_enable=YES	#允许虚拟用户登录
guest_username=vuser	#将虚拟用户映射为本地的 vuser 用户

⑦ 下载基于 MySQL 的 PAM 认证模块源码包，并使用如下命令解压、编译、安装：

【tar -xvzf pam_mysql-0.7RC1.tar.gz】

【cd pam_mysql-0.7RC1】

【./configure】

【make】

【make install】

⑧ 修改 PAM 认证文件/etc/pam.d/vsftpd，将原有内容注释并加入以下内容：

> auth required/lib/security/pam_mysql.so user=vsqiuser\passwd=centos host=localhost db=vftpuser table
> =users\usercolumn-name passwdcolumn=pwd crypt=2
>
> account required/Iib/security/pam_mysql.so user=vsqluser passwd=centos\host=localhost ab=vftpuser table=
> users usercolumn=name\passwdcolumn=pwd crypt=2

通过以上配置可以将认证用户及用户其他检查工作的数据来源改变为 MySQL，其中 user、passwd 是读取 MySQL 数据库时使用的用户名；host 是 MySQL 所在的主机；db、table 是存储用户信息的数据库和表；usercolumn、passwdcolumn 是表中存储用户名及密码的字段。crypt 指定密码字段以什么方式保存到数据库中，当 crypt=0 时表示以明文方式保存密码；当 crypt=1 时表示使用 crpyt（）函数加密保存密码（对应 SQL 数据库里的 encrypt（）函数）；当 crypt=2 时表示使用 MySQL 中的 password（）函数加密保存密码，当 crypt=3 时表示使用 md5 的散列方式保存密码。

⑨ 重新启动 vsftpd 后即可使用 abc、xyz 登录 FTP 服务器。

从使用本地数据文件和使用 MySQL 数据库实现虚拟用户访问的方式可以看出，二者并没有多大区别，对于企业内部用户使用的 FTP 服务器，推荐使用本地数据文件方式，因为安全性比 MySQL 更高。

在配置完虚拟用户后，所有虚拟用户访问 FTP 服务器的权限都以 guest_username 指定的用户为准，如果需要对每个虚拟用户配置不同的权限，可以通过以下方法。

● 在/etc/vsftpd/vsftpd.conf 文件中通过 user_config_dir 参数指定一个存放虚拟用户配置文件的目录：

> user_config_dir= /etc/vsftpd/vuserconf

● 在/etc/vsftpd/vsftp/vuserconf 目录下，以每个虚拟用户的用户名为名称建立配置文件即可。

3. vsftpd 服务器行为控制

通过在前面对用户认证的配置后，当用户登录 vsftpd 服务器时，如果使用系统用户则被引导到用户的家目录，如果使用匿名用户则被引导到/var/ftp 目录，如果使用虚拟用户则被引导到所映射的系统用户的家目录。

在 vsftpd 中对用户使用 FTP 服务器的行为进行控制的参数主要有以下

① anonymous_enable=YES|NO：是否允许匿名用户登录。

② allow_anon_ssl=YES|NO：是否允许匿名用户通过 SSL 连接。

③ local_enable= YES|NO：是否允许本地用户登录。

④ write_enable= YES|NO：是否允许用户上传文件到 FTP 服务器，该参数只对非匿名用户有效。

⑤ anon_upload_enable= YES|NO：是否允许匿名用户上传文件到 FTP 服务器。

⑥ anon_mkdir_write_enable= YES|NO：是否允许匿名用户在 FTP 服务器中建立目录。

⑦ anon_other_write_enable= YES|NO：是否允许匿名用户执行创建目录外的写操作（如删

除、重命名）。

⑧ download_enable= YES|NO：是否允许用户下载文件。

⑨ local_umask：授权用户上传文件的 umask，如 local_umask=022。

⑩ anon_umask：匿名用户上传文件的 umask，如 anon_umask=022。

⑪ chown_uploads=YES，chown_usemame=whoever：修改匿名用户上传文件的所有者，当 chown_uploads=YES 时，可通过 chown_usemame 指定一个系统用户，这样用户上传的所有文件所有者都被自动改为该系统用户。前提是 anonymous_enable=YES，anon_upload_enable=YES。

⑫ ls_recurse_enable= YES|NO：是否允许用户登录到 FTP 服务器后，使用 ls -R 等比较占用系统资源的命令。

⑬ dirlist_enable = YES|NO：是否允许使用【dir】等列目录命令。

⑭ userlist_file：指定允许或禁止登录的用户。

⑮ userlist_enable= YES|NO：该参数为 YES 时，vsftpd 将读取 userlist file 参数指定的文件中的用户列表，当列表中的用户登录 FTP 服务器时，该用户在提示输入密码之前就被禁止（即该用户名输入后，vsftpd 检查到所输入的用户名在列表中，vsftpd 就直接禁止该用户，不会再进行询问密码等后续步骤）。

⑯ userlist_deny= YES|NO：该参数决定禁止或只允许由 userlist_file 指定文件中的用户登录 FTP 服务器（该参数只有在 userlist_enable=YES 时才生效）。当 userlist_deny= YES（默认值），禁止文件中的用户登录，同时也不向这些用户发出输入密码的提示，当 userlist_deny= NO 时只允许文件中的用户登录 FTP 服务器。

⑰ chroot_local_user=YES|NO：是否允许所有用户登录 FTP 服务器，离开自己的家目录。

⑱ chroot_list_enable=YES|NO：是否允许指定不能离开家目录的用户，只有当 chroot_local_user=YES 时，chroot_list_enable=YES 才有效。

⑲ chroot_list_file：指定不能离开家目录的用户，如 chroot_list_file=/etc/vsftpd/chroot_list，可将用户名逐行写在该文件里，只有当 chroot_list_enable=YES 时，该参数才有效。

 注意：

vsftp 默认当用户通过 FTP 方式连接服务器时，允许用户离开自己的家目录，甚至允许用户进入【/etc】这样一些重要的目录，强烈推荐使用 chroot_local_user=NO 禁止用户离开家目录或使用 chroot_list_enable 只允许特殊用户离开家目录。

⑳ local_root：指定所有用户的根目录。默认情况下 vsftpd 会根据登录用户的不同，引导到各自的家目录，通过 local_root 参数指定一个目录，如 local_root=/home/ftp 后，所有登录的用户将被引导到/home/ftp 目录，该参数对匿名用户无效。

㉑ anon_max_rate：匿名用户的最大传输速度（单位：Byte/s）。

㉒ local_max_rate：授权用户的最大传输速度（单位：Byte/s）。

㉓ async_abor_enable=YES|NO：是否允许客户端使用 sync 等命令。

㉔ ascii_upload_enable=YES|NO：是否在上传文件时使用 ASCII 传输模式。

㉕ ascii_download_enable=YES|NO：是否在下载文件时使用 ASCII 传输模式。

㉖ idle_session_timeout：指定会话超时（客户端连接 FTP 但未操作）的时间（单位：秒）。

㉗ data_connection_timeout：指定数据传输超时的时间（单位：秒）。

㉘ deny_file：不允许上传的文件类型，如 deny_file={*.exe，*.dll}。

㉙ pam_service_name=vsftpd：指定 vsftpd 使用 PAM 模块的配置文件，默认的 vsftpd 文件在/etc/pam.d 目录下，该文件的默认内容主要指定使用系统用户作为认证来源。

用户登录 FTP 服务器后能否上传文件，除了在 vsftpd 的配置文件中应允许相应的上传操作外，该用户对目录的系统权限也必须是可写的。如当 write_enables=YES 时，用户以 abc 的用户名登录到 FTP 服务器后进入/home/abc/test 目录，但/home/tonyzhang/test 目录的所有者及拥有组均为 root，系统权限为 700，这时用户 abc 是无法上传文件的。

4. vsftpd 服务器的全局配置

除了对用户行为的控制参数外，vsftpd 还使用以下参数对其运行方式进行调整。

① listen_address：指定 vsftpd 侦听的 IP 地址，当 vsftpd 有多个 IP 地址时，可通过该参数让 vsftpd 只接受某个 IP 地址侦听到的 FTP 请求。

② listen_port：指定 vsftpd 侦听的端口，默认为 TCP 的 21 端口。

③ max_clients：vsftpd 允许的最大连接数，如 max_client=3 000。

④ max_per_ip：vsftpd 允许相同 IP 的最大连接数，如 max_per_ip=10。

⑤ use_localtime=YES|NO：是否在目录列表时使用本地时间。

⑥ ftpd_banner：指定登录 FTP 服务时显示的欢迎信息（并不是所有访问 FTP 服务器的方式都支持欢迎信息，如通过浏览器访问时就不会显示该信息）。

⑦ dirmessage_enable=YES|NO：用户在 FTP 服务器切换目录时是否显示欢迎信息，当 dirmessage_enable=YES 时，可以在每个目录下建立一个名为.message 的文件，保存欢迎信息。

⑧ banner_fail：指定当连接失败时显示的信息，如 banner_fail=/etc/vsftpd/errinfo，当有用户连接失败后，会显示 errinfo 文件中的内容。

⑨ xferlog_enable=YES|NO：是否在用户上传/下载文件时记录日志。

⑩ nopriv_user：指定 vsftpd 服务的运行账户，默认为 ftp。

⑪ connect_from_port_20=YES|NO：是否使用 20 端口传输数据。

⑫ pasv_min_port、pasv_max_port：指定被动模式时，客户端的数据连接端口范围，如 pasv_min_port=50 000，pasv_max_port=70 000。

⑬ xferlog_file：指定使用的日志文件。

⑭ xferlog_std_format=YES|NO：是否使用标准日志文件来记录日志。

⑮ listen=YES|NO：开启 IPv4 支持。

⑯ listen_ipv6=YES|NO：开启 IPv6 支持。

⑰ tcp_wrappers=YES|NO：是否允许 tcp_wrappers 管理。

二、配置 vsftp 服务器

（一）配置企业文件下载服务器

配置企业文件
下载服务器

现某视频网站经营初期，为了提高公司的知名度，争取更多的用户资源，欲把自己拥有的视频资源分享给互联网用户，选择 vsftp 服务器搭建公司的业务系统，具体要求如下：

① 配置 FTP 匿名用户的主目录为/var/ftp/anon，下载带宽限制为 100KB/s。

② 建立一个名为 abc、口令为 xyz 的 FTP 账户，下载带宽限制为 500KB/s。

③ 设置 FTP 服务器同时登录 FTP 服务器的最大链接数为 100，每个 IP 最大链接数为 3，用户空闲时间最大为 5 分钟。

④ 服务器 IP 为 192.168.223.100。

1. 设置服务器的 IP 地址

FTP 服务器需要为客户端提供 FTP 服务，为了让客户端能够定位到自己，FTP 服务器首先需要一个固定的 IP 地址。

使用【setup】命令配置 IP 地址或直接修改网卡的配置文件，配置 FTP 服务器的 IP 地址；或直接使用【vim /etc/sysconfig/network-scripts/ifcfg-eth0】命令修改网卡的配置文件，配置完成后需要重启网络服务：【service network restart】。

2. 安装 vsftp 服务软件

配置好 yum 源，挂载 CentOS6.5 光盘，使用如下命令安装：

【yum install –y vsftpd】安装 vsftp 服务器软件；

【rpm –qa |grep vsftpd】安装完成，通过命令即可查询到安装的软件信息。

3. 建立匿名用户主目录及 abc 用户

【mkdir /var/fpt/anon】建立匿名用户主目录；

【useradd –s /sbin/nologin abc】建立 abc 用户，不允许本地登录；

【passwd abc】为 abc 用户设置密码。

4. 编辑 vsftp 主配置文件

使用【vim /etc/vsftpd/vsftpd.conf】命令编辑 vsftp 主配置文件，内容如下：

anonymous_enable=YES	#允许匿名用户登录
anon_root=/var/ftp/anon	#设置匿名用户主目录
anon_max_rate=100000	#下载带宽限制为 100KB/s
local_enable=YES	#允许本地用户登录
local_max_rate=500000	#下载带宽限制为 500KB/s
max_clients=100	#FTP 服务器的最大链接数为 100
max_per_ip=3	#每个 IP 最大链接数为 3
connect_timeout=300	#用户空闲时间最大为 5 分钟

5. 配置 vsftp 在系统中运行

【chkconfig --levels 235 vsftpd on】设置 vsftp 服务开机时立即启动；

【/etc/init.d/vsftpd start】或【service vsftpd start】启动服务。

6. 总结 vsftp 配置文件每行的意义

vsftp 安装好后，无须任何配置，只需启动其服务，即可为用户提供服务，但是运维人员需要能看懂 vsftp 主配置文件/etc/vsftpd/vsftpd.conf 的任意一行代码。

196

anonymous_enable = yes	#允许匿名用户（anonymous）登录
local_enable = yes	#允许本地用户登录
write_enable = yes	#允许本地用户具有写的权限
local_umask = 022	#设置本地用户的文件生成掩码为 022，默认为 077，文件写入格式（二进制数等）
anon_mkdir_write_enable = yes	#允许匿名用户具有写的权限
dirmessage_enable = yes	#激活上传/下载日志，当远程用户更改时提示
ascii_download_enable = yes	#允许用户用 ascii 格式上传/下载文件
ftp_banner = welcome to you!	#用户登录时提示欢迎词
userlist_enable = yes	#用户列表是否启用，yes 为启用，当用户加入到/etc/vsftpd/ftpusers 文件时，用户将不能访问 FTP 服务

（二）配置企业内部文件 FTP 配额

 任务说明

配置企业内部
文件 FTP 配额

某生产制造加工企业，接到一笔较大的生产订单，需要多部门联合开发、配合完成，部门之间需要交换必需的文件，同时也要满足部门之间有各自保密的文件，选择 vsftp 服务器软件来实现公司的需求：

① 新建一分区，10GB 空间，ext3 文件系统，挂载到/ftp 文件下，作为 FTP 服务器数据存放的地方。

② 4 个部门：dep1，dep2，dep3，dep4，分别对应目录 /ftp/dep1，/ftp/dep2，/ftp/dep3，/ ftp/dep4。另外设定一个公共目录 /ftp/public。

③ 5 个用户：admin，user1，user2，user3，user4。其中，user1，user2，user3，user4 分别对应部门 dep1，dep2，dep3，dep4，它们只能访问自己所属部门的目录和 public 目录。如 user1 只能访问 dep1 和 public 目录，不能访问其他目录。admin 为管理员用户，可以访问 FTP 服务器上的任何目录。

④ 用户访问权限限制：user1，user2，user3，user4 在能访问的目录中，具有上传、下载文件的功能，但是不能删除、更改文件。admin 管理员用户对所有目录具有文件上传、下载、删除、权限更改等功能。

⑤ 为每个部门制定一个 quota，设置该账户的文件配额为 1000 个，磁盘配额为 2GB。

⑥ 匿名用户不能访问。

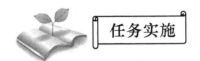 任务实施

1. 磁盘分区与挂载

增加一块硬盘，然后使用如下命令进行分区，并把分区挂载情况写入/etc/fstab 文件。

【fdisk /dev/sdb】为新的 sdb 磁盘分区，并把分区编号为 sdb1；

【mkfs.ext4 /dev/sdb1】格式化磁盘分区 sdb1；

【mkidr /ftp】建立挂载点目录/ftp；

【mount /dev/sdb1 /ftp -o usrquota,grpquota】挂载新分区 sdb1 到/ftp 挂载点下，并带配额属性；

【vim /etc/fstab】编辑开机自动挂载文件/etc/fstab。

在/etc/fstab 文件最后增加如下内容：

/dev/hdb1	/ftp	ext3	defaults,usrquota,grpquota	0	0

2. 建立用户组、用户及相应的文件夹，并进行权限设置

【groupadd dep1】新建用户组 dep1；

【groupadd dep2】新建用户组 dep2；

【groupadd dep3】新建用户组 dep3；

【groupadd dep4】新建用户组 dep4；

【groupadd market】新建用户组 market；

【useradd -G dep1,market user1】新建用户 user1，并加入到用户组 dep1 和 market 中；

【useradd -G dep2,market user2】新建用户 user2，并加入到用户组 dep2 和 market 中；

【useradd -G dep3,market user3】新建用户 user3，并加入到用户组 dep3 和 market 中；

【useradd -G dep4,market user4】新建用户 user4，并加入到用户组 dep4 和 market 中；

【useradd -G dep1,dep2,dep3,dep4,market admin】新建用户 admin，并加入到用户组 dep1，dep2，dep3，dep4，market 等五个用户组中；

【passwd user1】为用户 user1 设置密码；

【passwd user2】为用户 user2 设置密码；

【passwd user3】为用户 user3 设置密码；

【passwd user4】为用户 user4 设置密码；

【passwd admin】为用户 admin 设置密码；

【mkdir /ftp/dep1】新建部门 dep1 的文件目录/ftp/dep1；

【mkdir /ftp/dep2】新建部门 dep2 的文件目录/ftp/dep2；

【mkdir /ftp/dep3】新建部门 dep3 的文件目录/ftp/dep3；

【mkdir /ftp/dep4】新建部门 dep4 的文件目录/ftp/dep4；

【mkdir /ftp/public】新建市场部的公共目录/ftp/public；

【chown user1:dep1 /ftp/dep1】设置目录/ftp/dep1 的所有者为 user1，所属组为 dep1；

【chown user2:dep2 /ftp/dep2】设置目录/ftp/dep2 的所有者为 user2，所属组为 dep2；

【chown user3:dep3 /ftp/dep3】设置目录/ftp/dep3 的所有者为 user3，所属组为 dep3；

【chown user4:dep4 /ftp/dep4】设置目录/ftp/dep4 的所有者为 user4，所属组为 dep4；

【chown admin:market /ftp/public】设置目录/ftp/public 的所有者为 admin，所属组为 market；

【chmod 770 /ftp/dep1】修改目录/ftp/dep1 的权限为所有者和所属组拥有全部权限；

【chmod 770 /ftp/dep2】修改目录/ftp/dep2 的权限为所有者和所属组拥有全部权限；

【chmod 770 /ftp/dep3】修改目录/ftp/dep3 的权限为所有者和所属组拥有全部权限；

【chmod 770 /ftp/dep4】修改目录/ftp/dep4 的权限为所有者和所属组拥有全部权限；

【chmod 770 /ftp/public】修改目录/ftp/public 的权限为所有者和所属组拥有全部权限。

新建的用户、用户组、文件夹，以及拥有权限如图 9-3 所示。

图 9-3　新建的用户、用户组、文件夹，以及拥有权限

3. 创建 quota，配置磁盘配额

【mount /dev/hdb1 /ftp -o usrquota,grpquota】挂载磁盘分区；

【quotacheck -cuvg /dev/sdb1】创建磁盘配额属性文件；

【quotaon –a】开启磁盘配额功能；

【edquota -g dep1】编辑配额文件，如下所示：

Disk quotas for group dep1 (gid 503):						
Filesystem	blocks	soft	hard	inodes	soft	hard
/dev/hdb1	0	1024000	2048000	0	500	1000

【edquota -g -u dep1 dep2 dep3 dep4】将原用户和用户组的 quota 属性设置为套用至其他用户或其他用户组。

4. 编辑 VSFTPD.CONF

使用【vim /etc/vsftpd/vsftpd.conf】命令编辑 vsftpd 主配置文件，如下所示：

```
anonymous_enable=NO
local_root=/ftp                              #用户根目录
user_config_dir=/etc/vsftpd/ftp_config_dir   #指定用户的独立文件地址
chroot_list_enable=YES                       #开启 chroot 功能
chroot_list_file=/etc/vsftpd/chroot_list     #指定 chroot_list 文件
```

5. 建立用户的独立文件

通过如下命令建立每个用户的独立文件：

【mkdir /etc/vsftpd/ftp_config_dir】建立每个用户的独立文件存放的目录；

【vim /etc/vsftpd/ftp_config_dir/user1】新建用户配置文件，内容内下：

cmds_allowed=ABOR,ACCT,APPE,CWD,CDUP,HELP,LIST,MODE,MDTM,NOOP,NLST,PASS,PASV,PORT,PWD,QUIT,REIN,RETR,SITE,SIZE,STOR,STAT,STOU,STRU,SYST,TYPE,USER

【cp /etc/vsftpd/ftp_config_dir/user1 /etc/vsftpd/ftp_config_dir/user2】为 user2 复制 user1 的配置文件；

【cp /etc/vsftpd/ftp_config_dir/user1 /etc/vsftpd/ftp_config_dir/user3】为 user3 复制 user1 的配置文件；

【cp /etc/vsftpd/ftp_config_dir/user1 /etc/vsftpd/ftp_config_dir/user4】为 user4 复制 user1 的配置文件。

（三）配置 vsftp 虚拟用户访问

 任务说明

配置 vsftp 虚拟用户访问

登录 FTP 有三种方式：匿名登录、本地用户登录和虚拟用户登录。匿名登录：在登录 FTP 时使用默认的用户名，一般是 ftp 或 anonymous。本地用户登录：使用系统用户登录，即/etc/passwd 文件中的用户。虚拟用户登录：FTP 专有用户，有两种方式实现虚拟用户，本地数据文件和数据库服务器。FTP 虚拟用户是 FTP 服务器的专有用户，使用虚拟用户登录 FTP，只能访问 FTP 服务器提供的资源，大大增强系统的安全。

现公司为了安全，需要 FTP 专有用户使用虚拟用户的方式登录 FTP。

 任务实施

1. 安装与运行 vsftpd 相关软件

挂载光盘，配置好 yum 源，使用下列命令安装软件：

【yum install vsftpd –y】 安装 vsftpd 软件；

【yum install pam* -y 】安装 vsftpd 的虚拟用户认证配置软件；

【yum install db4* -y 】安装 vsftpd 的虚拟用户数据库生成工具；

【setup】对系统服务及防火墙进行配置；

【chkconfig --level 35 vsftpd on】设置 vsftp 服务在系统中运行；

【reboot】重启系统。

2. 建立 vsftpd 服务的宿主用户

使用【useradd vsftpdadmin -s /sbin/nologin】命令建立 vsftpd 服务的宿主用户。此处的 vsftpdadmin 用户只用来替换 root 用户，并不需要登录，所以指定不可用 shell。

3. 建立 ftp 虚拟宿主用户

使用【useradd ftpuser -s /sbin/nologin 】命令建立 ftp 虚拟用户。此处的 ftpuser 用户只是虚拟用户的宿主，不需要登录系统，所以指定不可用 shell。

4. 配置 vsftpd.conf 文件

更改配置文件前一定要备份源文件，可用【cp /etc/vsftpd/vsftpd.conf /etc/vsftpd/vsftpd.conf. bak】命令实现。

使用【vim /etc/vsftpd/vsftpd.conf】命令编辑 vsftpd 主配置文件，主要修改以下：

anonymous_enable=NO	#不允许匿名用户访问，默认 YES 允许
chroot_list_enable=YES	#不允许 FTP 用户离开自己主目录，默认被注释
chroot_list_file=/etc/vsftpd/chroot_list	#如果使用上一条命令，那么一定要搭配此命令，用于锁定登录用户家目录的位置，如果不使用用户登录时就会报"500 OOPS"错误

注意：

/etc/vsftp/chroot_list 文件是不存在的，需要使用【 vim /etc/vsftp/chroot_list 】命令建立，然后将用户逐行输入，保存即可。

在主配置文件中，很多代码无须修改，但必须明白其含义：

local_enable=YES	#允许本地用户访问，默认 YES，不用修改
write_enable=YES	#允许写入，默认是 YES，不用修改
local_umask=022	#上传后文件的权限掩码，不用修改
dirmessage_enable=YES	#开启目录标语，默认是 YES
xferlog_enable=YES	#开启日志，默认是 YES，不用修改
connect_from_port_20=YES	#设定连接端口为 20，不用修改
xferlog_std_format=YES	#设定 vsftpd 的服务日志保存路径，不用修改
idle_session_timeout=600	#会话超时，客户端连接 ftp 但未操作，默认被注释，可根据具体情况修改
async_abor_enable=YES	#支持异步传输功能，默认被注释
ascii_upload_enable=YES	#支持 ASCII 模式的下载功能，默认被注释
ascii_download_enable=YES	#支持 ASCII 模式的上传功能，默认被注释
#ftpd_banner=Welcome to blah FTP service	#FTP 的登录欢迎语，默认被注释
chroot_local_user=YES	#禁止本地用户登录自己的 FTP 主目录，本身被注释
pam_service_name=vsftpd	#设定 pam 服务下 vsftpd 的验证配置文件名
userlist_enable=YES	#拒绝登录用户名单，不用修改
TCP_wrappers=YES	#限制主机对 vsftpd 服务器的访问，不用修改（通过/etc/hosts.deny

和/etc/hosts.allow 这两个文件配置，如果没有则添加）

userlist_enable=YES	#本地用户不能登录，只有虚拟用户可以登录
guest_enable=YES	#启用虚拟用户
guest_username=ftpuser	#指定虚拟用户的宿主用户
virtual_use_local_privs=YES	#设定虚拟用户的权限符合宿主用户的要求
user_config_dir=/etc/vsftpd/vconf	#设定虚拟用户 vsftpd 的配置文件存放路径

修改后按 ESC 键，然后输入【:wq】保存退出。

5. 建立日志文件并修改其权限

【touch /var/log/vsftpd.log】建立日志文件；

【chown vsftpdadmin.vsftpdadmin /var/log/vsftpd.log】修改其权限让 vsftpd.log 文件属于 vsftpdadmin 宿主。

6. 建立虚拟用户文件

【mkdir /etc/vsftpd/vconf/ 】新建虚拟用户文件存放目录；

【touch /etc/vsftpd/vconf/vir_user】建立虚拟用户文件。

7. 建立虚拟用户

使用【vim /etc/vsftpd/vconf/vir_user 】命令打开虚拟用户文件，并在文件中添加虚拟用户：

virtualuser	#用户名
12345678	#密码

　注意：

奇数行为用户名，偶数行为密码。

使用【vim /etc/vsftp/chroot_list】命令打开需要锁定用户家目录的配置文件，并在此文件中输入需要锁定用户家目录的用户，每个用户占一行。

virtualuser	#用户名 1
virtualuser2	#用户名 2

8. 生成数据库

【db_load -T -t hash -f/etc/vsftpd/vconf/vir_user/etc/vsftpd/vconf/vir_user.db】生成数据库文件，注意每次添加或者删除一个用户时都要执行生成数据库命令，否则无法登录，重新生成之前请备份；

【cp /etc/vsftpd/vconf/vir_user.db /etc/vsftpd/vconf/vir_user.db.bak】备份数据库文件。

9. 设置数据库文件的访问权限

【chmod 600 /etc/vsftpd/vconf/vir_user.db】修改数据库文件为只有所有者拥有可读可写权限；

【chmod 600 /etc/vsftpd/vconf/vir_user】修改原文件为只有所有者拥有可读可写权限。

10. 修改/etc/pam.d/vsftpd 文件

使用【vim /etc/pam.d/vsftpd】命令编辑/etc/pam.d/vsftpd 文件，如下：

```
#%PAM-1.0
auth sufficient    pam_userdb.so        db=/etc/vsftpd/vconf/vir_user
account sufficient    pam_userdb.so    db=/etc/vsftpd/vconf/vir_user
```

以上修改内容中，后两行命令是手动添加的，用于对虚拟用户的安全和用户权限进行验证。

 注意：

● auth 对用户的用户名、密码进行验证。

● accout 对用户的权限进行验证。

● sufficient 表示充分条件，一旦通过验证，则不用经过后续验证步骤。

● pam_userdb.so 表示该命令将调用 pam_userdb.so 库函数。

● db=/etc/vsftpd/vconf/vir_user 表示验证库函数需要在指定的数据库中调用数据。

/etc/pam.d/vsftpd 文件如图 9-4 所示。

```
#%PAM-1.0
auth sufficient    pam_userdb.so        db=/etc/vsftpd/vconf/vir_user
account sufficient    pam_userdb.so    db=/etc/vsftpd/vconf/vir_user
session    optional    pam_keyinit.so    force revoke
auth    required    pam_listfile.so item=user sense=deny file=/etc/vsftpd
/ftpusers onerr=succeed
auth    required    pam_shells.so
auth    include    password-auth
account    include    password-auth
session    required    pam_loginuid.so
session    include    password-auth
```

图 9-4   /etc/pam.d/vsftpd 文件

11. 创建用户的配置文件

 注意：

用户配置文件的名字要和创建的虚拟用户名字相对应。

【touch /etc/vsftpd/vconf/virtualuser 】创建用户配置文件 virtualuser；

【vim /etc/vsftpd/vconf/virtualuser 】编辑用户配置文件 virtualuser。

在用户配置文件/etc/vsftpd/vconf/virtualuser 中输入如图 9-5 所示的内容。

```
local_root=/home/share
anonymous_enable=NO
write_enable=YES
local_umask=0333
anon_umask=0777
file_open_mode=0777
anon_upload_enable=YES
anon_mkdir_write_enable=YES
anon_other_write_enable=YES
cmds_allowed=STOR,FEAT,REST,ABOR,CWD,LIST,MDTM,NLST,PASS,PASV,PORT
,PWD,QUIT,RMD,RNFR,SIZE,TYPE,USER,ACCT,APPE,CDUP,HELP,MODE,NOOP,RE
IN,STAT,STOU,STRU,SYST,RETR
idle_session_timeout=600
data_connection_timeout=120
max_clients=10
max_per_ip=5
local_max_rate=1048576
```

图 9-5   /etc/vsftpd/vconf/virtualuser 文件内容

如图 9-5 中的/etc/vsftpd/vconf/virtualuser 文件内容具体释义如下：

```
local_root=/home/share    #虚拟用户的目录路径、目录文件夹，虚拟用户宿主 ftpuser 有权限读写
local_umask=0333          #配置上传后的文件权限
anon_umask=0777           #配置上传后的文件权限
file_open_mode=0777       #配置上传后的文件权限
cmds_allowed=STOR,FEAT,REST,ABOR,CWD,LIST,MDTM,NLST,PASS,PASV,PORT,PWD,QUIT,RM
D,RNFR,SIZE,TYPE,USER,ACCT,APPE,CDUP,HELP,MODE,NOOP,REIN,STAT,STOU,STRU,SYST,RETR
                          #配置 FTP 用户的权限，此处不能有空格和换行
local_max_rate=1048576    #本地用户的最大传输速度，单位是 Byte/s，此处设定为 10MB
```

12. 重启 vsftpd 服务

使用【service vsftpd restart】或【/etc/init.d/vsftpd restart 】命令重启 vsftpd 服务。

13. 常见错误排除

（1）错误：500 OOPS: cannot change directory:/
解决方法：在终端输入以下命令。

【setsebool ftpd_disable_trans 1】设置 FTP 的布尔值；
【service vsftpd restart】重启 vsftpd 服务。

（2）错误：530 Permission denied
解决方法：在/etc/vsftpd/vsftpd.user_list 文件中添加 FTP 用户。
（3）错误：500 OOPS: unrecognised variable in config file: cal_root
创建用户的配置文件出错，在用户的配置文件中间或后面有空格。
解决方法使用【vim /etc/vsftpd/vconf/virtualuser 】命令检查，一般最前面的 2 个字符丢失。
如果上述命令无效，检查是否有此文件夹，如文件夹不存在也会报错。
（4）错误：CentOS6.5   vsftp 500 OOPS: cannot change directory:/home/ftp
分析原因：CentOS 系统安装了 SELinux，默认情况下没有开启 FTP 服务，因此访问时被阻止。
解决方法：
使用【setsebool   ftp_home_dir 1】命令，修改 off 选项为
再次使用【getsebool -a|grep ftp】命令，查看当前状态是否为 on，输出内容如下：
allow_ftpd_anon_write --> off
allow_ftpd_full_access --> off
allow_ftpd_use_cifs --> off
allow_ftpd_use_nfs --> off
ftp_home_dir --> on   //此处已经为 on 状态
ftpd_connect_db --> off
ftpd_use_fusefs --> off
ftpd_use_passive_mode --> off
httpd_enable_ftp_server --> off
tftp_anon_write --> off
tftp_use_cifs --> off

tftp_use_nfs --> off

有关 seLinux 的配置，如关闭、警告、强制等选项的设置，需要编辑/etc/sysconfig/seLinux 文件，默认是强制状态，建议初学者关闭 seLinux 配置。

三、部署企业级 FTP 服务器

任务说明

现公司因业务发展的需要,公司提出搭建一台 FTP 服务器以供公司内部员工和客户使用，现对 FTP 服务器的搭建提出以下几点要求：

① 使用 RPM 包安装 vsftpd 服务。
② 实现匿名用户访问，验证仅可以访问和下载，不可以上传。
③ 实现把登录用户锁定在自己的家目录中。
④ 实现限制某些用户的访问。
⑤ 实现虚拟用户的访问。
⑥ 实现不同的虚拟用户拥有不同的权限。

任务实施

我们通过下面任务的学习达到部署企业级 FTP 的目的。

（一）配置默认的 vsftpd 服务器

配置默认的
vsftpd 服务器

vsftpd 服务器的配置相当灵活，vsftpd 软件安装后，启动服务即可提供网络服务，在此任务中，我们将搭建默认的 vsftpd 服务器。

1. 挂载系统光盘

vsftp 软件默认未安装，但在安装光盘的 Packages 目录下有所需的软件安装包，所以首先需要挂载系统光盘。

2. 安装 vsftpd 软件

在此，我们使用 rpm 的安装方式安装 vsftpd，安装包存放在系统光盘的 Packages 目录中。

【rpm-ivh /mnt/Packages/vsftpd-2.2.2-11.el6_4.1.x86_64.rpm】安装 vsftpd 软件，使用 Tab 键补齐软件名称。

3. 查看 vsftpd 配置文件

【grep -v "#"/etc/vsftpd/vsftpd.conf】查看配置文件，并过滤配置文件中"#"号开头的注释行。

anonymous_enable=YES	#已开启匿名用户的访问
local_enable=YES	#已开启本地用号的访问
write_enable=YES	#已开启写入权限
local_umask=022	#本地用户上传文件的权限是 644，文件夹是 755

4. 配置 vsftpd 服务在系统中运行

【chkconfig --levels 235 vsftpd on】设置 vsftpd 服务开机时立即启动；

【/etc/init.d/vsftpd start】或【service vsftpd start】启动 vsftpd 服务。

（二）配置匿名用户的访问和下载权限

配置匿名用户的
访问和下载权限

匿名登录是指用户以匿名方式访问某个论坛、网站或计算机系统。在 CentOS 系统中系统用户 FTP（默认无密码）是 vsftpd 服务器的匿名用户。

1. 启动 vsftpd 服务

根据 vsftpd 配置文件的默认配置，vsftpd 服务器搭建完成后即可被匿名用户和本地用户访问。

【service vsftpd start】启动 vsftpd 服务。

测试之前，必须通过以下命令把防火墙和 seLinux 服务关闭：

【service iptables stop】关闭防火墙；

【setenforce 0】临时关闭 SELinux。

在客户端使用文件夹的方式访问 FTP 服务器【ftp://192.168.223.100】，访问结果如图 9-6 所示。

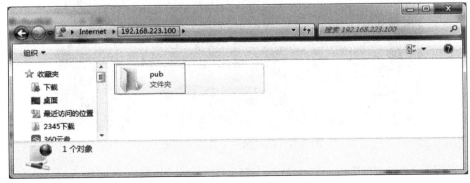

图9-6　FTP 服务器访问结果

2. 测试匿名用户的上传和下载权限

使用匿名用户（无密码）登录 FTP 服务器，查看到目前所在的工作目录为/，这并不是服务器的根目录，而是匿名用户的家目录，使用【ls】命令查看发现里面有一个 pub 文件夹，如图 9-7 所示。

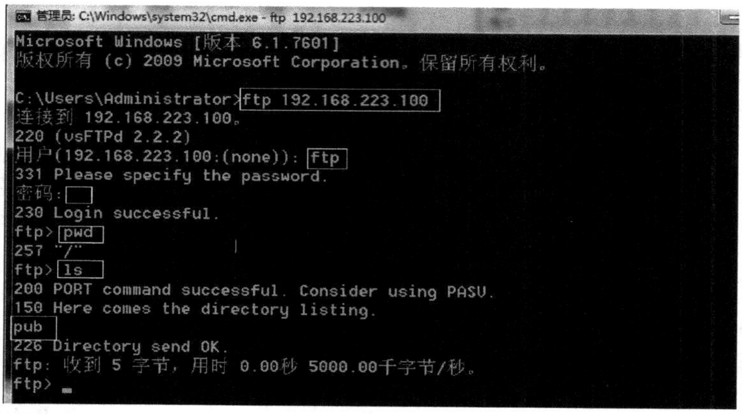

图 9-7　匿名用户登录 FTP 服务器

匿名用户的家目录就是服务器的/var/ftp 目录，使用如下命令在此目录下新建一个可供下载的文件：

【cd /var/ftp】切换到 ftp 目录下；

【echo "this is test ftp" > test.txt】新建一个 test.txt 文件，内容为 this is test ftp。

然后回到客户端的 cmd 控制台，通过【f:\】命令切换到 f 盘，使用【get test.txt】命令下载文件到 f 盘，如图 9-8 所示。

用匿名用户登录 FTP 服务器，下载 test.txt 文件，打开 f 盘，可以看到已经下载的文件。

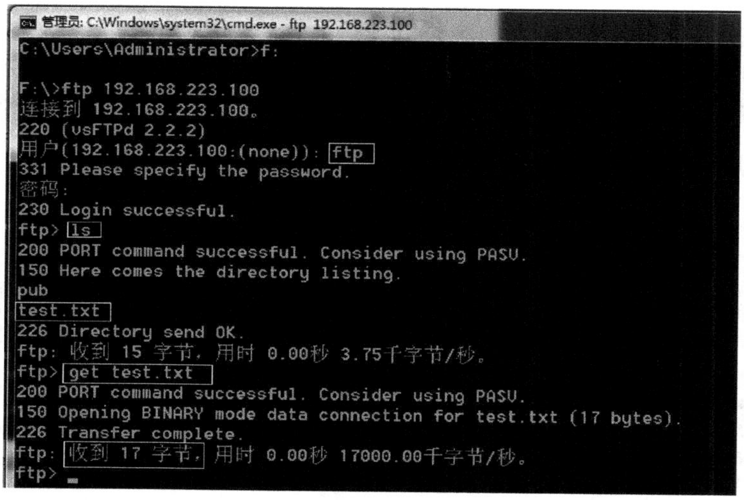

图 9-8　匿名用户下载文件过程

现在验证匿名用户是否可以上传文件，我们把刚才下载到客户端的 test.txt 文件改名为 tes.txt 文件（避免重名），匿名用户上传文件结果如图 9-9 所示。

图 9-9　匿名用户上传文件结果

如图 9-9 所示，上传时被拒绝，所以匿名用户只可下载而不能上传文件。

使用如下命令测试系统用户的上传权限：

【useradd yhy】新建一个 yhy 的用户；
【passwd yhy】设置 yhy 的密码。

然后回到客户端的 cmd 控制台，用 yhy 用户登录并上传 tes.txt 文件，上传成功，系统用户上传文件结果如图 9-10 所示。

图 9-10　系统用户上传文件结果

【ls -l /home/yhy】查看到上传文件的权限为 644（因为配置文件中 local_umask=022），如图 9-11 所示。

图 9-11　系统用户的上传文件权限

　注意：

如果 SELinux 服务没有关闭，使用本地系统用户也不能登录，否则会报以下错误，如图 9-12 所示。

图 9-12　本地系统用号登录报错

（三）配置匿名用户拥有全部权限

配置匿名用户
拥有全部权限

默认状态下，vsftpd 的匿名用户只能下载文件，没有上传功能及修改 vsftpd 服务器的文件等功能，本任务的主要内容是实现匿名用户的上传、下载、修改等控制权限。

1. 修改配置文件：anon_mkdir_write_enable=YES

注意：

当不知道如何配置或修改选项时，我们可以借助 man 文件：【man vsftpd.conf】

在文件里面查找跟 anon 相关的内容，可以看到有一项是 other write，默认值是 NO，如果设为 YES 就允许用户上传、创建目录及删除、重命名等操作，如图 9-13 所示。

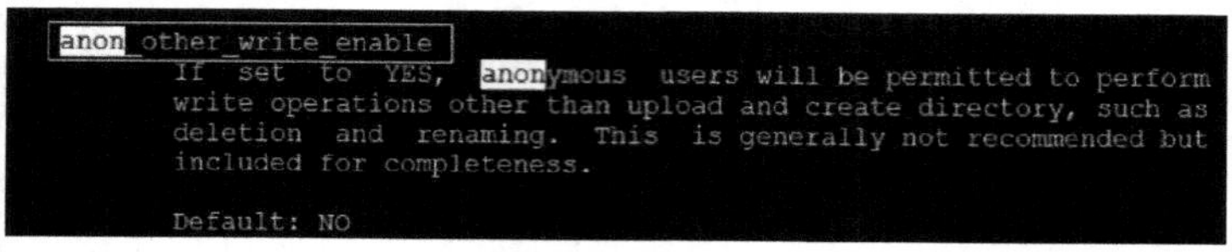

图 9-13　man 文件内容

然后在 vsftpd.conf 脚本中插入一行内容：anon_other_write_enable=YES。

修改完毕之后匿名用户就获得了最高权限（可读写，删除，重命名）。

2. 验证配置结果

首先使用【service vsftpd reload】命令重新加载配置，然后回到客户端的 cmd 控制台，以 FTP 匿名用户登录 FTP 服务器，并执行删除文件操作，提示失败，如图 9-14 所示。

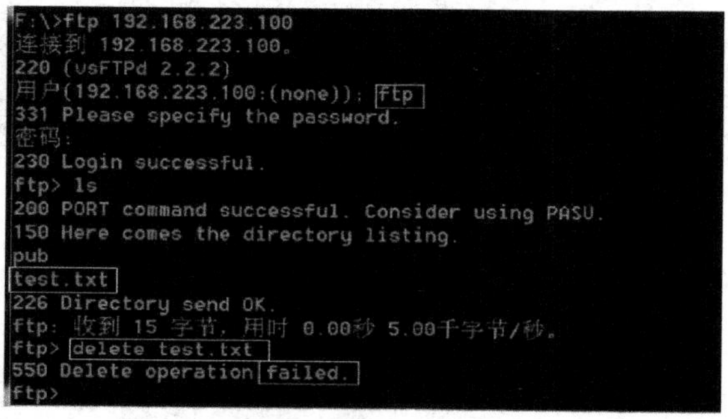

图 9-14　匿名用户删除文件失败

回到服务器查看 ftp 目录的权限，通过【ls –ld /var/ftp】命令，查看到该文件夹是没有写权限的，所以无法删除。

3. 修改匿名用户权限

【chmod 777 /var/ftp】将 ftp 目录权限设置为最高权限。

回到客户端，使用 ftp 用户登录发现报错，因为我们把 var/ftp 目录权限修改为最高权限，匿名用户就可以任意操作，为了安全，vsftpd 设置为直接就不允许登录了。匿名用户登录失败如图 9-15 所示。

图 9-15　匿名用户登录失败

4. 正确配置文件夹权限

如果想让匿名用户拥有最高权限，必须对 ftp 目录的子目录进行如下操作：

【chmod 755 /var/ftp】 把 ftp 目录的权限修改为默认的 755；

【cd /var/ftp】

【mkdir anon】 在 ftp 目录下新建一个 anon 目录；

【chmod 777 anon】 修改目录权限为最高权限；

【cp test.txt anon】 将 test 文件拷贝到 anon 目录下，用于后续删除权限测试；

【ls –l】 查看到 test 文件权限为不可写则不可以删除；

【chmod 666 test.txt】 将文件权限改为可写。

这样，test.txt 文件就可以被匿名用户删除。

5. 测试

回到客户端的 cmd 控制台，使用 ftp 用户登录，切换到 anon 目录下，删除 test.txt 文件，删除成功。匿名用户删除文件成功如图 9-16 所示。

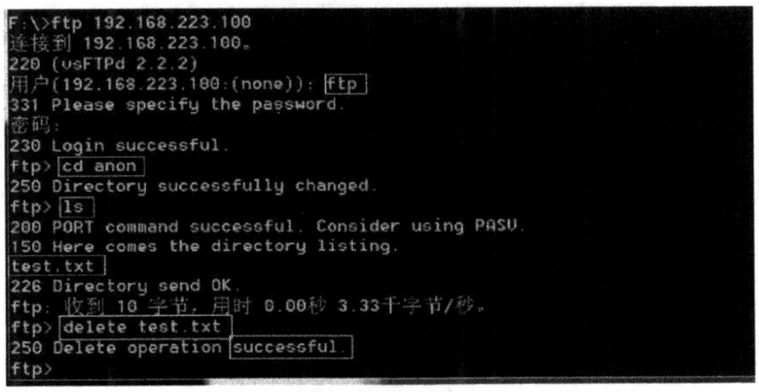

图 9-16　匿名用户删除文件成功

（四）配置登录用户锁定在家目录中

配置登录用户锁
定在家目录中

vsftpd 用户登录系统后，当前目录一般为用户的家目录，用户的访问、下载、上传文件的权限应该在此目录中实现。但是，搭建的 vsftpd 服务器并非如此，用户可以切换到系统的其他目录，这给系统的安全带来很大的隐患。此任务将实现把登录用户锁定在自己的家目录中。

1. 测试用户权限

我们使用本地用户 yhy 登录，默认的当前工作目录是 yhy 自己的家目录，但是 yhy 用户可以任意切换到服务器的任何目录，如图 9-17 所示。

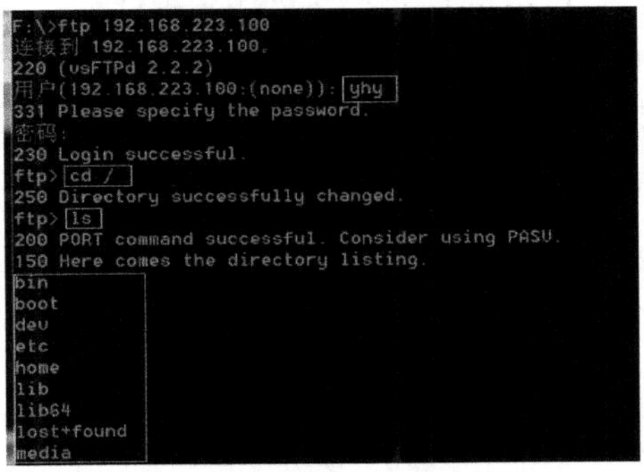

图 9-17　yhy 用户切换到根目录

这样是很不安全的，所以我们要让用户登录之后只能在他的家目录这个范围内活动，不允许任意切换到其他目录。

2. 修改配置文件

chroot_local_user=YES 修改配置文件使锁定用户在家目录中生效。

3. 重启服务

【service vsftpd reload】重启服务，使修改文件生效

4. 测试

回到客户端的 cmd 控制台，使用 yhy 用户登录，切换到根目录，发现此时的根目录是 yhy 用户的家目录，并不是服务器的根目录，说明 yhy 用户已经被锁定在自己的家目录中，测试结果如图 9-18 所示。

```
F:\>ftp 192.168.223.100
连接到 192.168.223.100.
220 (vsFTPd 2.2.2)
用户(192.168.223.100:(none)): yhy
331 Please specify the password.
密码:
230 Login successful.
ftp> cd /
250 Directory successfully changed.
ftp> ls
200 PORT command successful. Consider using PASU.
150 Here comes the directory listing.
tes.txt
226 Directory send OK.
ftp: 收到 9 字节，用时 0.00秒 9.00千字节/秒。
ftp>
```

图 9-18 测试结果

（五）配置限制某些用户的访问

配置限制某些用户的访问

vsftpd 服务与 samba 服务不一样，在 samba 服务中，系统用户与 samba 用户是分开的，而在 vsftpd 服务中，只要是系统用户默认就是 vsftpd 用户，也就是说只要用户能登录系统，就能访问 vsftpd 服务器，这显然是不合理的。此任务将实现允许需要的用户能够登录 vsftpd 服务器，而拒绝某些不需要的用户登录 vsftpd 服务器。

1. 查看 vsftpd 配置的相关文件

查看/etc/vsftpd 目录的内容，发现有一个 user_list 文件。

使用【cat /etc/vsftpd/user_list】命令，查看 user_list 文件内容，发现文件存放被拒绝登录的用户，所以我们想要拒绝某些用户登录就可以将用户写进这个文件里面。

2. 添加拒绝用户到拒绝用户文件列表

使用【vim /etc/vsftpd/user_list】命令打开拒绝用户文件列表，在文件最后添加 yhy 用户。

3. 测试

回到客户端的 cmd 控制台，使用 yhy 用户登录 FTP 服务器，登录失败，如图 9-19 所示。

图 9-19 yhy 用户登录失败

 注意:

我们把 yhy 用户写进了 user_list 文件中,拒绝用户登录的文档之所以生效,是因为 /etc/vsftpd/vsftpd.conf 配置文件中默认【userlist_enable=YES】,如果将此配置修改为【userlist_deny=YES】,那么只有写入 user_list 文件中的用户才能登录 FTP 服务器。

(六)配置虚拟用户的 FTP 访问

配置虚拟用户的 FTP 访问

vsftpd 服务器的系统用户是 vsftpd 用户,那么 vsftpd 用户也能登录系统。为了系统的安全,运维人员往往只建立 vsftpd 用户,而不希望这些 vsftpd 用户能够登录系统,这时就需要使用 vsftpd 服务器的虚拟用户功能。

1. 新建虚拟用户文件

【vim /etc/vsftpd/vuser】新建 vuser 文件,用于存放虚拟用户,文件中奇数行是用户名,偶数行是密码,现新建 tom 和 jack 两个用户,密码均为 qwe123。

新建用户及密码如图 9-20 所示。

图 9-20 新建用户及密码

2. 将 vuser 文件转换成数据库文件

【cd /etc/vsftpd 】切换到 vuser 文件所在的目录;
【db_load -T -thash -f vuser vuser.db】将 vuser 文件转换成 vuser.db 数据库文件。

 注意:

在 db_load 命令后加-T 参数指定转换的文件类型是 hash,-f 参数指定转换的文件名为 vuser.db。

使用【file vuser.db 】命令可以查看 vuser 文件类型,可以查看到 vuser 文件已经被转换成一个 vsftpd 能识别的 hash 数据库文件,如图 9-21 所示。

图 9-21 查看 vuser 文件的类型

3. 修改用户文件权限

为了安全，不能让其他用户拥有 vuser 文件和 vuser.db 文件的任何权限。

【chmod 600 /etc/vsftpd/vuser】设置 vuser 文件只有拥有者才具有可读可写的权限；

【chmod 600 /etc/vsftpd/vuser.db】设置 vuser.db 文件只有拥有者才具有可读可写的权限。

4. 虚拟用户映射系统用户

虚拟用户创建之后，设置虚拟用户映射到一个系统用户。

【useradd -d/opt/vuser -s /sbin/nologin vuser】新建一个虚拟用户的映射用户 vuser，指定宿主目录为 opt/vuser，并指定不允许登录系统。

5. 配置用户认证信息

【vim/etc/pam.d/vsftpd.vu】 为虚拟用户创建 pam 认证模块，并命名为 vsftpd.vu。

在认证文件中加入以下两行认证信息：

```
auth required pam_userdb.sodb=/etc/vsftpd/vuser
account required pam_userdb.sodb=/etc/vsftpd/vuser
```

注意：

这里的 vuser 其实是 vuser.db，省略了 db，否则会报错。

212

6. 开启虚拟用户访问

【vim /etc/vsftpd/vsftpd.conf】编辑 vsftpd.conf 配置文件。

在 vsftpd.conf 配置文件中，注释 pam_service_name=vsftpd 所在行，然后插入如图 9-22 所示的后三行命令。

注意：

vsftpd 有一个默认的 pam 认证模块，需要注释取消。

修改后的 vsftpd.conf 脚本如图 9-22 所示。

```
#pam_service_name=vsftpd    vsftpd的pam默认认证模块，需要注释掉
userlist_enable=YES
tcp_wrappers=YES
guest_enable=YES    #开启虚拟用户访问
guest_username=vuser    #映射到系统账户vuser
pam_service_name=vsftpd.vu    #指定pam认证模块
```

图 9-22　修改后的 vsftpd.conf 脚本

【service vsftpd restart】重启 vsftpd 服务。

回到客户端的 cmd 控制台，使用 tom 用户登录并成功上传文件，如图 9-23 所示。

【ls -l /opt/vuser】查看到上传文件的属主是 vuser，说明 tom 映射到 vuser 这个系统用户。

接着我们把 tes.txt 文件改名为 te.txt，以 jack 用户登录并成功上传 te.txt 文件，如图 9-24 所示。

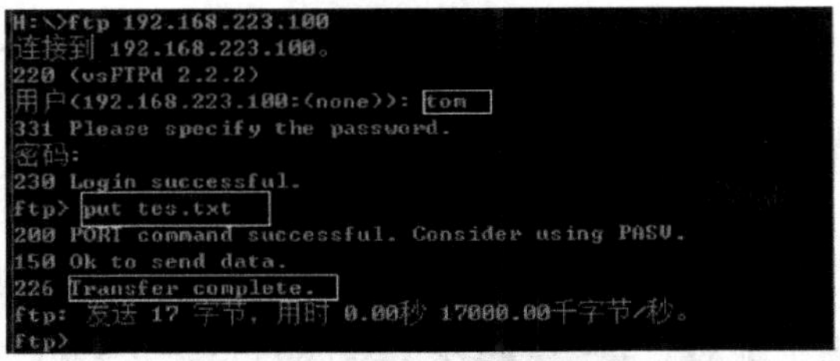

图 9-23　tom 用户登录并成功上传文件

图 9-24　以 jack 用户登录并成功上传文件

【ls -l /opt/vuser】查看到 jack 用户上传文件的属主依旧是 vuser。

注意：

如果虚拟用户都可以登录成功，但是上传时提示被拒绝，需要在 vsftpd.conf 文件中配置 anon_upload_enable=YES 命令。

213

（七）配置虚拟用户拥有不同的文件权限

配置虚拟用
户拥有不同
的文件权限

在上面的任务中 tom 和 jack 两个用户的文件权限是一样的，这样显然是不合理的，那么能不能为不同的 vsftpd 用户设置不同的文件权限呢？此任务将实现 tom 用户上传的文件权限为 600，而 jack 用户上传的文件权限为 644。

1. 开启单独配置文件功能

打开 vsftpd.conf 配置文件，加入以下一行配置命令：

```
user_config_dir=/etc/vsftpd/vu_dir
```

2. 建立用户权限文件

【mkdir –p /etc/vsftp/vu_dir 】在 vsftpd 目录下新建 vu_dir 目录；
【cd　/etc/vsftp/vu_dir】
【vim　jack】在 vu_dir 目录下为 jack 用户新建一个单独的配置文件。

我们用 man 手册查看一下 anon_umask（匿名上传）选项，发现默认权限是 600，所以 tom 和 jack 用户上传文件权限都是 600。如果要使 jack 用户的上传权限是 644，那就把这个值设为 022。

【vim jack】建立并编辑 jack 用户权限文件，在文件中加入【anon_umask=022】。

3. 测试

【service vsftpd restart】 重启 vsftpd 服务。

回到客户端的 cmd 控制台，使用 jack 用户登录并上传 t.txt 文件。

在服务器上查看到上传的文件权限为 644，本任务成功，如图 9-25 所示。

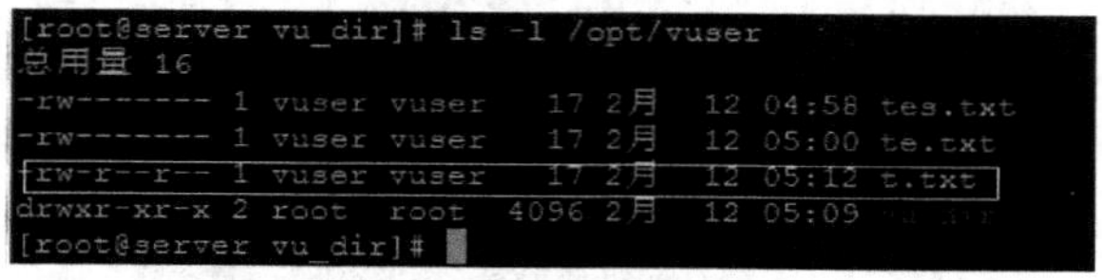

```
[root@server vu_dir]# ls -l /opt/vuser
总用量 16
-rw------- 1 vuser vuser   17 2月  12 04:58 tes.txt
-rw------- 1 vuser vuser   17 2月  12 05:00 te.txt
-rw-r--r-- 1 vuser vuser   17 2月  12 05:12 t.txt
drwxr-xr-x 2 root  root  4096 2月  12 05:09
[root@server vu_dir]#
```

图 9-25　在服务器上查看到的文件权限

Vsftpd 服务器中的虚拟用户是一个非常实用的功能，能满足不同用户的不同访问要求，在配置文件中一定要注意权限的配置，以降低权限，虚拟用户默认作为匿名用户进行处理。

课后习题

一、选择题

1. 以下文件中，不属于 vsftpd 配置文件的是（　　　）。

A. /etc/vsftpd/vsftp.conf
B. /etc/vsftpd/vsftpd.conf
C. /etc/vsftpd/ftpusers
D. /etc/vsftpd/user_list

2. 安装 vsftpd 服务后，若要启动该服务，则正确的命令是（　　　）。

A. server vsftpd start
B. service vsftpd restart
C. service vsftpd start
D. /etc/rc.d/init.d/vsftpd restart

3. 若使用 vsftpd 的默认配置，使用匿名用户登录 FTP 服务器所处的目录是（　　　）。

A. /home/ftp
B. /var/ftp
C. /home
D. /home/vsftpd

4. 在 vsftpd.conf 配置文件中，设置不允许匿名用户登录 FTP 服务器的命令是（　　　）。

A. anonymou_enable=NO
B. no_anonymous_login=YES
C. local_enable=NO
D. anonymous_enable=YES

5. 若禁止所有的 FTP 用户登录 FTP 服务器后，切换到 FTP 站点根目录的上级目录，则相关的配置应是（　　　）。

A. chroot_local_user=NO
   chroot_list_enable=NO
B. chroot_local_user=YES
   chroot_list_enable=NO
C. chroot_local_user=YES
   chroot_list_enable=YES
D. chroot_local_user=NO
   chroot_list_enable=YES

二、简答题

FTP 协议的工作模式有哪几种？它们有何区别？

三、实操题

1. 建立基于虚拟用户的 FTP 服务器，并根据以下要求配置 FTP 服务器。

（1）配置 FTP 匿名用户的主目录为/var/ftp。

（2）建立一个名为 abc、口令为 xyz 的 FTP 用户。设置该用户的文件配额为 1000 个，磁盘配额为 250MB，下载带宽限制为 500KB/s。

（3）设置 FTP 服务器同时登录 FTP 服务器的最大链接数为 100，每个 IP 最大链接数为 3，用户空闲时间最大值为 5 分钟。

2. 在 FTP 客户端连接并测试 FTP 服务器。

单元 10　配置电子邮件服务

单元说明

　　电子邮件服务器是处理邮件交换的软硬件设备的总称，包括电子邮件程序、电子邮箱等。它是为用户提供 E-mail 服务的电子邮件系统，人们通过访问服务器实现邮件交换。服务器程序通常不能由用户启动，而是一直在系统中运行。它一方面负责把本机器上发出的 E-mail 发送出去，另一方面负责接收其他机器发过来的 E-mail，并把各种电子邮件分发给每个用户。

　　很多企业局域网内架设了邮件服务器，用于邮件发送和工作交流。但使用专业的企业邮件系统需要投入大量的资金，这对于很多企业来说是无法承受的。

　　Linux 系统中主流电子邮件服务器软件有以下三种，优缺点如下：

　　① Sendmail：安全性差，不适合较大的负载。

　　② Postfix：易于管理，安全性、速度等方面都较好。

　　③ Qmail：复杂性强，有较高的安全性。

　　Sendmail 是 UNIX 系统的内置软件，只需要设置操作系统，它就能立即运转。在 UNIX 系统中，Sendmail 是应用最广的电子邮件服务器软件。它也是一个免费软件，可以支持数千甚至更多的用户，而且占用的系统资源相当少。

　　Postfix 是一个由 IBM 资助的由 Wietse Venema 负责开发的自由软件工程的产物，其目的是为用户提供除 Sendmail 外的邮件服务器选择软件。Postfix 力图做到快速、易于管理、提供尽可能的安全性，同时尽量做到兼容 sendmail 邮件服务器以满足用户的使用习惯。

　　Postfix 中采用 Web 服务器的设计技巧以减少进程开销，并且采用其他一些优化技术以提高效率，同时保证了软件的可靠性。Postfix 的设计目标就是成为 Sendmail 的替代者。

　　本单元通过 CentOS 提供的 POP3 服务和 SMTP 服务构建邮件服务器来满足企业的需要。

一、认识邮件服务

　　Dave Crocker 是一家美国军方企业的工程师，曾参与 Arpanet 网络的建设和维护工作。Dave Crocker 对当时已有的传输文件程序及信息程序进行研究，研制出一套新程序，它可通过电脑网络发送和接收信息。为了让人们都拥有易识别的电子邮箱地址，Dave Crocker 决定采用"@+用户名+用户邮箱所在的地址"作为电子邮件地址，电子邮件因此诞生。Dave Crocker 一定没有想到，电子邮件给人们的日常生活、企业管理带来如此巨大的变化。

（一）邮件服务器工作原理

电子邮件采用存储转发的方式，了解电子邮件工作原理前，首先了解几个概念。

1. MUA（Mail User Agent，邮件用户代理）

MUA 提供使用者编写邮件、执行收发邮件等功能。无论收信还是发信，一般客户端都是通过操作系统提供的 MUA 使用邮件系统，在测试邮件系统或其他情况下也可以使用 telnet 直接连接 MTA。提供 MUA 功能的邮件客户端软件有 Apple Mail、Outlook Express、Mozilla Thunderbird（雷鸟）、Foxmail 等，见表 10-1。当然还有目前非常流行 WebMail 方式。

表 10-1　提供 MUA 功能的邮件客户端软件

版本	开发商	收费方式	软件许可证	操作系统
Apple Mail	苹果	MacOSX 的一部分	专有	MacOSX
Foxmail	腾讯	免费	专有	Windows
Mozilla Thunderbird	Mozilla	免费	MPL、MPL/GPL /LGPL 三重许可证	MacOSX、Windows、Linux（BSN/UNIX）
Outlook Express	微软	Windows 的一部分	专有	Windows
Microsoft Office Outlook	微软	Office 的一部分	专有	MacOSX、Windows
Kmail	KDE	KDE 的一部分	GPL	MacOSX、Linux（BSNA/UNLX）

2. MTA（Mail Transfer Agent，邮件传输代理）

当 MUA 将邮件交给邮件系统后，邮件系统会将邮件发送给正确的接收主机，MTA 就负责完成这项工作。邮件系统的设计与具体的网络结构无关，不管是互联网还是 UUCP 网络，理论上只要能识别对应网络协议的 MTA，邮件系统就可以通过 MTA 将邮件从一个主机发送到另一个主机。一个 MTA 应该具备接收信件、转发信件，以及响应客户端收取邮件请求等功能。提供 MTA 功能的软件在 Windows 平台中有 Exchange Server（Exchange Server 并不只是提供 MTA 的功能，微软为了满足企业对异步通信平台的需要在其中增加了很多其他功能，如 OWA、OMA、统一通信等）、MDaemon，Foxmail Server 等，在 Linux 平台中有 SendMail、Postfix、QMail 等。

3. MDA（Mail Delivery Agent，邮件投递代理）

根据 MTA 接收的邮件，MDA 将邮件存放到对应地点或者通过 MTA 将邮件投递到下一个 MTA。

4. MRA（Mail Retrieval Agent，邮件收取代理）

MRA 为 MUA 读取邮件提供标准接口，目前主要使用 POP3 或 IMAP 协议。是电子邮件的工作原理如图 10-1 所示，当发送邮件时，进行如下操作：

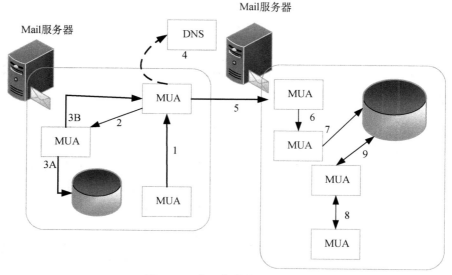

图 10-1　电子邮件的工作原理

218

①用户通过 MUA 将邮件投递到 MTA。

②MTA 首先将邮件传递给 MDA。

③MDA 根据邮件收件人的不同采取两种不同的方式：一种方式是当收件人和发件人来自同一个区域时，MDA 将邮件存放到对应地点；另一种方式是当收件人和发件人不在同一个区域时，MDA 将邮件还给 MTA。

④MTA 通过 DNS 查询到收件人 MTA 的 IP 地址。

⑤将邮件投递到收件人 MTA。

⑥收件人所在区域 MTA 将邮件投递到 MDA。

⑦MDA 将邮件存放到对应地点。

当用户收取邮件时，进入如下操作：

①用户通过 MUA 连接 MRA。

②MRA 在邮件存放地点将邮件收取，并传递给 MDA。

在 MTA 通过 DNS 查询到收件人 MTA 的 IP 地址（④）时，DNS 的区域信息中一般至少会有 MX（Mail eXchange）记录，其作用是指明收件人 MTA 的 FQDN 对应的 A 记录。MX 记录存在的原因是，在发件人的邮件中只有收件人的邮件地址，如 yanghaiyan@yhy.com，通过这个地址无法判断出收件人所在区域 MTA 的 IP 地址。发件人 MTA 向 DNS 查询时，首先会通过 MX 记录找到收件人 MTA 对应的 FQDN，再通过收件人 MTA 的 FQDN 对应的 A 记录查询到 IP 地址。

MX 记录与 DNS 中其他记录最大的区别在于多了一个优先级（下例中的 5 和 10 就是定义的优先级），其有效值为 0～65536 中的任何整数。MX 记录指向的是一个 A 记录，不推荐指向别名（CNAME）记录。MX 记录举例如下：

yhy.com.	IN	MX	5	mail.yhy.com
yhy.com	IN	MX	10	maill.yhy.com
yhy.com	IN	A		192.168.0.15
yhy.com	IN	A		192.168.0.16

同一个区域中允许有多条 MX 记录，数字越小优先级越高。当发件人 MTA 向 DNS 查询发现收件人区域中有多条 MX 记录时，发件人 MTA 会从优先级高的开始尝试投递邮件，如果无法投递则会尝试将邮件投递给优先级第二高的，依次类推。

（二）邮件服务中继原理

前面提到当 MTA 收到邮件时会采取两种处理方式，其中一种处理方式是向外投递邮件，这就产生了中继现象。一种特殊的情况是当 MTA 投递邮件时，这封邮件的收件人及发件人都不在 MTA 所在区域，这种情况称为第三方中继，如图 10-2 所示。如果 MTA 不进行任何验证就将邮件投递到外部区域，这时 MTA 就提供了所谓的开放中继（Open Relay）。如果某个互联网邮件服务器是开放中继，那么不久后这台邮件服务器就会成为垃圾邮件服务器。

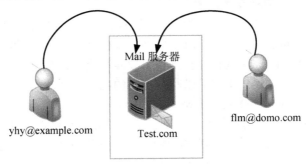

图 10-2　第三方中继

（三）邮件服务相关协议

在搭建邮件服务器前，首先应该对邮件服务所使用的相关协议有一定的了解。下面就是在使用邮件系统时，会用到的几种协议。

1. SMTP 协议

SMTP（Simple Mail Transfer Protocol，简单邮件传输协议）是目前 Internet 传输电子邮件的标准，使用 TCP 端口 25。

SMTP 是一个相对简单的基于文本的协议。SMTP 指定一条消息的一个或多个接收者，然后消息文本被传输，可以通过 telnet 简单测试一个 SMTP 服务器。SMTP 使用 TCP 端口 25。

20 世纪 80 年代早期，SMTP 开始被广泛使用。当时它仅作为 UUCP 的补充，UUCP 更适合于在间歇连接的机器间传送邮件。相反，SMTP 在发送和接收的机器始终连接在网络的情况下工作状况最好。

SMTP 开始是基于纯 ASCII 文本的，它在二进制文件上处理得并不好，如 MIME 的标准被开发出来编码二进制文件以使其通过 SMTP 传输。

Sendmail 是最早实现 SMTP 的邮件传输代理之一。目前还有很多其他的 SMTP 服务器程序，包括 PhilipHazel 的 exim、IBM 的 Postfix、D.J.Bernstein 的 Qmail，以及微软的 Exchange Server 等。

2. POP3 协议

POP3（Post Office Protocol-Version3，邮局协议版本 3）是 TCP/IP 协议族中的一员，被定义在 RFC1939 中。本协议主要用于使用客户端远程管理服务器上的电子邮件的传输。POP3 使用 TCP 端口 110，提供了 SSL 加密的 POP3 协议被称为 POPs，使用 TCP 端口 995。

3. IMAP 协议

IMAP（Internet Message Access Protocol，交互邮件访问协议）被定义在 RFC1939 中。本协议主要用于从本地客户端访问远程服务器上的邮件。IMAP 和 POP3 是邮件访问最为普遍的 Internet 标准协议。目前邮件客户端和服务器都支持这两种协议。IMAP 现在的版本是第四版第一修订版（IMAP4 rev1），在 RFC3501 中定义。IMAP 相对于 POP3 有很多重要的改进，包括如下内容：

（1）支持连接和断开两种操作模式

当使用 POP3 时，客户端只在服务器下载所有新信息时连接服务器。在 IMAP 中，只要用户界面是活动的和下载信息内容是需要的，客户端就会一直连接服务器（目前有很多邮件客户端软件在使用 POP3 时，通过软件自身也可以实现类似的功能）。对于有很多邮件或者邮件内存很大的用户来说，IMAP 模式可以获得更快的响应时间。

（2）支持多个客户同时连接到一个邮箱

POP3 协议假定邮箱当前的连接是唯一的连接。相反，IMAP 协议允许多个用户同时访问邮箱，并提供一种机制让客户端能够感知当前其他连接到这个邮箱的用户所做的操作。

（3）支持访问消息中的 MTME 部分和部分获取

几乎所有的 Internet 邮件都是以 MIME 格式传输的。MIME 允许消息包含一个树型结构，这个树型结构的叶子结点都是单一内容类型而非多块类型的组合。IMAP 协议允许客户端获取任何独立的 MIME 部分，获取信息的一部分或者全部。这些机制使用户无须下载附件就可以浏览消息内容或者在获取内容的同时浏览。

（4）支持在服务器中保留消息状态信息

通过使用在 IMAP 协议中定义的标志，客户端可以跟踪消息状态态，如邮件是否被读取、回复或者删除。这些标志存储在服务器中，所以多个客户端在不同时间访问一个邮箱可以感知其他用户所做的操作。

（5）支持在服务器上访问多个邮箱

IMAP 客户端可以在服务器上创建、重命名或删除邮箱（通常以文件夹形式呈现给用户），还允许服务器访问共享和公共文件夹。

（6）支持服务器端搜索 IMAP 提供了一种机制，客户端可以要求服务器搜索符合多个标准的信息。在这种机制下客户端就无须下载邮箱中所有信息来完成这些搜索。

（7）支持一个定义良好的扩展机制

吸取早期 Internet 协议的经验，IMAP 的扩展定义了一个明确的机制。无论使用 POP3 还是 IMAP 获取消息，客户端都会使用 SMTP 协议发送。邮件客户端可能是 POP 客户端或者

IMAP 客户端，但都会使用 SMTP。IMAP 使用 TCP 端口 143，提供了 SSL 加密的 IMAP 协议被称为 IMAPs，使用 TCP 端口 993。

二、配置 Postfix 邮件服务工程案例

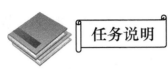

配置 Postfix 邮件
服务工程案例

Postfix 是一种电子邮件服务器，它是由任职于 IBM 华生研究中心（T.J.Watson Research Center）的荷兰籍研究员 Wietse Venema 为了改良 Sendmail 邮件服务器而开发的。Postfix 是一个开放源代码的软件，是免费的。

Postfix 在性能上大约比 Sendmail 快三倍。一部运行 Postfix 的台式电脑每天可以收发上百万封邮件。Postfix 与 Sendmail 兼容，从而使 Sendmail 用户可以很方便地迁移到 Postfix。Postfix 被设计成在重负荷之下仍然可以正常工作。当系统运行超出了可用的内存或磁盘空间时，Postfix 会自动减少运行进程的数目。当处理的邮件数目增长时，Postfix 运行的进程不会增加。

Postfix 是由 10 多个小程序组成的，每个程序完成特定的功能，可以通过配置文件设置每个程序的运行参数。

Postfix 具有多层防御结构，可以有效地抵御恶意入侵者。如大多数的 Postfix 程序可以运行在较低的权限环境下，用户不能通过网络访问与安全性相关的本地投递程序。

某生产加工企业希望在企业网络环境中搭建一台电子邮件服务器，为本单位用户提供邮件服务。该服务器的 IP 地址为 192.168.223.250，合法的域名为 mail.yhy.com，并且 DNS 的 MX 记录也指向该域名，现规划采用 Postfix 软件来搭建企业的邮件服务器。

1. 配置服务器网络环境

本服务器既是 DNS 服务器又是邮件服务器，IP 地址分别设置为 192.168.223.250，设置过程如下：

【cd　/etc/sysconfig/network-scripts】进入网卡文件存放目录；

【cp ifcfg-eth0 ifcfg-eth0.bak】备份将要编辑的网卡配置文件；

【vim /etc/sysconfig/network-scripts/ifcfg-eth0】打开并编辑网卡配置文件。

将/etc/sysconfig/network-scripts/ifcfg-eth0 文件修改成为如下内容：

DEVICE=eth0	#网络名称
ONBOOT=yes	#启用该网卡
BOOTPROTO=static	#IP 地址获取方式为 static（静态）

IPADDR=192.168.223.250	#IP 地址
NETMASK=255.255.255.0	#子网掩码
DNS1=192.168.223.250	#DNS 服务器地址

2. 安装和配置 DNS 服务

（1）安装 DNS 主程序

【yum -y install bind】安装 DNS 主程序

（2）修改/etc/named.conf 文件

【cp　/etc/named.conf　/etc/named.conf.bak】备份将要编辑的 DNS 主配置文件；

【im /etc/named.conf】打开并编辑 DNS 主配置文件。

修改以下只针对本服务器提供服务的三行内容，如果不修改，该 DNS 服务器只针对本身的查询提供应答，不对其他客户端提供域名解析服务。

```
listen-on port 53          { 127.0.0.1;  };
listen-on-v6 port 53       { ::  1;  };
allow-query                { localhost;  };
```

/etc/named.conf 文件内容如图 10-3 所示，保存退出。

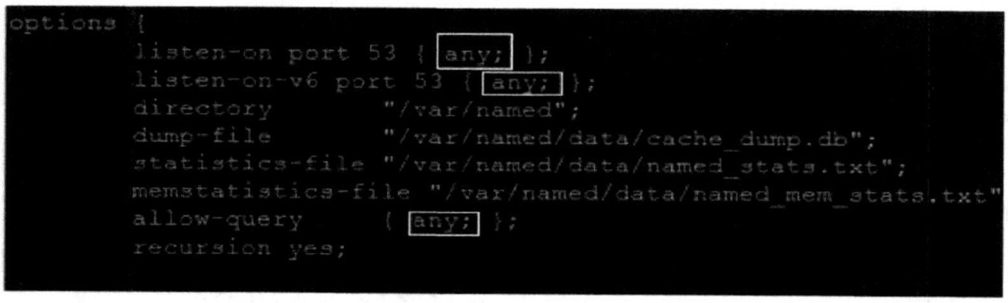

图 10-3　/etc/named.conf 文件内容

（3）修改/etc/named.rfc1912.zones 文件

【vim /etc/named.rfc1912.zones】打开并编辑 named.rfc1912.zones 文件。

**图 10-4　/etc/named.rfc1912.zones
文件添加内容**

在此文件中定义解析的域名为 yhy.com，以及提供域名解析的正向查找区域文件为 yhy.com.zone。

在/etc/named.rfc1912.zones 文件中添加如图 10-4 所示内容。

（4）创建正向查找区域文件 yhy.com.zone

【cp -p /var/named/named.localhost　/var/named/yhy.com.zone 】复制样本区域文件为 yhy.com.zone，一定记得带-p 参数，连同权限一并复制。

【vim　/var/named/yhy.com.zone】编辑正向查找区域文件。

添加如图 10-5 所示的内容，保存退出。

【chown ：named /var/named/yhy.com.zone】为了防止权限问题，需要确保该文件所属组为 named。

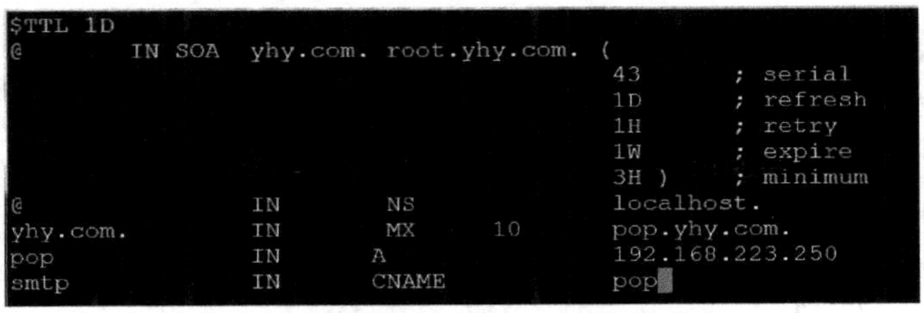

```
$TTL 1D
@       IN SOA  yhy.com. root.yhy.com. (
                                43      ; serial
                                1D      ; refresh
                                1H      ; retry
                                1W      ; expire
                                3H )    ; minimum
@               IN      NS              localhost.
yhy.com.        IN      MX      10      pop.yhy.com.
pop             IN      A               192.168.223.250
smtp            IN      CNAME           pop
```

图 10-5　/var/named/yhy.com.zone 文件添加内容

（5）启用 DNS 服务

【service named start】启用 DNS 服务。

如果出现【Generating /etc/rndc.key】错误，解决方法是运行下面的命令：

【rndc-confgen -r /dev/urandom –a】

（6）修改防火墙设置

【vim /etc/sysconfig/iptables】增加以下两行代码，允许 53 端口和 953 端口通过防火墙：

```
-A INPUT -m state --state NEW -m udp -p udp --dport 53 -j ACCEPT
-A INPUT -m state --state NEW -m udp -p udp --dport 953 -j ACCEPT
```

【service iptables restart】重启防火墙服务。

3. 安装和配置相关邮件服务

【yum -y install postfix dovecot mailx】安装相关邮件服务。

4. 配置 postfix 服务

【vim /etc/postfix/main.cf】编辑/etc/postfix/main.cf 配置文件，修改为如下内容（计算机名和域名根据情况修改）：

```
queue_directory = /var/spool/postfix            #列队目录
command_directory = /usr/sbin                   #控制命令位置
daemon_directory = /usr/libexec/postfix         #后台管理程序位置
data_directory = /var/lib/postfix
mail_owner = postfix                            #设置邮件及邮件队列的所有者
myhostname = pop.yhy.com                        #设置主机名，必须是完整的主机名
mydomain = yhy.com
myorigin = $myhostname
myorigin = $mydomain
inet_interfaces = all                           #Postfix 服务监听的端口
inet_protocols = all
mydestination = $myhostname， localhost.$mydomain， localhost， $mydomain
unknown_local_recipient_reject_code = 550
mynetworks = 0.0.0.0/0                          #允许内部用户匿名进行 SMTP 连接请求范围
```

```
alias_maps = hash：/etc/aliases          #别名数据库查询
alias_database = hash：/etc/aliases      #别名数据库
home_mailbox = Maildir/
debug_peer_level = 2                     #排错级别
debugger_command =
    PATH=/bin：/usr/bin：/usr/local/bin：/usr/X11R6/bin
    ddd $daemon_directory/$process_name $process_id & sleep 5
sendmail_path = /usr/sbin/sendmail.postfix          #Sendmail 目录
newaliases_path = /usr/bin/newaliases.postfix       #newaliases 重建别名数据库目录
mailq_path = /usr/bin/mailq.postfix                 #mailq 工具所在目录
setgid_group = postdrop                             #所有者组
html_directory = no
manpage_directory = /usr/share/man                  #man 目录
sample_directory = /usr/share/doc/postfix-2.6.6/samples       #模版目录
readme_directory = /usr/share/doc/postfix-2.6.6/README_FILES  #说明文件目录
smtpd_sasl_type = dovecot
smtpd_sasl_path = private/auth
smtpd_sasl_auth_enable = yes                        #是否开启 sasl 验证
smtpd_recipient_restrictions=permit_mynetworks，permit_sasl_authenticated，
reject_unauth_destination，  permit                 #反垃圾邮件相关
broken_sasl_auth_clients = yes
```

5. 设置 Postfix 在服务器中运行

【service postfix restart】启动 Postfix 服务；

【chkconfig postfix on】设置 Postfix 服务开机后自动启动。

6. 配置 dovecot 服务

（1）配置 dovecot 接收邮件服务器主配置文件

【vim /etc/dovecot/dovecot.conf】编辑/etc/dovecot/dovecot.conf 文档。将以下两行的"#"去掉，修改如下：

```
protocols = imap pop3          #去掉原来的注释符号
listen = *，::                 #去掉原来的注释符号
```

dovecot 主配置文件修改内容如图 10-6 所示。

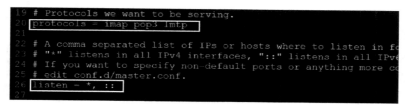

图 10-6   dovecot 主配置文件修改内容

（2）配置认证方式

【vim /etc/dovecot/conf.d/10-auth.conf】编辑 10-auth.conf 认证方式文件，将以下两行内容前面的注释符号去掉：

disable_plaintext_auth = no	#去掉第 9 行前面的注释符号
auth_mechanisms = plain login	#第 97 行前面的注释符号

（3）配置文件夹位置

【vim /etc/dovecot/conf.d/10-mail.conf】编辑 10-mail.conf 文件，将以下一行内容前面的注释符号去掉：

mail_location = maildir：~/Maildir	#去掉第 24 行前面的注释符号

（4）配置认证

【vim /etc/dovecot/conf.d/10-master.conf】编辑 10-master.conf 文件，将以下内容的前两行的注释符号去掉，然后增加后面两行内容，修改如下：

unix_listener /var/spool/postfix/private/auth {	#去掉第 88 行前面的注释符号
mode = 0666	#去掉前面的注释符号
user = postfix	#增加此行内容
group = postfix	#增加此行内容
}	

（5）配置 POP3 服务

【vim /etc/dovecot/conf.d/20-pop3.conf】编辑 20-pop3.conf 文件，将以下内容前面的注释符号去掉，修改如下：

pop3_uidl_format = %08Xu%08Xv	#去掉第 51 行前面的注释符号
pop3_client_workarounds = outlook-no-nuls oe-ns-eoh	#去掉第 85 行前面的注释符号

7. 重启相关服务

【service dovecot restart】重启 dovecot 服务；

【chkconfig dovecot on】设置 dovecot 服务开机自动启动。

8. 新增邮件用户

（1）创建用户 yang3 和 li4

【useradd -s /sbin/nologin yang3】创建 yang3 用户并指定不可用的 shell（登录环境）；

【useradd -s /sbin/nologin li4】创建 li4 用户并指定不可用的 shell。

（2）设置初始密码

【echo 123456 | passwd --stdin yang3】设置 yang3 的密码为 123456；

【echo 123456 | passwd --stdin li4】设置 li4 的密码为 123456。

当看到【successfully】字样时，表示密码设置成功。

9. 配置防火墙

【iptables –F】　清空防火墙;

【service iptables save】　保存防火墙配置操作。

10. 测试相关服务

通过 Outlook 测试用户是否能够正常收发邮件，Outlook 客户端的服务器选项设置如图 10-7 所示。

邮件发送测试结果如图 10-8 所示。

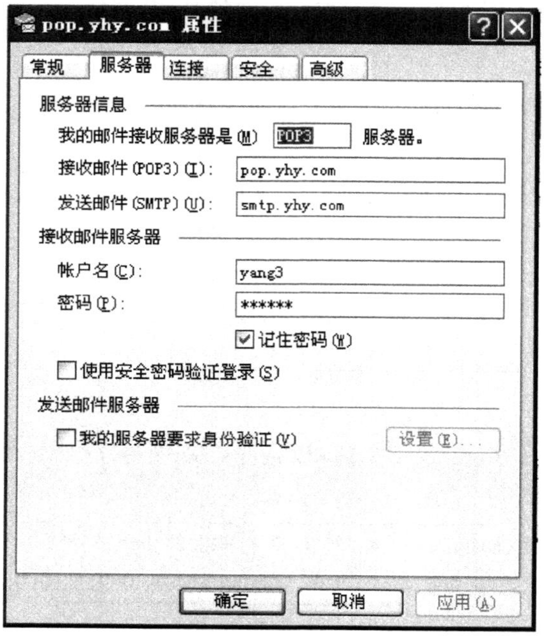

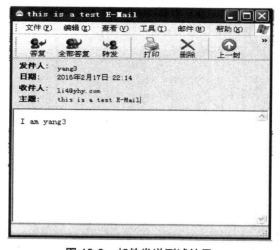

图 10-7　Outlook 客户端的服务器选项设置

图 10-8　邮件发送测试结果

三、配置 Sendmail 邮箱服务工程案例

配置 Sendmail
邮箱服务工程
案例

Sendmail 是 UNIX 环境下使用最广泛的邮件发送/接收的邮件传输代理程序。Sendmail 可以运行在几乎所有的类 UNIX 平台，功能也比较强大。

某生产加工企业希望在企业网环境中搭建一台电子邮件服务器，为本单位用户提供邮件服务。该服务器的 IP 地址为 192.168.223.250，合法的域名为 mail.yhy.com，并且 DNS 的 MX 记录也指向该域名，现规划采用 Sendmail 软件搭建企业的邮箱平台，并结合 dovecot 实现 POP3/IMAP4 客户访问邮件系统。

1. 配置服务器网络环境

本服务器既是 DNS 服务器又是邮件服务器，IP 地址设置为 192.168.223.250。

【vim /etc/sysconfig/network-scripts/ifcfg-eth0】编辑网卡文件；

【service network restart】设置好 IP 后重启网络服务，使新 IP 地址生效。

2. 安装和配置 DNS 服务

具体操作步骤参见上一节相关内容。

3. 安装相关邮箱服务

邮箱配置主要安装 3 个服务软件，分别是 Sendmail 和 dovecot，以及 Sendmail-cf 软件。

【yum install –y sendmail】安装 Sendmail 软件；

【yum install –y dovecot】安装 dovecot 软件；

【yum install –y sendmail-cf】安装 Sendmail-cf 软件。

4. 配置邮箱主文件 Sendmail.mc

【cd /etc/mail】进入主配置文件路径；

【cp sendmail.mc sendmail.mc.bak】备份文件后再修改；

【vim sendmail.mc】打开 sendmail.mc 配置文件，找到文档的第 52、第 53 行，将句首的"dnl"注释语句删除，再找到第 116 行，将 127.0.0.1 改成 0.0.0.0，如图 10-9 所示。

```
51 dnl #
52 TRUST_AUTH_MECH(`EXTERNAL DIGEST-MD5 CRAM-MD5 LOGIN PLAIN')dnl
53 define(`confAUTH MECHANISMS', `EXTERNAL GSSAPI DIGEST-MD5 CRAM-MD5 LOG
54 dnl #

115 dnl #
116 DAEMON_OPTIONS(`Port=smtp,Addr=0.0.0.0, Name=MTA')dnl
117 dnl #
```

图 10-9   Sendmail.mc 配置主文件内容

5. 使用 m4 软件编译主配置文件

【cd /etc/mail】进入 mail 目录；

【m4 sendmail.mc >sendmail.cf】调用 m4 软件编译主配置文件。

6. 编辑 local-host-names 文件

【Vim   /etc/mail/local-host-names】在文件的最后添加如下两行内容：

> yhy.com
>
> mail.yhy.com

最后重新生成 Sndmail.cf 文件。

【cd /etc/mail】进入 mail 目录；

【m4 sendmail.mc > sendmail.cf】使用 m4 软件编译主配置文件。

7. 修改 access 文件

【Vim /etc/mail/access】编辑 access 文件，在文件的最后添加如下两行内容：

Connect：192.168.223.0	RELAY
Connect：yhy.com	RELAY

保存退出，然后重新生成 access.db 文件。

【cd /etc/mail】进入 mail 目录；

【makemap hash access.db < access】重新编译 access.db 文件。

8. 配置 dovecot 文件

【cd /etc/dovecot】进入 dovecot 目录。

在此目录下有几个文档需要编辑，否则 Outlook 无法连接邮箱服务器。

【vim dovecot.conf】编辑 dovecot.conf 文件。

在 dovercot conf 文件中，去掉第 20 行前面的注释，使其支持的协议功能生效；去掉第 26 行前面的注释符号，使其监听所有接口功能生效；去掉第 38 行前面的注释符号，并设置成信任任何网络。

dovecot. conf 文件配置内容如图 10-10 所示。

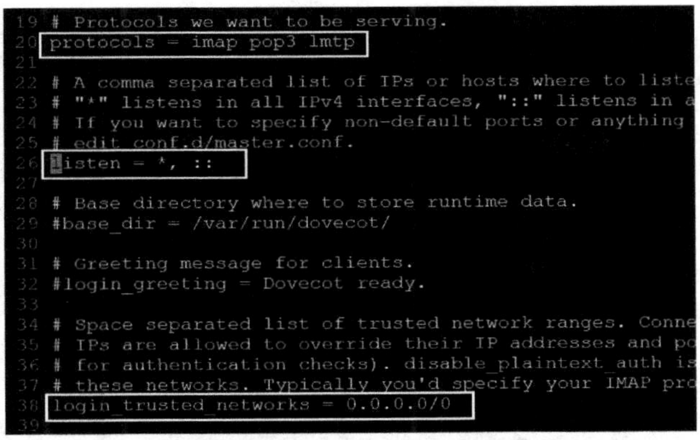

图 10-10 dovecot.conf 文件配置内容

9. 编辑 10-mail.conf 文件，配置用户邮件存放路径

【cd /etc/dovecot/conf.d】进入目录 conf.d；

【vim 10-mail.conf】编辑 10-mail.conf 文件。

在 10-mail.conf 文件中，找到第 25 行【mail_location = mbox：~/mail：INDEX=/var/mail/%u】，把最前面的注释符号"#"去掉，使该语句生效。设置用户邮件的存放路径；找到第 115 行，设置【mail_privileged_group = mail】，并把最前面的注释符号"#"去掉，设置 Dovecot 对 /var/mail/%u 路径的读写权限。

10. 创建邮箱用户

【useradd -g mail -s /sbin/nologin yhy】创建 yhy 用户，并加入 mail 用户组，指定不可用 shell；

【useradd -g mail -s /sbin/nologin tom】创建 tom 用户，并加入 mail 用户组，指定不可用 shell；

【echo 123456 | passwd --stdin yhy】设置用户 yhy 的密码为 123456；

【echo 123456 | passwd --stdin tom】设置用户 tom 的密码为 123456。

这里创建了两个用户，用户的邮箱地址分别为 yhy@yhy.com 和 tom@yhy.com，密码设置为 123456。

11. 创建邮件别名

【vim /etc/aliases】编辑 aliases 文件，在最后添加如下两行：

laoban：	yhy
teacher：	yhy ，tom

yhy 的别名是 laoban，yhy 和 tom 的别名是 teacher。发往 laoban 的邮件 yhy 能收到，发往 teacher 的邮件 yhy 和 tom 都能收到。

【newaliases】重新生成 aliases 文件。

重启系统，然后关闭防火墙，启动以下服务：

【/etc/init.d/sendmail restart】重启 Sendmail 服务；

【/etc/init.d/dovecot restart】重启 dovecot 服务；

【/etc/init.d/saslauthd restart】重启 saslauthd 服务；

【/etc/init.d/named restart】重启 named 服务。

12. 测试

Win7、Win10 系统可以使用第三方软件测试 Sendmail 邮箱服务，首先测试 DNS 和 MX 标记：

【nslookup】使用 nslookup 交互式工具测试 DNS 服务器；

【set type=MX】设置查询类型为 MX。

DNS 测试过程如图 10-11 所示。

```
C:\Documents and Settings\Administrator>nslookup
*** Can't find server name for address 192.168.223.250: Server failed
*** Default servers are not available
Default Server:  UnKnown
Address:  192.168.223.250

> set type=MX
> yhy.com
Server:  UnKnown
Address:  192.168.223.250

yhy.com       MX preference = 10, mail exchanger = pop.yhy.com
yhy.com       nameserver = localhost
pop.yhy.com       internet address = 192.168.223.250
localhost       internet address = 127.0.0.1
localhost       AAAA IPv6 address = ::1
>
```

图 10-11　DNS 测试过程

打开 Outlook，创建 yhy 和 tom 两个邮件用户，利用 yhy 用户写封邮件给 tom 用户，然后查看 tom 用户的收件箱，如图 10-12 所示。

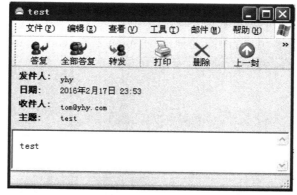

图 10-12　在 tom 用户的收件箱中收到来自 yhy 用户的邮件

因此，Sendmail 邮件服务器搭建成功。

课后习题

一、选择题

1. Postfix 的主配置文件是（　　　）。

A. /etc/postfix/sendmail.mc

B. /etc/postfix/mian.cf

C. /etc/postfix/sendmail.con

D. /etc/postfix/sendmail

2. 能实现邮件的接收和发送功能的协议是（　　　）。

A. POP3

B. MAT

C. SMTP

D. 无

3. 安装 Postfix 服务器后，若要启动该服务，则正确的命令是（　　　）。

A. server postfix start

B. service sendmail restart

C. service postfix start

D. /etc/rc.d/init.d/sendmail restart

4. Postfix 日志功能可以用来记录该服务的事件，其日志保存在（　　　）目录下。

A. /var/log/message

B. /var/log/maillog

C. /var/mail/maillog

D. /var/mail/message

5. 下面（　　　）是转发邮件必须的。

A. POP

B. IMAP

C. BIND

D. Sendmail

二、简答题

1. 简述 MUA 和 MTA 的功能。

2. 简述邮件系统和配置过程。

三、实操题

1. 搭建一台 Postfix+cyrusimapd+squirrelmail 电子邮件服务器，并按照下面的要求进行配置。

（1）只为子网 192.168.1.0/24 提供邮件转发功能。

（2）允许用户使用多个电子邮件地址，如用户 tom 的电子邮件地址可有 tom@example.com 和 gdxs_tom@example.com。

（3）设置邮件群发功能。

（4）设置 SMTP 认证功能。

（5）用户可以使用 squirrelmail 收发邮件。

2. 试用 Outlook Express 客户端软件收发电子邮件。

单元11 配置网络数据库MySQL服务

单元说明

网络数据库服务就是以后台运行的数据库管理系统为基础，辅以前台程序，为网络用户提供数据的存储、查询等服务，广泛地应用在 Internet、搜索引擎、电子商务、电子政务和网上教育等各个方面。

MySQL 是一个高性能、多线程、多用户、建立在客户端/服务器结构上的关系型数据库管理系统（RDBMS）。MySQL 是"世界上最受欢迎的开放源代码数据库"，当前全世界有超过 600 万的系统使用 MySQL（引自 MySQL 官方网站）。MySQL 的主要特征如下：

① 性能高效而稳定，MySQL 几乎比当前其他所有数据库的性能都好，因此 Yahoo、Google、Cisco、HP 和 NASA 等都采用它作为自己的数据库引擎。

② 开放源代码，MySQL 是自由的开放源代码产品，可以在 GPL 下畅通使用。

③ 多用户支持，MySQL 可有效地满足 50～1000 个并发用户的访问，并且在超过 600 个用户的情况下，MySQL 的性能并没有明显下降。

④ 多线程，MySQL 使用核心线程的完全多线程，这意味着可以采用多 CPU 体系结构。

⑤ 开放性，支持 ANSI SQL-99 标准，适用于多种操作系统（如 Linux、Solaris、FreeBSD、OS/2、MacOS 及 Windows 系列等），可在多种体系结构（如 Intel x86、Alpha、SPARC、PowerPC 和 IA64 等）上运行。

⑥ 广泛的应用程序支持，有 c、c++、Java、Perl、PHP 和 Python 等多种客户端工具和 API 的支持。

⑦ 支持事务处理、行锁定、子查询、外键和全文检索等功能。

⑧ 支持大数据库处理，可对某些包含 50 000 000 个记录的数据库使用 MySQL。

⑨ 有灵活且安全的权限和口令系统，并且允许对其他主机的认证。

本单元主要内容是完成 MySQL 的安装、配置和使用。

一、配置基本的 MySQL 服务

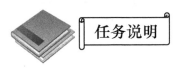 任务说明

 配置基本的 MySQL 服务

　　MySQL 是一个关系型数据库管理系统,由瑞典 MySQL AB 公司开发,目前属于 Oracle 旗下公司。MySQL 最流行的关系型数据库管理系统,在 Web 应用方面是最好的 RDBMS (Relational Database Management System,关系数据库管理系统) 应用软件之一。MySQL 是一种关联数据库管理系统,关联数据库将数据保存在不同的表中,而不是将所有数据放在一个大仓库内,这样就增加了速度并提高了灵活性。MySQL 所使用的 SQL 语言是访问数据库的最常用标准化语言。MySQL 软件采用双授权政策,它分为社区版和商业版,由于其体积小、速度快、总体拥有成本低,尤其是开放源码这一特点,一般中小型网站的开发都选择 MySQL 作为网站数据库。由于其社区版的性能卓越,搭配 PHP 和 Apache 可形成良好的开发环境。

　　本任务的主要工作是完成数据库的安装,以及基本使用,具体任务如下:

① 创建一个名为 xsxk 的学生选课数据库。

② 在学生选课数据库中创建一个名为 student 的表(存放学生的有关信息)。

③ 将表 student 复制为另一个表 xstable。

④ 实现在表 xstable 中添加、删除、修改的操作。

 任务实施

1. 安装与运行 MySQL 服务

【yum install mysql-server】安装 mysql 服务端;

【yum install -y mysql】安装 mysql 客户端;

【yum install -y mysql-devel】安装 mysql 库文件;

【rpm -qi mysql-server】查看刚安装好的 mysql-server 的版本;

【chkconfig --levels 235 mysqld on 】设置 mysqld 服务开机时自动启动;

【/etc/init.d/mysqld start 或 service mysqld start 】启动 mysqld 服务。

2. 配置 MySQL 的 root 密码

【mysqladmin -u root password 'root'】给 root 用户设置密码为 root;

【mysql -u root –p】输入正确的密码后即可登录 mysql 数据库。

3. MySQL 数据库的主要配置文件及存放目录

(1)MySQL 的主配置文件:/etc/my.cnf。

(2)数据库的数据库文件存放位置:/var/lib/mysql。

（3）MySQL 数据库的日志输出存放位置：/var/log。

 注意：

MySQL 数据库是可以通过网络访问的，并不是一个单机版数据库，其中使用的协议是 tcp/ip 协议，MySQL 数据库绑定的端口号是 3306，所以我们可以通过【netstat –anp |more 】命令来查看 Linux 系统是否在监听 3306 这个端口号。

4. 创建 mysql 用户

首次安装 MySQL 时，MySQL 安装程序会在数据库 mysql 中设置 5 个 MySQL 授权表，由这 5 个授权表共同决定哪个用户可以连接服务器、从哪里连接，以及连接后可以执行哪些操作。

要查看数据库 mysql 中表 user 前 4 个字段的内容，可使用下面的命令：

【select host，user，password，select_priv from mysql.user；】

这里需留意命令中【mysql.user】的写法，其含义是数据库 mysql 中的表 user，如果事先使用命令 use mysql 选择了当前使用的数据库，则可将该命令中的【mysql.user】简化为【user】。数据库 mysql 中表 user 前 4 个字段内容如图 11-1 所示。

```
mysql> select host,user,password,select_priv from mysql.user;
+-----------+------+-------------------------------------------+-------------+
| host      | user | password                                  | select_priv |
+-----------+------+-------------------------------------------+-------------+
| localhost | root | *81F5E21E35407D884A6CD4A731AEBFB6AF209E1B | Y           |
| yhy.com   | root |                                           | Y           |
| 127.0.0.1 | root |                                           | Y           |
| localhost |      |                                           | N           |
| yhy.com   |      |                                           | N           |
+-----------+------+-------------------------------------------+-------------+
5 rows in set (0.00 sec)

mysql>
```

图 11-1　数据库 mysql 中表 user 前 4 个字段内容

从图 11-1 中看出，第 1、2 条记录表明，mysql 授予用户 root 可以从本地（localhost）连接数据库服务器，并且对服务器中的所有数据库都拥有全部权限（从表 user 的第 4 个字段起的所有关于权限的字段值都是【Y】）；第 3、4 条记录表明，任何其他用户（对应表 user 中的字段 user 值为空，相当于匿名用户）也可以从本地（localhost）连接数据库，但是对系统中所有数据库都没有访问权限（从表 user 的第 4 个字段起的所有关于权限的字段值都是【N】）。

要查看数据库 mysql 中表 db 的前 4 个字段内容，可使用下面的命令：

【select host，db，user，select_priv from mysql.db；】

数据库 mysql 中表 db 的前 4 个字段内容如图 11-2 所示。

```
mysql> select host,db,user,select_priv from mysql.db;
+------+---------+------+-------------+
| host | db      | user | select_priv |
+------+---------+------+-------------+
| %    | test    |      | Y           |
| %    | test\_% |      | Y           |
+------+---------+------+-------------+
2 rows in set (0.01 sec)

mysql>
```

图 11-2　数据库 mysql 中表 db 的前 4 个字段内容

从图 11-2 可看出，表 db 定义了任何用户都可以从任何主机访问数据库 test（或以 test 开头的数据库），并且对该数据库拥有完全的访问权限（从表 db 的第 4 个字段起的所有关于权限的字段值都是【Y】）。这里的字符【%】作为通配符，字符【\】作为转义符。虽然在表 db 中定义了允许任何用户可以从任何主机访问数据库 test，但由于在表 user 中限制任何用户只能从本地（localhost）连接数据库服务器，因此在这两个表的共同作用下，mysql 默认设置是任何用户只能从本地完全访问数据库 test。此外，由于 MySQL 默认允许用户 root（初始化时无密码）可以从本地连接数据库服务器，并且可以访问系统上的所有数据库，因此安全起见，应尽快为 mysql 管理员（root 用户）设置密码。

因此，下面为数据库服务器创建/删除新用户，以及更改用户密码。

创建一个新用户 guest，并为他设置密码，同时允许它从任何主机连接数据库服务器，可按以下步骤进行设置：

【mysql –u root -p】以 mysql 管理员身份从本地连接到数据库服务器；

【insert into mysql.user （host，user，password） values（'%', 'guest', password（'guest'））;】创建新用户 guest，并设置密码，同时允许它从任何主机连接数据库服务器；

　注意：

此处必须使用 password（）函数，该函数会为密码加密，这样在表 user 中的 password 字段保存的就是经过加密的密码。此处的密码是 guest。

【flush privileges;】重载 mysql 授权表。

设置完成后，要测试新建用户是否可以使用，可以在远程客户端使用下面的命令连接数据库服务器：

【mysql -h 192.168.223.250 -u guest -p】

用选项-h 指定所连接的数据库服务器的 IP 地址或域名。远程连接数据库服务器测试如图 11-3 所示。

```
[root@yhy ~]# mysql -h 192.168.223.250 -u guest -p
Enter password:
Welcome to the MySQL monitor.  Commands end with ; or \g.
Your MySQL connection id is 5
Server version: 5.1.71 Source distribution

Copyright (c) 2000, 2013, Oracle and/or its affiliates. All rights reserved.

Oracle is a registered trademark of Oracle Corporation and/or its
affiliates. Other names may be trademarks of their respective
owners.

Type 'help;' or '\h' for help. Type '\c' to clear the current input statement.

mysql>
```

图 11-3　远程连接数据库服务器测试

5. 删除 mysql 用户

删除用户应使用【delete】命令。使用下面的命令删除用户 guest：

【delete from mysql.user where user='guest';】

235

注意：

删除后不要忘记使用【flush privileges】命令重载 mysql 授权表。

6. 更改用户密码

由于 mysql 授权表与常规表没有本质区别，因此也可以用【update】命令修改其内容。使用下面的命令将用户 guest 的密码改为 123456：

【insert into mysql.user （host，user，password）values（'%'，'guest'，password（'guest'））;】先插入 guset 用户及 guest 密码；

【update mysql.user set password=password（'123456'） where user='guest';】更改密码。

需使用 root 用户登录，执行【flush privileges】命令。

此外，还有一种更简单的更改用户密码的方法。将用户 guest 的密码更改为 guest，可使用下面的命令：

【set password for guest@'%' =password（'guest');】

这里，guest@'%'的基本格式为【用户名@客户端的域名】。字符【%】是通配符，使用通配符时可用单引号将它括起来，例如，tom@'%.gdvcp.net'。

注意：

当使用【set password】命令更改用户的密码时，不需要执行【flush privilege】命令重载 mysql 授权表。

7. 设置用户权限

mysql 授权表是用来控制用户连接数据库服务器和访问数据库的权限，授权表中的有权限字段有以下两种形式。

① 在表 user.db 和 host 中，所有权限字段都被声明为 ENUM（'N'，'Y'），即每一个权限字段值都可以被设置为【N】或【Y】，并且缺省值为【N】。

② 在表 tables_priv 和 columns_priv 中，权限字段被声明为 SET 类型，即可以从所定义的权限集合中选择任意权限。

MySQL 提供了两种修改授权表中的访问权限的方法，一种是使用 insert、update 和 delete 等 DML 命令修改表中的信息；另一种是使用 grant 和 revoke 语句。前者比较直观，但由于各授权表中字段数很多，容易出错，通常不推荐，而后者性能更好。

二、操作 MySQL 数据库

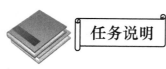
任务说明

操作 MySQL
数据库

MySQL 数据库操作语言是标准 SQL 语言，称为结构化查询语言（Structured Query

Language），简称 SQL。SQL 是一种特殊目的的编程语言，是一种数据库查询和程序设计语言，用于存取数据，以及查询、更新和管理关系数据库系统，其名称同时也是其数据库脚本文件的扩展名。

结构化查询语言是高级的非过程化编程语言，允许用户在高层数据结构中工作。它不要求用户指定数据的存放方法，也不需要用户了解具体的数据存放方式，所以具有完全不同底层结构的不同数据库系统，可以使用相同的结构化查询语言作为数据输入与管理的接口。结构化查询语言语句可以嵌套，这使它具有极大的灵活性和强大的功能。

本任务是熟悉最基本的 MySQL 操作的 SQL 语句。

1. 查看数据库的默认库

MySQL 安装程序自动创建两个数据库 mysql 和 test，test 供用户练习使用，而 mysql 中包含了 5 个 MySQL 授权表，是 MySQL 运行必备的系统库表，不可删除和随便修改。

【mysql -u root –p 】　登录 mysql 数据库；

【show databases；】查看系统中的数据库。

2. 创建数据库

【create database xsxk；】创建一个名为 xsxk 的学生选课数据库，每条 SQL 语句都是以分号【；】结尾，创建数据库命令如图 11-4 所示。

```
mysql> create database xsxk;
Query OK, 1 row affected (0.01 sec)

mysql> show databases;
+--------------------+
| Database           |
+--------------------+
| information_schema |
| mysql              |
| test               |
| xsxk               |
+--------------------+
4 rows in set (0.00 sec)

mysql>
```

图 11-4　创建数据库命令

　注意：

默认情况下，所创建的数据库以目录的形式保存在/var/lib/mysql 目录中，系统不允许两个数据库同名，并且必须有足够的权限才能创建。【show databases；】命令是查看 MySQL 当前所有的可用数据库命令。

3. 选择使用数据库

【use xsxk；】选择一个数据库，使它成为所有事务的当前数据库；

【drop database xsxk；】删除数据库。

4. 创建表

关系数据库中，数据库将多个表有机地组织起来，而数据库中的表用来存储数据。每个数据库表由行和列组成，每个行为一个记录，每条记录可包含多个列（称为字段）。MySQL 使用 SQL 的数据定义语言（DDL）来创建，删除和修改表结构。

在学生选课 xsxk 数据库中创建一个名为 student 的表（存放学生的有关信息），如下：

```
create table student  （
sno varchar（7）not null,
sname varchar（20）not null,
ssex char（1）    default 't',
sbirthday date,
sdept char（20）,
primary key（sno）
）;
```

运行上面的命令创建成功后，使用【describe student；】命令查看所创建表的结构，如图 11-5 所示。

```
mysql> describe student;
+-----------+-------------+------+-----+---------+-------+
| Field     | Type        | Null | Key | Default | Extra |
+-----------+-------------+------+-----+---------+-------+
| sno       | varchar(7)  | NO   | PRI | NULL    |       |
| sname     | varchar(20) | NO   |     | NULL    |       |
| ssex      | char(1)     | YES  |     | t       |       |
| sbirthday | date        | YES  |     | NULL    |       |
| sdept     | char(20)    | YES  |     | NULL    |       |
+-----------+-------------+------+-----+---------+-------+
5 rows in set (0.00 sec)

mysql>
```

图 11-5　表结构

　注意：

1. 对每个记录而言，主键都是不变、唯一的标志符。该字段中不允许有重复的值或者 NULL 值。并且 MySQL 会自动为该表的主键建立索引。

2. 如果没有指定表的类型，MySQL 就默认创建表，如 student 的类型为 MYISAM，并且在/var/lib/mysql/xsxk 目录下创建 student.frm（表定义文件）、student.MDY（数据文件）和 student.MYI（索引文件）3 个文件。

5. 复制表结构

将表 student 复制为另一个表 xstable：

【create table xstable like student；】
【show tables】显示当前数据库中所有表。

注意：

使用【create table x_stable select * from student;】命令，也可以复制表结构及其内容，但该命令不能从源表中复制主键或外键，而【create table xstable like student;】命令却可以做到，复制表结构结果如图 11-6 所示。

```
mysql> create table x_stable select * from student;
Query OK, 0 rows affected (0.01 sec)
Records: 0  Duplicates: 0  Warnings: 0

mysql> create table xstable like student;
Query OK, 0 rows affected (0.05 sec)

mysql> describe x_stable;
+-----------+-------------+------+-----+---------+-------+
| Field     | Type        | Null | Key | Default | Extra |
+-----------+-------------+------+-----+---------+-------+
| sno       | varchar(7)  | NO   |     | NULL    |       |
| sname     | varchar(20) | NO   |     | NULL    |       |
| ssex      | char(1)     | YES  |     | t       |       |
| sbirthday | date        | YES  |     | NULL    |       |
| sdept     | char(20)    | YES  |     | NULL    |       |
+-----------+-------------+------+-----+---------+-------+
5 rows in set (0.00 sec)

mysql> describe xstable;
+-----------+-------------+------+-----+---------+-------+
| Field     | Type        | Null | Key | Default | Extra |
+-----------+-------------+------+-----+---------+-------+
| sno       | varchar(7)  | NO   | PRI | NULL    |       |
| sname     | varchar(20) | NO   |     | NULL    |       |
| ssex      | char(1)     | YES  |     | t       |       |
| sbirthday | date        | YES  |     | NULL    |       |
| sdept     | char(20)    | YES  |     | NULL    |       |
+-----------+-------------+------+-----+---------+-------+
5 rows in set (0.00 sec)

mysql>
```

图 11-6　复制表结构结果

MySQL 中删除一个或多个表命令为【drop table x_stable，xstable】，该命令将表的结构及表中的所有数据都会删除，故要小心使用。

6. 修改表

使用【alter】命令进行表的结构的修改，如修改表的字段、添加、删除表的字段，创建或撤销索引，更改表的名称和类型等。

修改动作是由 add、trop、change、alter 和 modify 等关键字及有关字段的定义组成。

① 要在表 xstable 中添加一个字段 saddress，使用命令：

【alter table xstable add saddress varchar（25）;】

【describe xstable;】查看结果，给表添加字段如图 11-7 所示。

② 要将表 xstable 中字段 saddress 的名称改为 sremark，并将该字段类型改为 text，使用命令：

【alter table xstable change saddress sremark text;】

注意：

即使仅仅改变字段名而不改变字段类型，【change】命令后面也必须给出该字段的字段类型。

将表 xstable 中字段 sremark 的名称改为 saddress：

图 11-7　给表添加字段

【alter table xstable change sremark saddress varchar（25）；】

如果仅仅要改变字段的类型而不更改它的名字，可使用更简单的【modify】命令：

【alter table xstable modify saddress varchar（25）；】

当把一个字段的类型更改为另一种类型时，MySQL 自动尝试把字段中的数据转变为新的类型。

③ 删除表 xstable 中的字段 sremark：

【alter table xstable drop saddress；】

④ 将 student 表的名称更改为 xs：

【alter table xstable rename to xs；】

使用一条【alter table】命令就可以完成多项更改任务。

⑤ 要为表 xs 增加一个 sremark 字段，同时将字段 sbirthday 名称改为 sage，类型改为 int，并且将表 xs 的名称改为 xstable，可使用下面的命令：

【alter table xs

　　add sremark varchar（25），

　　change sbirthday sage int（3），

　　rename to xstable；】

每次修改表后，应该使用【describe】命令检查修改的结果，如图 11-8 所示。

图 11-8　使用【alter】命令修改表结果

7. 在表中插入记录

在 MySQL 中，通常使用 SQL 的数据操纵语言（DML）插入、删除和修改表中的记录。

① 要在表 student 中插入一组数据，可使用下面的命令：

【insert into student（sno，sname，ssex，sbirthday，sdept）
  values （'1601001', 'Yang HaiYan', default, 19830808, 'math'）;】

然后使用【select * from student;】命令查询表中的内容，使用【select】命令查看表中数据如图 11-9 所示。

```
mysql> insert into student(sno,sname,ssex,sbirthday,sdepa)
    -> values ('1601001','Yang HaiYan',default,19830808,'math');
Query OK, 1 row affected (0.00 sec)

mysql> select * from student;
+---------+-------------+------+------------+-------+
| sno     | sname       | ssex | sbirthday  | sdepa |
+---------+-------------+------+------------+-------+
| 1601001 | Yang HaiYan | t    | 1983-08-08 | math  |
+---------+-------------+------+------------+-------+
1 row in set (0.00 sec)

mysql>
```

图 11-9　使用【select】命令查看表中数据

 注意：

如果在【insert】命令中给出要插入记录的各个字段名，那么各字段值仅需与各个字段名的顺序相一致，与表中的顺序（可用【describe】命令查看）可以不同。但当使用缩写格式时，各字段值的顺序则必须与表中的顺序相一致。

② 要插入另一个学生的记录，可使用下面命令：

【insert into student
  values （'1601002', 'Yang boshi', default, 19830808, 'math'）;】

如果字段名列表中没有给出表中的某些字段，那么这些字段的值将会被自动设置为默认值，比如：

【insert into student（sno，sname，sbirthday）
  values （'1602001', 'YHY', 19830808）;】命令运行结果如图 11-10 所示。

```
mysql> insert into student(sno,sname,sbirthday)
    -> values ('1602001', 'YHY', 19830808);
Query OK, 1 row affected (0.00 sec)

mysql> select * from student;
+---------+-------------+------+------------+-------+
| sno     | sname       | ssex | sbirthday  | sdepa |
+---------+-------------+------+------------+-------+
| 1602001 | YHY         | t    | 1983-08-08 | NULL  |
| 1601001 | Yang HaiYan | t    | 1983-08-08 | math  |
| 1601002 | Yang boshi  | t    | 1983-08-08 | math  |
+---------+-------------+------+------------+-------+
3 rows in set (0.00 sec)

mysql>
```

图 11-10　【insert】命令插入默认值

可见，在上面的例子中，由于没有指定 ssex 字段，因此所插入记录的该字段值将被设为缺省值【t】。同样也没有指定 sdepa 字段，尽管该字段没有定义缺省值，但由于其数据类型为 varchar，因此 MySQL 自动将所插入记录的该字段值设为 NULL。

③ 在一个单独的【insert】命令中使用多个 values 子命令，可插入多条记录。

【insert into student values

('1602002',   'Yang3',   'f', 19830808,   'math'),

('1602003',   'li4',   'f，19830808,   'computer'); 】

【insert】命令插入多条记录如图 11-11 所示。

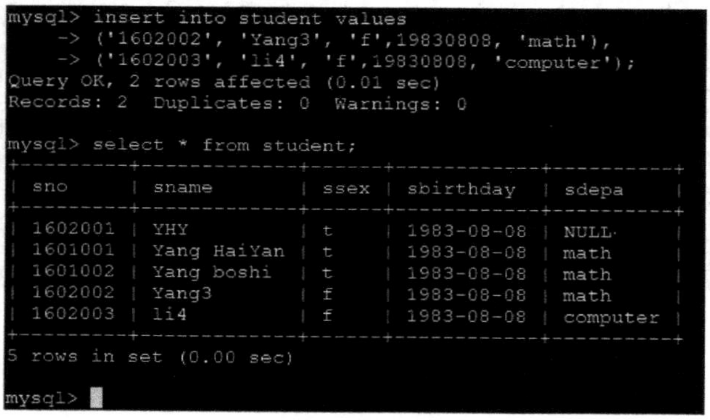

图 11-11　【insert】命令插入多条记录

8. 在表中删除记录

在 MySQL 中，在表中删除记录使用【delete from where】命令。

① 删除表 student 中 sno 字段值为【1602003】的记录，命令如下：

【delete from student where sno= '1602003 '; 】

使用带 where 的【delete】命令，可以删除与指定条件相匹配的记录。只要条件满足，可以删除一条或多条记录。

② 从表 student 中删除 sno 字段值的前 4 位为【1602】的所有记录，命令如下：

【delete from student where left　（sno，4）= '1602 '; 】

③ 如果要删除表中所有记录，则可以使用不带 where 的【delete】命令：【delete from student；】。另一种删除表中所有记录的方法是使用【truncate】命令：【truncate table student；】。truncate 命令不管表中有多少条记录，都是删除表，然后重建表；而【delete】命令是将表中所有记录一个个删除。比较而言，【truncate】命令比【delete】命令要快，特别是在表中记录非常多时尤为明显。

9. 修改记录

表中数据需要经常更新，为此，MySQL 提供了用于修改记录中数据的 SQL 命令【update set where】。

① 要修改表 student 中的 sno 字段值为【1601001】的记录，将其 sbirthday 字段值改为 19841221，sdepa 字段值改为 computer。

【update student set sbirthday=19841221，sdept= 'computer '
where sno= '1601001 '；】

【update】命令更新表中记录内容如图 11-12 所示。

```
mysql> select * from student;
+---------+------------+------+------------+--------+
| sno     | sname      | ssex | sbirthday  | sdept  |
+---------+------------+------+------------+--------+
| 1601001 | Yang HaiYan | t   | 1983-08-08 | math   |
| 1601002 | Yang boshi  | t   | 1983-08-08 | math   |
+---------+------------+------+------------+--------+
2 rows in set (0.00 sec)
mysql> update student set sbirthday=19841221,sdept= 'computer '
    -> where sno= '1601001 ';
Query OK, 1 row affected (0.00 sec)
Rows matched: 1  Changed: 1  Warnings: 0
mysql> select * from student;
+---------+------------+------+------------+----------+
| sno     | sname      | ssex | sbirthday  | sdept    |
+---------+------------+------+------------+----------+
| 1601001 | Yang HaiYan | t   | 1984-12-21 | computer |
| 1601002 | Yang boshi  | t   | 1983-08-08 | math     |
+---------+------------+------+------------+----------+
2 rows in set (0.00 sec)
```

图 11-12　【update】命令更新表中记录内容

注意：

使用【update】命令时，切记使用 where 限制所要修改的记录，否则可能会导致大量数据被损坏。

10. 创建索引

为了加快数据查询的速度，MySQL 允许用户为一个表的特定字段设置索引，一个索引就是该字段值的一个列表。有了索引，MySQL 就不必通过浏览表中的每一行查找和指定与查询条件相匹配的记录，而是通过索引来查找和指定与查询条件相匹配的纪录。对于一个记录非常多的表来说，由于索引占用内存比较小，使用索引可以显著地减少数据查询的执行时间。

索引可在使用【create table】命令创建表的同时创建，也可以使用【create index】命令向已存在的表中添加。

（1）在创建表的同时创建索引

在创建表时，如创建 student 表，在使用【create table】命令创建表时，使用 primary key 为该表指定了一个主键 sno，那么 MySQL 会自动为该表的 sno 字段创建索引。

此外，在创建表时，还可以用 index 或 unique 创建索引。

① 要创建一个选课课程表 course，将课程编号 cno 字段定义为主键，同时为课程名称 cname 字段创建一个名为 can 的索引，可使用下面的命令：

【create table course　（
cno varchar　（5）　not null,

cname varchar （30） not null,

teachter varchar （20），

primary key （cno），

index cna （cname）

）；】

【create】命令运行结果如图 11-13 所示。

```
mysql> create table course (
    -> cno varchar (5) not null,
    -> cname varchar (30) not null,
    -> teachter varchar (20),
    -> primary key (cno),
    -> index cna (cname)
    -> );
Query OK, 0 rows affected (0.05 sec)

mysql> describe course;
+---------+-------------+------+-----+---------+-------+
| Field   | Type        | Null | Key | Default | Extra |
+---------+-------------+------+-----+---------+-------+
| cno     | varchar(5)  | NO   | PRI | NULL    |       |
| cname   | varchar(30) | NO   | MUL | NULL    |       |
| teachter| varchar(20) | YES  |     | NULL    |       |
+---------+-------------+------+-----+---------+-------+
3 rows in set (0.01 sec)

mysql>
```

图 11-13　【create】命令运行结果

② 如果将子句 index can（cname）改为 unique（cname），则创建的是 unique 索引，该索引要求索引字段中的值必须是唯一的，也就是说，表中各条记录中该字段的值不能相同。命令如下：

【create table course　（

cno varchar　（5）　not null,

cname varchar　（30）　not null,

teachter varchar　（20），

primary key　（cno），

unique　（cname）

）；】

【insert into course values　（'10001 '，'English'，'YangHaiYan '）；】

如果使用下面的命令向表中插入一个与现有记录中该字段值相同的记录：

【insert into course values　（'10002'，'English'，'WangYueMei'）；】则会失败，如图 11-14 所示。

（2）向已存在的表添加索引

① 要为表 student 的 sname 字段创建名为 sna 的索引：

【create index sna on student　（sname）；】

对于类型为 char 和 varchar 的字段，建立索引时还可以指定索引长度值（对于类型为 blob 和 text 的字段，索引长度值是必须指定的）。

```
mysql> drop table course;
Query OK, 0 rows affected (0.01 sec)

mysql> create table course (
    -> cno varchar (5) not null,
    -> cname varchar (30) not null,
    -> teachter varchar (20),
    -> primary key (cno),
    -> unique (cname)
    -> );
Query OK, 0 rows affected (0.01 sec)

mysql> insert into course values ('10001 ', 'English ', 'YangHaiYan ');
Query OK, 1 row affected, 1 warning (0.01 sec)

mysql> insert into course values ('10002 ', 'English ', 'WangYueMei ');
ERROR 1062 (23000): Duplicate entry 'English ' for key 'cname'
mysql>
```

图 11-14 【insert】命令插入相同字段

② 要为表 student 的 sname 字段创建名为 sna 的索引，并指定索引长度值为 10，可使用下面的命令：

【create index sna on student （sname（10））；】

这里指定索引长度值为 10，考虑到大多数名称的前 10 个字符是不一样的，这样创建的索引文件会更小一些，既可节省磁盘空间，又可以加速插入记录等操作。

无论使用【create index】还是使用【create table】命令建立索引，都可以不指定索引的名字，这时 MySQL 会自动使用指定字段的字段名作为索引名称。

11. 删除索引

当不再需要索引时，可使用【drop index】命令删除。

删除表 student 中索引名为 sna 的索引，可使用下面的命令：

【drop index sna on student；】

三、配置图形化工具 phpMyAdmin

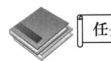
任务说明

MySQL 标准发行版本没有提供图形界面管理工具，因此使用起来有些困难。为了解决这个问题，Tobias Ratschiller 开发了一套用于管理 MySQL 数据库的开放源代码的工具 PhpMyAdmin。phpMyAdmin 是一套以 PHP 语言写成，针对 MySQL 资料库系统的 Web 管理界面。它可以很方便地以图形化界面，对 MySQL 资料库进行增删操作，更可以作为资料库本身的增删管理工具；另外，初学者可以借助这个界面学习 SQL 语法。

现有一台服务器，IP 地址为 192.168.1.254，需要部署 MySQL 数据库软件，为了方便管理，欲部署 PhpMyAdmin 完成 MySQL 的图形化管理工作。

任务实施

1. 安装 Apache

挂载光盘，配置好 yum 源，使用下面的命令安装：

【yum install -y httpd】安装 httpd 服务器软件。

2. 设置 Apache 在系统启动时运行

【chkconfig --levels 235 httpd on】设置 Apache 服务开机时立即启动；
【/etc/init.d/httpd start】或【service httpd start】启动 httpd 服务。

此时可以使用浏览器打开网址 http：//192.168.1.254，可以看到 CentOS 的 Apache 的测试页面。

3. 排除 Apache 启动错误提示

【cp /etc/httpd/conf/httpd.conf　/etc/httpd/conf/httpd.conf.bak】备份配置文件；
【vim /etc/httpd/conf/httpd.conf】编辑主配置文件。

在 httpd. conf 文件中搜索【#ServerName】，在其下面添加如下内容：

ServerName localhost：80 　　　　　　#添加此行内容

【/etc/init.d/httpd restart】重启 httpd 服务，Apache 将不会再有启动错误提示。

4. 快速安装 PHP 支持

【yum install 　-y php】以快速且最小化安装 PHP5；
【/etc/init.d/httpd start】重新启动 Apache。

5. 测试 PHP5

① 编辑主配置文件，命令如下：

【cp /etc/httpd/conf/httpd.conf /etc/httpd/conf/httpd.conf.bak】备份将要编辑的配置文件；
【vim /etc/httpd/conf/httpd.conf】编辑主配置文件。

在 httpd. conf 文件中找到【DirectoryIndex】，在最后添加 index.php（默认网站主页文件），如图 11-15 所示。

图 11-15　添加默认网站主页文件名

② 重命名 index.html 主页为 index.php，命令如下：

【mv /www/yhy/index.html　/www/yhy/index.php】

③ 编辑 index.php 主页文件为如下内容：

```
<?php phpinfo（）；  ?>
```

PHP 中 phpinfo（）函数用来显示 PHP 的具体信息，在浏览器在打开网站 http：//192.168.1.254，PHP 支持页面如图 11-16 所示。

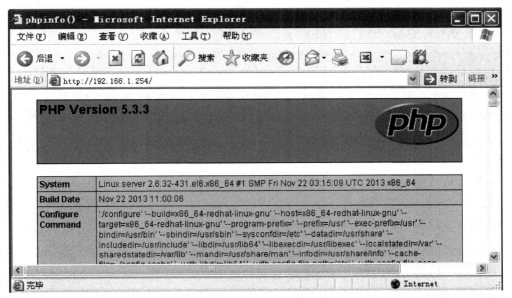

图 11-16　PHP 支持页面

6. 安装 MySQL5

【yum install mysql-server】安装 MySQL 服务端；

【yum install -y mysql】安装 MySQL 客户端；

【yum install -y mysql-devel】安装 MySQL 库文件；

【yum install —y php-mbstring】安装 PHP 的库支持文件；

【chkconfig —levels 235 mysqld on】设置 mysqld 服务开机时自动启动；

【/etc/init.d/mysqld start】或【service mysqld start】启动 mysqld 服务。

7. 配置 MySQL 的 root 密码

【mysqladmin -u root password 'root'】给 root 用户设置密码为 root。

8. 安装 php-mysql 安装包

【yum search php 】检索出所有与 PHP 相关的软件包，从中选出需要的加以安装；

【yum install —y php-mysql】安装 PHP 支持 MySQL 的必备安装包；

【service httpd restart】或【etc/init.d/httpd restart】安装后，重启 httpd 服务。

在浏览器再次打开网站 http：//192.168.1.254，把滑块拉到中间位置，即可找到 PHP 支持 MySQL 的信息。

9. 安装 phpMyAdmin

直接从 phpMyAdmin 官网（http：//www.phpmyadmin.net/download/）下载最新版的 phpMyAdmin 包，选择扩展名为【tar.gz】的文件，且把它解压存放在【/www/yhy】目录中。

【cd /www/yhy】进入网站根目录；

【tar xvfz phpMyAdmin-4.0.10.14-all-languages.tar.gz】解压压缩包；

【mv phpMyAdmin-4.0.10.14-all-languages phpmyadmin】把目录改名为 phpmyadmin；

【cd phpmyadmin】进入 phpmyadmin 目录；

【cp config.sample.inc.php config.inc.php】复制样本配置文件为 config.inc.php 文件；

【service httpd restart】重启 Apache。

启动浏览器，在地址栏中输入 http：//192.168.1.254/phpmyadmin/ ，如果安装成功，将会看到 phpMyAdmin 的页面。

添加允许访问端口【21：ftp，80：http】，命令如下：

【iptables -I RH-Firewall-1-INPUT -m state –state NEW -m tcp -p tcp –dport 21 -j ACCEPT】

【iptables -I RH-Firewall-1-INPUT -m state –state NEW -m tcp -p tcp】

完成以上步骤后，登录数据就可以进入 phpMyAdmin 的页面。但在最下面有【高级功能尚未设置，部分功能未激活】的提示信息。

10. 设置高级功能，激活全部功能

① 在 phpMyAdmin 源码的 examples 目录下有个 create_tables.sql 文件，这就是创建名为 phpMyAdmin 数据库的 SQL 文件。当使用 root 用户登录 phpMyAdmin 后，在【导入】页面，上传 create_tables.sql 文件即可成功创建数据库 phpMyAdmin，【导入】页面如图 11-17 所示。

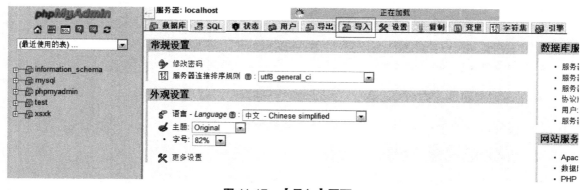

图 11-17 【导入】页面

选择计算机上的【create_tables.sql】文件并导入，如图 11-18 所示。

然后单击【执行】按钮。数据库 phpMyAdmin 创建成功，如图 11-19 所示。

② 创建数据库 phpMyAdmin 后，展开左侧【phpMyAdmin】，出现 12 个表，如图 11-20 所示。

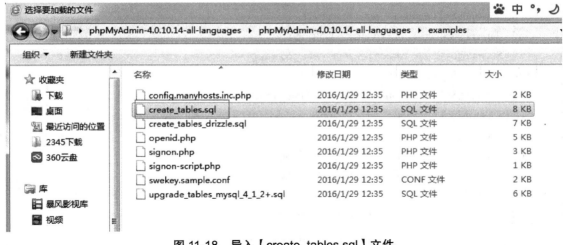

图 11-18　导入【create_tables.sql】文件

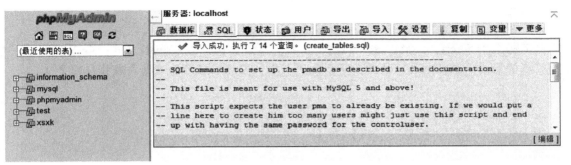

图 11-19　数据库 phpMyAdmin 创建成功

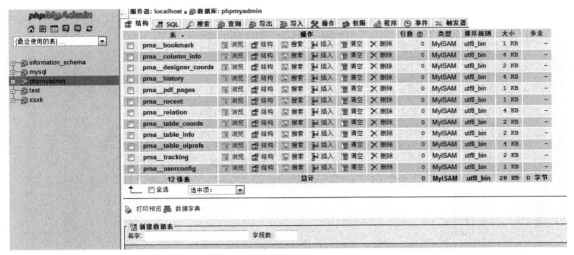

图 11-20　查看数据库 phpMyAdmin 的表

③ 更改配置文件（config.inc.php）的参数，参见 config.sample.inc.php 文件中的范例。有关 phpMyAdmin configuration storage settings 的设置如下：

```
$cfg['Servers'][$i]['pmadb'] = 'phpmyadmin';
$cfg['Servers'][$i]['bookmarktable'] = 'pma__bookmark';
```

```
$cfg['Servers'][$i]['relation'] = 'pma__relation';
$cfg['Servers'][$i]['table_info'] = 'pma__table_info';
$cfg['Servers'][$i]['table_coords'] = 'pma__table_coords';
$cfg['Servers'][$i]['pdf_pages'] = 'pma__pdf_pages';
$cfg['Servers'][$i]['column_info'] = 'pma__column_info';
$cfg['Servers'][$i]['history'] = 'pma__history';
$cfg['Servers'][$i]['tracking'] = 'pma__tracking';
$cfg['Servers'][$i]['designer_coords'] = 'pma__designer_coords';
$cfg['Servers'][$i]['userconfig'] = 'pma__userconfig';
$cfg['Servers'][$i]['recent'] = 'pma__recent';
$cfg['Servers'][$i]['table_uiprefs'] = 'pma__table_uiprefs';
```

④ 退出，并重新登录 phpMyAdmin 以加载新配置使其生效。

 注意：

旧版本中的 create_tables.sql 创建的表名，类似于 pma_bookmark，是一条下划线 "_"，而现在的 pma__bookmark，是两条下划线 "__"，因此配置文件中也要做相应的更改。

250

课后习题

实操题

1. 架设一台 MySQL 数据库服务器，并按照下面的要求进行操作。

（1）建立一个数据库，在该数据库中建立一个至少包含 5 个字段的数据表，并为数据表添加至少 10 条记录。

（2）试完成对数据库、表及记录的各项编辑工作。

（3）为数据库创建各类用户，并为他们设置适当的访问权限。

2. 配置 phpMyAdmin 虚拟目录，试使用 phpMyAdmin 完成数据库的各项管理工作。

反侵权盗版声明

　　电子工业出版社依法对本作品享有专有出版权。任何未经权利人书面许可，复制、销售或通过信息网络传播本作品的行为，歪曲、篡改、剽窃本作品的行为，均违反《中华人民共和国著作权法》，其行为人应承担相应的民事责任和行政责任，构成犯罪的，将被依法追究刑事责任。

　　为了维护市场秩序，保护权利人的合法权益，我社将依法查处和打击侵权盗版的单位和个人。欢迎社会各界人士积极举报侵权盗版行为，本社将奖励举报有功人员，并保证举报人的信息不被泄露。

举报电话：（010）88254396；（010）88258888
传　　真：（010）88254397
E-mail：　dbqq@phei.com.cn
通信地址：北京市海淀区万寿路 173 信箱
　　　　　电子工业出版社总编办公室
邮　　编：100036